EPC 工程总承包组织管理

主　编　李永福　吕　超　边瑞明
副主编　巩　锋

中国建材工业出版社

图书在版编目（CIP）数据

EPC 工程总承包组织管理/李永福，吕超，边瑞明主编 . --北京：中国建材工业出版社，2021.5
ISBN 978-7-5160-3147-6

Ⅰ.①E… Ⅱ.①李…②吕…③边… Ⅲ.①建筑工程－承包工程－工程管理－研究 Ⅳ.①TU71

中国版本图书馆 CIP 数据核字（2020）第 263801 号

EPC 工程总承包组织管理

EPC Gongcheng Zongchengbao Zuzhi Guanli

主　编　李永福　吕　超　边瑞明

副主编　巩　锋

出版发行：中国建材工业出版社

地　　址：北京市海淀区三里河路 1 号
邮　　编：100044
经　　销：全国各地新华书店
印　　刷：北京鑫正大印刷有限公司
开　　本：787mm×1092mm　1/16
印　　张：14.75
字　　数：360 千字
版　　次：2021 年 5 月第 1 版
印　　次：2021 年 5 月第 1 次
定　　价：**59.00 元**

本社网址：www. jccbs. com，微信公众号：zgjcgycbs

请选用正版图书，采购、销售盗版图书属违法行为

版权专有，盗版必究。本社法律顾问：北京天驰君泰律师事务所，张杰律师

举报信箱：zhangjie@tiantailaw.com　举报电话：**(010) 68343948**

本书如有印装质量问题，由我社市场营销部负责调换，联系电话：**(010) 88386906**

本书编委会

编著单位：

山东建筑大学

山东天齐置业集团股份有限公司

北京中兴恒工程咨询有限公司

编著人员：

李永福（山东建筑大学）	通编
吕　超（山东天齐置业集团股份有限公司）	编著第一章、第二章
刘作伟、李　敏（山东建筑大学）	编著第三章、第四章
边瑞明（北京中兴恒工程咨询有限公司）	编著第五章、第六章
朱天乐、时吉利（山东建筑大学）	编著第七章、第八章
盛国飞、于天奇（山东建筑大学）	编著第九章、第十章
郭秋雨（山东建筑大学）	编著第十一章
巩　锋（山东天齐置业集团股份有限公司）	编著第十二章、第十三章

序　言

　　全过程工程咨询服务可采用多种组织模式，为项目决策、实施和运营持续提供局部或整体解决方案。EPC 模式在国内外工程项目中的应用已经十分广泛，涉及的行业领域也不断扩大，包括建筑、电力、水利、石化等行业。工程实践表明，业主方日益重视承包商所能够提供的综合服务能力，工程总承包管理模式以其独特的优势在工程承包市场上越来越受到业主的青睐。传统的设计—招标—施工的管理模式已不能满足业主的要求，为了减少工程项目成本并缩短建设工期，EPC 工程总承包模式开始逐渐被人们重视。

　　在经济全球化和工程项目全寿命周期背景下，巨大的竞争压力驱使承包商寻求为工程创造更大效益的项目管理方式，工程总承包蕴含的"设计、采购和施工一体化"理念以其创新能力和增值能力成为现代工程项目管理模式的核心思想。设计阶段是建设项目进行全面规划和具体描述实施意图的过程，是 EPC 工程总承包的灵魂，是处理技术与经济关系的关键性环节，也是保证总承包建设项目质量和控制建设项目造价的关键性阶段，全过程工程咨询的特点：一是全过程——围绕项目全生命周期持续提供工程咨询服务。二是集成化——整合投资咨询、招标代理、勘察、设计、监理、造价、项目管理等业务资源和专业能力，实现项目组织、管理、经济、技术等全方位一体化。三是多方案——采用多种组织模式，为项目提供局部或整体多种解决方案。我们也看到，EPC 工程总承包模式远未发展到成熟阶段，有大量富有挑战性的问题尤其涉及组织管理的问题有待解决。《EPC 工程总承包组织管理》尝试介绍讨论了 EPC 工程总承包组织管理工作，以及 EPC 工程建设项目的全流程，以案例解析，深入浅出，信息量大，涉及面广，读之获益甚多。我仔细看过书稿后欣然作序，礼赞《EPC 工程总承包组织管理》：EPC 工程总承包，涉面复杂深内容；确保精品百年优，重在咨询严监控；服务细化目标明，风险防范措施清；恪尽职守勇担当，管理创新建奇功。EPC 工程总承包模式作为一种发展趋势，其对中国建筑行业的赋能作用也将日益凸显。本书的出版对于我国建筑业，特别是在房屋建筑领域推行 EPC 工程总承包模式的发展也将具有十分重要的现实意义。

王早生

2021. 3. 19

前　言

2017 年 2 月 24 日，国务院办公厅印发国办发〔2017〕19 号文《关于促进建筑业持续健康发展的意见》规定，要求加快推行工程总承包，按照总承包负总责的原则，落实工程总承包单位在工程质量安全、进度控制、成本管理等方面的责任。2017 年 5 月 4 日住房城乡建设部印发《建筑业发展"十三五"规划》，"十三五"时期主要任务明确提出调整优化产业结构。以工程项目为核心，以先进技术应用为手段，以专业分工为纽带，构建合理工程总分包关系，建立总包管理有力，专业分包发达，组织形式扁平的项目组织实施方式，形成专业齐全、分工合理、成龙配套的新型建筑行业组织结构。设计采购施工总承包（EPC：即 Engineering（设计）、Procurement（采购）、Construction（施工）的组合）是指工程总承包企业按照合同约定，承担工程项目的设计、采购、施工、试运行服务等工作，并对承包工程的质量、安全、工期、造价全面负责，是我国目前推行总承包模式最主要的一种。EPC工程总承包与施工总承包模式相比，能更好地降低项目成本、缩短建设周期、保证工程质量。由于承包商能充分发挥设计主导作用，有利于实现施工统筹安排，易于掌控项目的成本、进度和质量。本书以最新的规范、规程为指导，系统地介绍 EPC总承包模式全过程的组织和实施，以工程项目建设为主线，介绍了设计—采购—施工的管理模式。

本书共包含十三章内容，第一章为 EPC 工程总承包概述；第二章为建设项目管理组织；第三章为 EPC 工程总承包进度控制；第四章为 EPC 工程总承包质量控制；第五章为 EPC 工程总承包投资控制；第六章为 EPC 工程总承包施工管理；第七章为设计管理、采购管理、施工管理的接口总体关系与协调；第八章为 EPC 工程总承包组织关系协调措施；第九章为 EPC 工程总承包安全及文明施工控制措施；第十章为 EPC 工程总承包风险管理；第十一章为 EPC 工程总承包案例分析；第十二章EPC 工程总承包各阶段工作内容及文件要求；第十三章 EPC 工程总承包数字简语。

本书由原建设部建筑市场管理司副司长、建设部城市管理监督局原局长、中国建设监理协会会长王早生先生做序。

由于作者理论水平有限，书中存在疏漏和谬误在所难免，敬请同行和读者不吝斧正，本书在编写和修订过程中，参考了大量的文献材料，除了在书后附带的参考文献以外，还借鉴了一些专家和学者的研究成果，在此不一一列举，谨在此一并致谢。

目　　录

第一章 EPC工程总承包概述

本章学习目标

通过本章的学习，学生可以掌握EPC工程总承包的概念及主要特征、EPC工程总承包与其他承包模式的区别与联系、EPC工程总承包的主要内容、EPC工程项目的建设程序、EPC工程总承包中各方责任范围。

重点掌握：EPC工程总承包的基本概念及建设程序。

一般掌握：EPC工程总承包的发展现状及前景。

第一节 EPC工程总承包的概念及主要特征

1. EPC工程总承包概念

2017年2月24日，国务院办公厅印发国办发〔2017〕19号文《关于促进建筑业持续健康发展的意见》（以下简称《意见》）。《意见》规定，要求加快推行工程总承包制度，按照总承包负总责的原则，落实工程总承包单位在工程质量安全、进度控制、成本管理等方面的责任。

2017年3月29日，住房城乡建设部印发《"十三五"装配式建筑行动方案》，到2020年，全国装配式建筑占新建建筑的比例达到15％以上，其中重点推进地区达到20％以上，积极推进地区达到15％以上，鼓励推进地区达到10％以上。

2017年5月4日住房城乡建设部印发《建筑业发展"十三五"规划》，"十三五"时期主要任务明确提出调整优化产业结构。以工程项目为核心，以先进技术应用为手段，以专业分工为纽带，构建合理工程总分包关系，建立总包管理有力，专业分包发达，组织形式扁平的项目组织实施方式，形成专业齐全、分工合理、配套的新型建筑行业组织结构。

住房城乡建设部《关于推进建筑业发展和改革的若干意见》（建市〔2014〕92号）第十九项规定："加大工程总承包推行力度。倡导工程建设项目采用工程总承包模式，鼓励有实力的工程设计和施工企业开展工程总承包业务。推动建立适合工程总承包发展的招标投标和工程建设管理机制，调整现行招标投标、施工许可、现场执法检查、竣工验收备案等环节管理制度，为推行工程总承包创造政策环境。

《关于支持工程建设领域企业转型发展七条措施的通知》（闽发改法规〔2015〕455号）第三条规定："鼓励大型施工总承包企业或设计企业转型为工程总承包企业，政府投资的公共建筑和市政工程中，每年应当安排一定比例实行工程总承包模式建设"。

EPC是"Engineering, Procurement and Construction"（设计—采购—施工）模式的简称，即工程总承包企业按照合同约定，承担工程项目的设计、采购、施工、试运行服务等工作，并对承包工程的质量、安全、工期、造价全面负责，最终向建设单位提交一个符合合同约定、满足使用功能、具备使用条件并经竣工验收合格的建设工程承包模式。

在 EPC 总承包模式下，总承包商对整个建设项目负责，但并不意味着总承包商须亲自完成整个建设工程项目。除法律明确规定应当由总承包商必须完成的工作外，其余工作总承包商则可以采取专业分包的方式进行。在实践中，总承包商往往会根据其丰富的项目管理经验，根据工程项目的不同规模、类型和业主要求，将设备采购（制造）、施工及安装等工作采用分包的形式分包给专业分包商。EPC 工程总承包项目合同关系如图 1-1-1 所示。

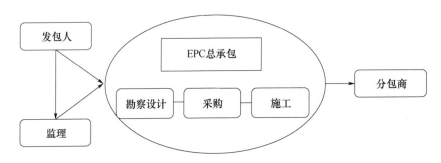

图 1-1-1　EPC 工程总承包项目合同关系

2. EPC 工程总承包的主要特征

（1）虽然业主的招标是在项目的立项后，但承包商通常都在项目的立项之前就介入，为业主做目标设计、可行性研究等。

它的优点在于：尽早与业主建立良好的关系；前期介入可以更好地理解业主的目标和意图，使工程的投标和报价更为科学和符合业主的要求，更容易中标；熟悉工程环境、项目的立项过程和依据，减少风险。

（2）承包商应关注业主对整个项目的需求和项目的根本目的，项目的经营（项目产品的市场）、项目的运营、项目融资、工艺方案的设计和优化。业主对施工方法和施工阶段的管理的关注在降低。

（3）总承包项目规模常常都是大型或特大型的，不是一个企业能够完成的，即使能完成也是不经济和没有竞争力的。因此，必须考虑在世界范围内进行资源的优化组合，综合许多相关企业的核心能力，形成横向和纵向的供应链，这样才能有竞争力地投标和报价，才能取得高效益的工程项目。

（4）总承包项目中，业主仅提出业主要求，主要针对工程要达到的目标，如实现的功能、技术标准、总工期等。对工程项目的实施过程，业主仅作总体的、宏观的、有限度的控制，给承包商以充分的自由完成项目。同时，承包商承担更大的风险，可以最大限度地发挥自己在设计、采购、施工、项目管理方面的创造性和创新精神。

（5）承包商代业主进行项目管理与传统的专业施工承包相比，总承包商的项目管理是针对项目从立项到运营全生命期的管理。

（6）承包商的责任体系是完备的。设计、施工、供应之间和各专业工程之间的责任盲区不再存在。承包商对设计、施工、供应和运营的协调责任是一体化的。因此，总承包项目管理是集成化的。

（7）总承包商对项目的全生命期负责，要协调各个专业工程的设计、施工和供应，必须站在比各个专业更高、更系统的角度分析、研究和处理项目问题。

（8）发包人在招标文件中明确提出要求，以发包人要求为核心管理要素。发包人的要求为发包工程的基本指标，一般包括功能、时间、质量标准等基本指标，并非详细的技术规范。

（9）以总承包为履约核心，由总承包人自行完成对整个项目的设计与采购施工一体化的策划，并对发包人提供全部的数据信息进行复核和论证，设计、生产（制造）及生产产品所需物资的采购、调配和 EPC 项目的试运行管理，直至符合并满足业主在合同中规定的性能标准。

（10）根据实际项目需要，扩展合同范围。合同实施完毕时，业主获得一个可投产或运行的工程设施。有时，在 EPC 总承包模式中承包商还承担可行性研究的工作。EPC 总承包如果加入了项目运营期间的管理或维修，还可以扩展为 EPC 加维修运营（EPCM）模式。

3. EPC 工程总承包模式的项目管理要点

根据 EPC 工程总承包模式的项目管理特点和优势以及面临的复杂环境，提高项目管理能力和风险控制水平，是每一个 EPC 工程总承包企业应该关注的课题，应着重抓好以下几个管理要点。

（1）设计管理。

EPC 工程总承包模式的项目管理主要优势之一就是将设计、采购、施工相融合。大型复杂项目的设计、采购、施工三者有着密切关系，存在相互制约的逻辑关系，每一个沟通环节对项目的进展都具有重要意义，对下一步工作的开展都有一定的影响，因此应采取设计先行的指导措施。

①发挥设计的龙头和引导作用。在工程项目开展初期进行方案设计的征集时，往往中标方案并非是最优方案，甚至存在一定的弊端。因此，应组织相关专家对方案设计的先进性、科学合理性和项目的总投资、总工期、工艺流程等进行严格的审核和充分论证，该阶段的工作将会对项目的质量、成本、工期等控制和后期运营乃至整个项目的成败起到至关重要的作用。

②整合资源实现设计、采购、施工深度交叉。EPC 工程总承包模式的核心管理理念就是充分利用总承包企业的资源，变外部被动控制为内部自主沟通，协同作战，实现设计、采购、施工深度交叉，高效发挥三者优势，并形成互补功能，消灭、减少工作中的盲区和模糊不清的界面，简化管理层次，提高工作效率。

③加强设计优化。项目管理实践表明，设计费在 EPC 工程总承包项目中所占比例通常在 5% 以内，而其中 60%～70% 的工程费是由设计所确定的工程量消耗的，可见优化设计对整个项目成本控制的重要性。

（2）加强采购管理，提高采购效率。

在总承包工程项目建设中，项目采购主要由咨询服务和承包企业及设备主材等组成，占整个项目成本最高的采购往往是设备（约占 60%）。提高采购效率、优化采购方案是成本控制的有效途径之一。

（3）强化风险管理。

EPC 工程总承包模式受欢迎的原因之一，是业主没有足够的技术能力、项目管理能力、项目风险管理能力，而采取这种模式，业主可实现以最少的投入获取最大的产出，尽可能地将所有风险转嫁给 EPC 工程总承包企业，从而利用总承包企业的能力和经验预防、减少、消灭项目建设过程中存在的各种风险。

（4）建设高效的项目团队。

工程项目管理涉及技术、经济、法律、管理等多个领域，因此运用国际 EPC 工程总承包模式的项目管理，需要具有良好的专业技术背景、丰富的从业经验以及经济、法律、管理方面的知识，一专多能、一能多职的复合型管理人才。

项目经理是项目管理团队的灵魂，是项目管理的关键人物。其综合素质对项目成败起着至关重要的作用，因此现代项目管理对项目经理的要求是仅有技术能力是不够的，既要懂技术、善管理、会经营，又要具备 PMI《项目知识管理知识体系指南》规定的九个方面的基本能力。

（5）建立良好的合作伙伴关系，化解主要利益相关者矛盾。

总承包企业要与各个利益相关者建立良好的合作关系，有效地集成设计、采购及施工各环节资源，加强 EPC 风险管理的能力，提高项目绩效。

第二节　EPC 工程总承包的发展现状及前景

1. EPC 工程总承包发展现状

我国从 20 世纪 80 年代开始，在化工等行业开始进行工程总承包的试点。工程总承包是国际上通行的工程项目组织实施的方式之一。通过这一方式，工程投资方能够对工程项目的投资控制和风险规避进行有效的控制。总承包商通过 EPC 工程总承包这种模式，还可以有效地降低工程成本，提高工程质量。经过 20 多年的发展，工程总承包在我国各行各业从无到有，取得了很好的效果，积累了一定的经验，有了长足的发展。但是，EPC 工程总承包项目管理上还存在不少有待于提高和完善的问题。

对于政府投资项目，项目管理、资金使用的规范性、合理性要接受投资部门和管理部门的监管，纵观我国固定资产投资项目管理法规制度，均无工程总承包方面的制度表述，更没有相关费用取费标准、概算编制要求及工程总承包费用的成本列支等系统、细化的管理要求；工程总承包项目的发包有原则性意见，可以选择设计单位牵头，也可以选择施工单位牵头，也可以采用联合体，不同的模式对于资格设置、评标办法有不同侧重，选择结果对项目后期管理质量至关重要，而相关具体原则、规范、要求、标准缺少操作层面的指导规范；工程总承包合同可以采用总价合同或者成本加酬金合同，具体模式的选择应用原则仍在实践过程中摸索；总承包介入是在可研之后还是初步设计之后更为合适，如此等等一系列问题需要业主在前期统筹考虑，业主对于后续项目管理面临着巨大的不确定性风险，面对具体操作处于手足无措的尴尬局面，限制了业主的积极性。

对于业主而言，由于管理体制、操作规范的不完善，总承包模式下其对项目的监管力度有所削弱，且面临着较大的不确定风险，其应用EPC模式的动力不足。我国已提倡推行工程总承包管理模式多年，对于典型的成功项目案例、经验总结、政策建议、管理固化、宣传推广等总结、改进、推广工作仍有所欠缺。

2. EPC工程总承包发展前景

建设工程项目立项，并由项目法人对建设项目的筹划、筹资、建设实施、生产经营、债务偿还及资产的保值增值实行全过程负责，并承担投资风险。在这一制度下，在落实工程建设项目责任方面收到了一定的效果，对经营性建设项目效果则更加明显，总体上说促进了工程建设水平的提高。但是随着我国经济建设的不断深入，无论是跨国公司项目还是全球性的项目，都要求项目管理必须赶上国际化趋势和潮流，尽快融入全球市场，国外企业利用其在资本、技术上的优势、在国际市场中抢占先机，占尽优势，更多地需要体现在先进的项目管理经验上。

采用EPC工程项目管理的模式，贯穿在工程建设的全过程中，具有全程化趋势。从可行性研究报告的形成，到地形地貌的勘察，到项目的具体设计方案的出台，再到招投标、工程监理、施工验收，全程项目管理采用EPC项目管理模式予以代理。这种转变是适应市场经济的交易信息、进行专业化管理所要进行的，也是在建设项目中对管理模式进行深入探索和实践的结果。

第三节　EPC工程总承包模式及相关承包模式

1. PMC模式

PMC模式及项目承包（Project Management Contractor）模式，就是业主聘请专业的项目管理公司，代表业主对工程项目的组织实施进行全过程或若干阶段的管理和服务。由于PMC承包商在项目的设计、采购、施工、调试等阶段的参与程度和职责范围不同，因此PMC模式具有较大的灵活性。

PMC模式的优点主要在于：有利于帮助业主节约项目投资；有利于精简业主建设期管理机构；有利于业主取得融资；担任PMC任务的国际工程管理公司一般都拥有十分先进的全球电子数据管理系统，可以做到现场安装物资的最短周期的仓储，以此实现最合理的现金流量。

2. PM、CM和PMC模式的比较

（1）PM的含义和特征。

PM（Project Management），在我国译为项目管理，具有广义和狭义两方面的理解。就广义而言，PM的内涵非常丰富，泛指为实现项目的工期、质量和成本目标，按照工程建设的内在规律和程序对项目建设全过程实施计划、组织、控制和协调，其主要内容包括项目前期的策划与组织，项目实施阶段成本、质量和工期目标的控制及项目建设全过程的

协调。因此，它是以项目目标为导向，执行管理各项基本职能的综合活动过程。

从狭义上理解，PM 通常是指业主委托建筑师/咨询工程师为其提供全过程项目管理服务，即由业主委托建筑师/咨询工程师进行前期的各项有关工作，待项目评估立项后再进行设计，在设计阶段进行施工招标文件准备，随后通过招标选择承包商。项目实施阶段有关管理工作也由业主授权建筑师/咨询工程师进行。FIDIC 合同条件红皮书就是 PM 模式的典范，它总结了世界各国土木工程建设管理百余年的经验，经过 40 多年来的修改再版，已成为国际土木工程界公认的合同标准格式，得到世界银行及各地区金融机构的推荐。

（2）CM 的含义和特征。

CM（Construction Management）是 20 世纪 50～60 年代在美国兴起的一种建设模式，随后广泛应用于美国、加拿大、澳大利亚以及欧洲的许多国家。虽然 CM 模式的发展只有 60 多年的历史，但在国际上已经比较成熟。在我国，对 CM 模式的理论研究和实践探索都还比较少，有人将其译为"建筑工程管理模式"，为了避免汉语上的歧义，人们通常直接称之为"CM 模式"。

CM 模式采用"Fast-Track"（快速路径法）将项目的建设分阶段进行，即分段设计、分段招标、分段施工，并通过各阶段设计、招标、施工的充分搭接，"边设计，边施工"，使施工可以在尽可能早的时间开始，以加快建设进度。

CM 模式以 CM 单位为主要特征，在初步设计阶段 CM 单位就接受业主的委托人到工程项目中来，利用自己在施工方面的知识和经验来影响设计，向设计单位提供合理化建议，并负责随后的施工现场管理，协调各承（分）包商之间的关系。

（3）PMC 的含义和特征。

PMC（Project Management Contract/Contractor）译成中文即项目管理承包/承包商，是指具有相应的资质、人才和经验的项目管理承包商，受业主委托，作为业主的代表，帮助业主在项目前期策划、可行性研究、项目定义、计划、融资方案，以及设计、采购、施工、试运行等整个实施过程中控制工程质量、进度和费用，进而保证项目的成功实施。

（4）PM、CM 和 PMC 三种模式的比较分析。

PM、CM、PMC 三种模式都侧重于项目的管理，而不是侧重于具体的设计、采购或者施工，对于三者来说，都要求其具有很强的组织管理和协调能力，利用自身的资源、技能和经验进行高水平的项目管理。三种模式既有共同点，也存在着明显的不同，PM、CM、PMC 三种模式的主要优势和适用范围见表 1-3-1。

表 1-3-1　PM、CM、PMC 三种模式的主要优势及适用范围

类型	优势	适用范围
PM 模式	减轻了业主方的工作量；提高了项目管理的水平； 委托给 PM 的工作内容和范围比较灵活，可以使业主根据自身情况和项目特点有更多的选择； 有利于业主更好地实现工程项目建设目标，提高投资效益	大型复杂项目或中小型项目； 传统的 D＋D＋B（设计—招标—建造）模式、D＋B 模式和非代理 CM 模式； 项目建设的全过程或其中的某个阶段

续表

类型	优势	适用范围
CM 模式	实现设计和施工的合理搭接，可以大大缩短工程项目的建设周期； 减少施工过程中的设计变更，从而减少变更费用； 有利于施工质量的控制	建设周期长，工期要求紧，不能等到设计全部完成后再招标施工的项目； 技术复杂，组成和参与单位众多，又缺少以往类似工程经验的项目； 投资和规模很大，但又很难准确定价的项目
PMC 模式	使项目管理更符合系统化、集成化的要求，可以大大提高整个项目的管理水平； 使业主以项目为导向的融资工作更为顺利，从而也可以降低投资风险； 有利于业主精简管理机构和人员，集中精力做好项目的战略管理工作	投资和规模巨大，工艺技术复杂的大型项目； 利用银行和国际金融机构，财团贷款或出口信贷而建设的项目； 业主方由很多公司组成，内部资源短缺，对工程的工艺技术不熟悉的项目

总之，无论采用 PM、CM 还是 PMC，为项目提供管理服务或是进行管理承包，都在项目中引入了专业化、高水平的项目管理，可以在很大程度上提高整个项目的管理水平，体现项目管理的价值，越是规模大、技术复杂的项目，也就越能体现项目管理的优势。

3. DB 总承包模式的含义

设计—施工工程总承包模式（以下简称"DB 总承包模式"）是指承包商负责建设工程项目的设计和施工，对工程质量、进度、费用、安全等全面负责，即建设单位通过招标将工程项目的施工图设计和施工委托给具有相应资质的 DB 工程总承包单位，DB 工程总承包单位按照合同约定，对施工图设计、工程实施实行全过程承包，对工程的质量、安全、工期、投资、环保负责的建设组织模式。

1）DB 总承包模式的类型。

作为买方的业主在发展 DB 总承包市场过程中，处于主导和主动地位，因此业主决定从哪个阶段开始招标，以使业主和承包方双方合理分担风险、发挥该种模式的优势。一般来讲，该模式可按照项目所处的建设阶段划分，DB 模式下的总承包类型可以从可行性研究阶段开始，也可以从初步设计阶段开始，还可以从技术设计及施工图设计开始。

2）DB 总承包模式所适用的建设项目。

DB 总承包模式基本出发点是促进设计与施工的早期结合，以便有可能发挥设计和施工双方的优势，缩短建设周期，提高建设项目的经济效益，因而并不是什么样的建设项目都适用的。

（1）所适用的建设项目。

①简单、投资少、工期短的项目。该类工程在技术上（不论是设计还是施工）都已经积累了丰富的经验。当采用固定总价合同时，业主便于投资控制，承包商的费用风险也较小，承包商可以发挥设计施工互相配合的优势，较早为业主实现项目的经济效益。适用这种类型的有普通的住宅建筑。

②大型的建设项目。大型建设项目一般投资大、建设规模大、建设周期长。在美国

采用DB模式的项目市场份额已达到45%，其中很大一部分项目是大型建设项目。这就要求承包商重技术、重组织、重管理，进而提高自己的综合实力。适用这种类型的有大型住宅区、普通公用建筑、市政道路、公路、桥梁等。

（2）不适用的建设项目。

①纪念性的建筑。这种建设项目主要考虑的是建筑存在的永久性、造型的艺术性以及细部处理等技术，造价和进度往往不是主要的考虑因素。

②新型建筑。这种项目从一开始的立项开始就有很多的不确定性因素，如建筑造型、结构类型、建筑材料等因素。作为设计方或者施工方可能都缺乏这方面的经验。对业主方和施工方来说风险都很大，不符合该项目建设的初衷。

③设计工作量较少的项目，如基础拆除、大型土方工程等。

4. DB 和 EPC 模式管理体制分析

1）DB 和 EPC 模式管理体制的特点。

（1）DB 模式的三元管理体制的特点。

业主采用较为严格的控制机制。业主委托工程师对总承包商进行全过程监督管理，过程控制比较严格，业主对项目有一定的控制权，包括设计、方案、过程等均采用较为严格的控制机制。

DB 模式以施工为主，依据业主确认的施工图进行施工，受工程师的全程监督和管理。

（2）EPC 模式的二元管理体制的特点。

业主采用松散的监督机制，业主没有控制权，尽少干预 EPC 项目的实施。

总承包商具有更大的权利和灵活性，尤其在 EPC 项目的设计优化、组织实施、选择分包商等方面，总承包商具有更大的自主权，从而发挥总承包商的主观能动性和优势；总承包商以设计为主导，统筹安排 EPC 项目的采购、施工、验收等，从而达到质量、安全、工期、造价的最优化。

EPC 合同采用固定总价合同。总价合同的计价方式并不是 EPC 模式独有的，但是与其他模式条件下的总价合同相比，EPC 合同更接近于固定总价合同。EPC 模式所适用的工程一般比较大，工期比较长，且具有相当的技术复杂性，因此增加了总承包商的风险。

2）DB 和 EPC 模式管理体制的差异分析。

尽管 DB 和 EPC 模式均属于工程总承包范畴，但是二者采用的管理体制不同。主要区别在于是否有工程师这一角色，详见表 1-3-2。

表 1-3-2　DB 和 EPC 模式管理体制差异表

管理体制的相关比较	DB 模式	EPC 模式
控制机制	严格	宽松
体制形式	三元体制	二元体制
总价合同	可调	固定
承包商主动权	较小	较大
违约金	一般有上限	有些情况无上限

5. DB 与 EPC 模式内容的对比分析

（1）承包范围的对比。

DB 模式主要包括设计、施工两项工作内容，不包括工艺装置和工程设备的采购工作，可见，DB 模式没有规定采购是总承包的工作还是业主的工作。在一般情况下，业主负责主要材料和设备的采购，业主可以自行组织或委托给专业的设备材料成套供应商承担采购工作。EPC 模式则明确规定了总承包商负责设计、采购、施工等工作。

（2）设计的对比。

尽管 DB 模式和 EPC 模式均包括设计工作内容，但是两者的设计内容有很大的不同，存在本质区别。DB 模式中的设计仅包括详细设计，而 EPC 模式中的设计除详细设计外还包括概要设计。

DB 模式中 D（Design，设计）仅仅是指项目的详细设计，不包括概要设计。详细设计内容包含对建筑物或构筑物的空间划分、功能的布置、各单元之间的联系以及外形设计和美术与艺术的处理等。

DB 模式下对承包商资质的要求等因素导致总承包商大都是由设计单位和施工单位组成的联营体。

EPC 模式中 E（Engineering，设计）包含概念设计和详细设计。总承包商不仅负责详细设计，还负责概要设计工作，同时负责对整个工程进行总体策划、工程实施组织管理。有些情况下，如果总承包商设计力量不够，会将设计任务分包给有经验的设计单位。

在 EPC 合同签订前，业主只提出项目概念性和功能性的要求，总承包商根据要求提出最优设计方案。根据项目总进度的计划安排，设计工作按各分部工程先后开工的顺序分批提供设计资料，可以边设计边施工。在项目二级计划的基础上制订详细的设计供图计划。采购所需要的参数需在详细设计完成前加以确定，因此设计人员需要提供采购所需的规格型号和大致数量。

第四节　EPC 工程总承包的优势及问题

1. EPC 工程总承包的优势

（1）工程管理与项目建设。

EPC 工程总承包模式的实施减轻了业主管理工程的难度。因为设计纳入总承包，业主只与一个单位暨总承包商打交道，只需要进行一次招标，选择一个 EPC 工程总承包商，不需要对设计和施工分别招标。这样不仅减少了招标的费用，还可以使业主方管理和协调的工作大大减少，便于合同的管理及管理机构的精简。

在 EPC 工程总承包管理模式下，由于设计和采购、施工是一家，总承包商就可以利用自身的专业优势，有机结合这三方的力量，尤其是发挥设计的龙头作用，通过内部协调和优化组合，更好地进行项目建设。如进行有条件的边设计边施工，工程变更会相应减少，工期也会缩短，有利于实现项目投资、工期和质量的最优组合效果。

（2）工程项目设计与施工。

EPC 工程总承包模式可以根据工程实际各个环节阶段的具体情况，有意识地主动使设计与施工、采购环节交错，减少建设周期或加快建设进度。这要求总承包商要有强大的设计力量，才能达到优化设计、缩短工期的目的。

（3）EPC 工程总承包模式采购施工的能动性。

由于在 EPC 工程总承包模式总承包中，设计和采购、施工一起纳入了总承包范畴，因而采购方、施工方可以发挥主观能动性，更好地与设计方进行互动。在技术协调方面，设计人员有丰富的理论知识和设计经验，而施工方有丰富的实践经验，将两者结合起来为工程服务是 EPC 工程总承包模式的优势所在。

2. EPC 工程总承包管理中存在的问题及应对措施

实践证明，工程总承包有利于解决设计、采购、施工相互制约和脱节的问题，使设计、采购、施工等工作合理交叉，有机地组织在一起，进行整体统筹安排、系统优化设计方案，能有效地对质量、成本、进度进行综合控制，提高工程建设水平，缩短建设总工期，降低工程投资。为此，需进一步大力推进 EPC 工程总承包管理模式在国内的发展。而针对目前 EPC 工程总承包管理存在的上述问题，特提出以下几项基本的应对措施。

（1）把功夫下在提高业主方的管理素质上。

（2）全面对接 EPC 工程总承包的规则和要求，加快承包队伍的整合。

（3）从推动 EPC 工程总承包的角度强化工程监理。

（4）建立和完善项目管理法规制度体系。

（5）培育规范的工程总承包市场。

第五节　EPC 工程总承包模式的建设程序

1. EPC 工程总承包的主要内容

EPC 工程总承包的主要内容见表 1-5-1。

表 1-5-1　EPC 工程总承包的主要内容

规划设计	采购	施工管理
方案设计（设备、材料选型等）	设备、材料采购、专业分包商的选择	土木工程施工（工期控制、多专业穿插计划、品质保证、安全控制等）
施工图及综合布置详图设计	设备订货及进场时间、储存管理等	设备安装、调试的计划管理
采购与施工规划	施工分包与设计分包	绿化环保等

（1）规划设计。

规划设计包括方案设计、设备主材的选型、施工图及综合布置详图设计以及施工与采购规划在内的所有与工程的设计、计划相关的工作。

（2）采购。

采购工作包括设备采购、设计分包以及施工分包等工作内容，其中有大量的对分包合同的评标、签订合同以及执行合同的工作。与我国建筑企业的采购部门相比，工作内容广泛，工作步骤也较复杂。

（3）施工管理。

除了工程总承包商必须负责的工程总体进度控制、品质保证、安全控制外，还要负责组织整个工程的服务体系（如现场的水平、垂直运输，临时电、水、场地管理，环保措施，保安等）建立和维护。按照我国现行标准规范，总承包还要用自己直属的施工队伍完成工程主体结构的施工。

2. EPC总承包项目的建设程序

图1-5-1中描述了在一个典型的EPC总承包项目中，业主从对项目产生最初的设想到"交钥匙"时接收到一个可以正式投产运营的工程设施的全部过程，并将其和传统"设计—招标—施工"模式做了对比。

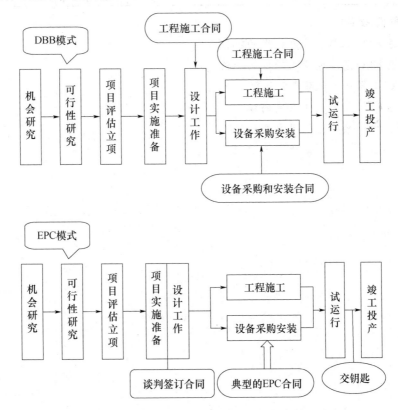

图1-5-1　DBB模式与EPC模式建设程序对比图

3. EPC项目中业主和承包商的责任范围

表1-5-2总结了在EPC总承包项目的整个过程中业主和承包商在各阶段的主要工作。其中，业主的工作一般委托其雇用的专业咨询公司完成。

表 1-5-2　EPC 项目中业主和承包商的工作分工

项目阶段	业主	承包商
机会研究	项目设想转变为初步项目投资方案	
可行性研究	通过技术经济分析判断投资建设的可行性	
项目评估立项	确定是否立项和发包方式	
项目实施准备	组建项目机构，筹集资金，选定项目地址，确定工程承包方式，提出功能性要求，编制招标文件	
初步设计规划	对承包商提交的招标文件进行技术和财务评估，和承包商谈判并签订合同	提出初步的设计方案，递交投标文件，通过谈判和业主签订合同
项目实施	检查进度和质量，确保变更，评估其对工期和成本的影响，并根据合同进行支付	施工图和综合详图设计，设备材料采购和施工队伍的选择，施工的进度、质量、安全管理等
移交和试运行	竣工检验和竣工后检验，接收工程，联合承包商进行试运行	接收单体和整体工程的竣工检验，培训业主人员，联合业主进行试运行，移交工程，修补工程缺陷

复习思考题

1. 简述 EPC 工程总承包模式的特征。
2. 简述 EPC 总承包模式的发展前景。
3. EPC 工程总承包有哪些优势？
4. 简述 EPC 总承包的主要内容。
5. 简述 EPC 总承包的建设程序。

第二章　建设项目管理组织

本章学习目标

通过本章的学习，学生可以初步掌握建设项目管理概述、EPC项目的组织模式、建设项目管理的组织模式、建设项目法人的组织形式、项目管理组织制度及类型、项目团队的相关内容。

重点掌握：EPC项目组织模式、建设项目管理组织模式。

一般掌握：建设项目管理相关概述、建设项目法人的组织形式、项目团队相关内容。

第一节　建设项目管理概述

1. 工程项目管理组织概念

所谓工程项目管理组织，是指为了实现工程项目目标而进行的组织系统的设计、建立和运行，建成一个可以完成工程项目管理任务的组织机构，建立必要的规章制度，划分并明确岗位、层次、责任和权利，并通过一定岗位人员的规范化行为和信息流通，实现管理目标。

工程项目管理组织是在整个工程项目中从事各种管理工作的人员的组合，如图2-1-1所示。

（1）设计程序。

①确定工程项目管理目标。

②确定工程项目管理模式，选择工程项目管理组织形式。

③确定工程项目管理工作任务、责任和权利。

④详细分析工程项目管理组织所完成的管理工作，确定工程项目管理工作流程、操作程序、工作逻辑关系。

⑤确定详细的各项工程项目职能管理工作任务，并将工作任务落实到人员和部门。

⑥建立工程项目管理组织各个职能部门的管理行为规范和沟通准则，形成工程项目管理规范，作为工程项目管理组织内部的规章制度。

⑦选择和任命工程项目管理人员。

⑧在上述工作基础上设计工程项目管理信息系统。

（2）运行管理。

①成立项目经理部。

②确定项目经理的工作目标。

③明确和商定项目经理部门中的人员安排，宣布对项目经理部成员的授权，明确职

权使用的限制和有关问题，制订工程项目管理工作任务分配表。

④项目经理积极参与解决工程项目管理的具体问题，建立并维持积极、有利的工作环境和工作作风。

⑤建立有效的沟通系统和成员之间的相互依赖和相互协作关系。

⑥维持相对稳定的工程项目管理组织机构。

⑦制订完整的工程项目管理人员的招聘、安置、报酬和福利、培训、提升、绩效评价计划。

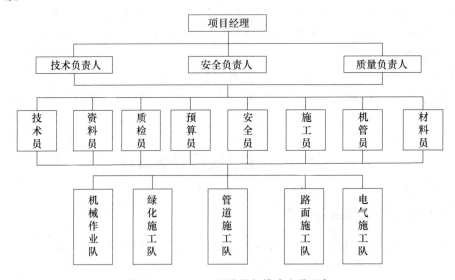

图 2-1-1   EPC 工程总承包模式人员配备

2. 项目管理的基本职能和体系

1) 项目管理的基本职能。

（1）计划职能。

计划职能是指把项目活动全过程、全目标都列入计划，通过统一的、动态的计划系统来组织、协调和控制整个项目，使项目协调有序地达到预期目标。

（2）组织职能。

组织职能是指建立一个高效率的项目管理体系和组织保证系统，通过合理的职责划分、授权，动用各种规章制度以及合同的签订与实施，确保项目目标的实现。

（3）协调职能。

项目的协调管理职能是指在项目存在的各种结合部或界线之间，对所有的活动及力量进行联结、联合、调和，以实现系统目标的活动。项目经理在协调各种关系特别是主要的人际关系中，应处于核心地位。

（4）控制职能。

项目的控制职能是指在项目实施的过程中，运用有效的方法和手段，不断分析、决策、反馈，不断调整实际值与计划值之间的偏差，以确保项目总目标的实现。项目控制往往是通过目标的分解、阶段性目标的制定和检验、各种指标定额的执行，以及实施中的反馈与决策来实现的。

2）项目管理的体系。

项目管理体系是一个系统性的概念，不论是在信息项目管理还是工程项目管理中，都会涉及该体系的运用。项目管理九大体系最早是由美国项目管理学会（PMI）提出的，通过学习这些基础的九大知识体系，便能够设计出一套行之有效的项目管理方案，如图2-1-2所示。

（1）项目整合管理。

项目整合管理的核心在于"协调"，项目管理者需要将各方的需求进行综合性汇总，并能够权衡得失，规避风险。整合管理的内容包括：项目计划开发、项目计划实施与项目综合变更控制。可以说，项目整个管理是一项难度较高的工作，需要管理者有全局思维。

（2）项目范围管理。

项目范围管理是一个比较复杂的概念，它是指对项目包括什么与不包括什么进行定义与区分的过程，以便于项目管理者与执行人员能够达成共识。项目范围管理的内容包括：确定项目的需求、定义规划项目的范围、范围管理的实施、范围的变更控制管理以及范围核实等。

（3）项目时间管理。

项目的进程常常依附在时间轴上，进而表现出两者的不可分割性。能够按时保质地完成项目，是每一位项目管理者最希望做到的事情。因此，项目时间管理就需要管理者能够合理地安排项目起止时间和子任务开展周期。其中可以分为5个过程：活动定义、活动排序、活动工期估算、安排进度表、进度控制。

（4）项目成本管理。

项目成本管理需要管理者能够在给定的预算内，合理科学地调度各项成本以完成任务。项目管理需要依靠4个过程来完成，分别是：制订成本管理计划、成本估算、成本预算和成本控制。

（5）项目质量管理。

项目质量可以分为狭义和广义两种定义。狭义的项目质量是指经过项目加工生成的产品的质量，它具有一定的使用价值和附带属性。广义的项目质量还包括项目管理工作的质量。狭义的项目管理质量的过程包括质量计划、质量保证、质量控制。

（6）项目沟通管理。

项目开展不是一个人的事情，而是需要整个项目组成员的共同协作。其中就需要项目组成员之间不断地沟通合作，显然沟通的重要性不言而喻。项目沟通管理的工作内容可包括沟通计划、信息传播、执行报告和行政总结。

（7）项目人力资源管理。

在项目管理中，人力是驱动项目进行的根本，合理设置各人员的工作也是一项重要的管理工作。项目管理者在设置人力资源分配时，需要完成一些步骤：角色和职责分配、人员配备管理计划和组织结构图。

（8）项目风险管理。

项目风险管理可以分为两部分，一部分是识别风险，另一部分是处置风险。在项目开展的过程中，难免会遇到各种各样的问题，而项目风险管理就是尽最大可能规避风险，以保证项目可以正常地开展下去。项目风险管理的工作包含这4个过程：风险输出、风险量化、对策研究、实施控制。

（9）项目采购管理。

项目采购是项目组从外部获取的必备的加工材料或者服务的一种方式，充分且合理的项目采购既可以保证项目按时保质完成，也可以避免不必要的浪费。项目采购管理分为 4 个过程，分别是：规划采购、实施采购、控制采购和结束采购。

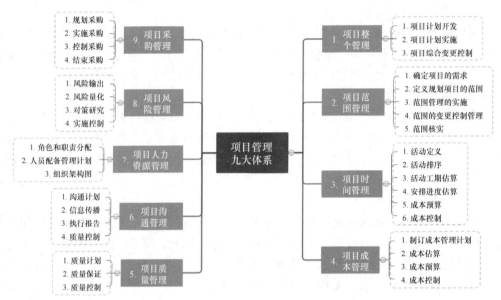

图 2-1-2　项目管理体系图

3）项目管理的价值和意义。

（1）对个体而言：

①反映了项目管理者的个人综合素养，以及证明个人的能力、智慧与技巧。

②提高了个人的职业能力，也从工作中找出了不足。

③树立起了信心，赢得了领导层的重视。

（2）对企业而言：

①能够帮助企业在制定的日程内完成指定的任务。

②能够帮助企业用合理的费用完成项目内容。

③团结内部员工，提高合作意识。

④项目能够带给企业更多的创收机会。

3. 项目管理的环境和过程

1）工程项目管理的环境。

工程项目是在一个比工程项目本身大得多的相关范畴中进行的，工程项目管理处于多种因素构成的复杂环境中，因此工程项目管理团队对于这个扩展的范畴必须要有正确的了解和熟悉。

事实上，任何一个工程项目管理团队仅仅对工程项目本身的日常活动进行管理是不够的，必须考虑多方面的影响。

（1）上级组织的影响。

工程项目管理团队一般是一个比自身更高层次组织的部分。这个组织不是指工程项目管理团队本身，即使当管理团队本身就是这个组织时，该管理团队仍然受到组建它的单个组织或多个组织的影响。

（2）社会经济、文化、政治、法律等方面的影响。

工程项目管理团队必须认识到社会经济、文化、政治、法律等方面的现状和发展趋势可能会对他们的工程项目产生重要的影响。

（3）标准、规范和规程的约束。

各个国家和地区对于项目的建设都有许多标准、规范和规程，在项目建设过程中必须遵循。咨询工程师必须熟悉这些标准、规范和规程。

2）工程项目管理的过程。

工程项目管理主要包括以下过程：

（1）业主的项目管理（建设监理）。

业主的项目管理是全过程的，包括项目决策和实施阶段的各个环节，也即从编制项目建议书开始，经可行性研究、设计和施工，直至项目竣工验收、投产使用的全过程管理。

（2）工程建设总承包单位的项目管理。

在设计、施工总承包的情况下，业主在项目决策之后，通过招标择优选定总承包单位全面负责工程项目的实施过程，直至最终交付使用功能和质量标准符合合同文件规定的工程项目。

（3）设计单位的项目管理。

设计单位的项目管理是指设计单位受业主委托承担工程项目的设计任务后，根据设计合同所界定的工作目标及责任义务，对建设项目设计阶段的工作所进行的自我管理。

（4）施工单位的项目管理。

施工单位通过投标获得工程施工承包合同，并以施工合同所界定的工程范围组织项目管理，简称为施工项目管理。施工项目管理的目标体系包括工程施工质量（Quality）、成本（Cost）、工期（Delivery）、安全和现场标准化（Safety），简称 QCDS 目标体系。

工程项目管理系统如图 2-1-3 所示。

图 2-1-3　工程项目管理图

3）工程项目管理的知识体系。

工程项目管理知识体系正处于不断完善和发展的过程中，目前最为流行的主要有 PMBOK、PRINCE 和 ICB 三种。

（1）PMBOK。

PMBOK（Project Management Body of Knowledge，项目管理知识体系）是成立于 1969 年的美国项目管理协会（Project Management Institute，简称 PMI）编写的，已经成为美国项目管理的国家标准之一。在 PMBOK 中，将项目管理划分为 9 个知识领域：范围管理、时间管理、质量管理、成本管理、人力资源管理、沟通管理、采购管理、风险管理和整体管理。其中，"范围、时间、质量和成本"是项目管理的 4 个核心领域，如图 2-1-4 所示。

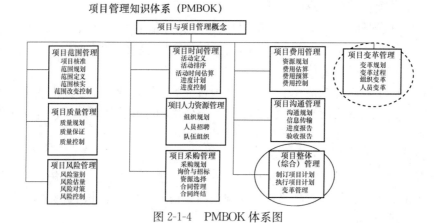

图 2-1-4　PMBOK 体系图

（2）PRINCE。

PRINCE（Projects in Controlled Environments，受控环境下的项目管理）是一项着眼于组织、管理与控制的结构化项目管理方法，是一套科学完整的项目管理知识体系，该方法最初由英国 CCTA（Central Computerand Telecommunications Agency，中央计算机与电信局）于 1989 年建立。有效使用下图所示技术为项目管理的成功提供了有力的保障，如图 2-1-5 所示。

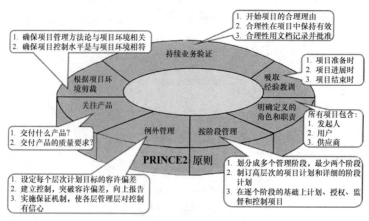

图 2-1-5　PRINCE 体系图

（3）ICB。

ICB（International Competence Baseline，国际项目管理资质标准）是国际项目管理协会（International Project Management Association，简称 IPMA）建立的知识体系。ICB 要求国际项目管理人员必须具备的专业资质包括 7 大类、60 细项，具体如下：

①基本项目管理：项目和项目管理；项目管理实施；项目化管理；系统方法整合；项目范畴；项目阶段和生命周期；项目发展和评估；项目目标和战略；项目成功和失败标准；项目启动；项目结束。

②方法和技术：项目结构；内容和范围；时间表；资源；项目成本和财务；配置和调整；项目风险；绩效度量；项目控制；信息、文件和报告。

③组织能力：项目组织；采购、合同；标准和规章；问题处理；谈判、会议；永久组织；业务流程；个人发展；组织学习。

④社会能力：团队合作；领导力；沟通；冲突和危机。

⑤一般管理：项目质量管理；项目信息系统；变革管理；营销和产品管理；系统管理；安全、健康与环境；法律事务；金融和会计。

⑥个人态度：沟通能力；动机（主动、积极、热情）；关联能力（开放度）；价值升值能力；说服能力（解决冲突、论辩文化、公正性）；解决问题能力（全面思考）；忠诚度（团结合作、乐于助人）；领导力。

⑦一般印象：逻辑；思维的结构性；无错；清晰；常识；透明度；简要；中庸；经验视野；技巧。

每一细项的评判分为高、中、低三个档次。分类、标准、指导及参照构成了完整的 ICB 评估系统。

4. 项目成功的关键因素

（1）项目经理必须关注项目成功的 3 个标准。

简单地说：①准时；②预算控制在既定的范围内；③质量得到经理和用户们的赞许。项目经理必须保证项目小组的每一位成员都能对照上面 3 个标准进行工作。

（2）任何事都应当先规划再执行。

就项目管理而言，很多专家和实践人员都同意这样一个观点：需要项目经理投入的最重要的一件事就是规划。只有详细而系统的由项目小组成员参与的规划才是项目成功的唯一基础。

（3）项目经理必须以自己的实际行动向项目小组成员传递一种紧迫感。

由于项目在时间、资源和经费上都是有限的，项目最终必须完成。但项目小组成员大多有自己的爱好，项目经理应让项目小组成员始终关注项目的目标和截止期限。

（4）成功的项目应使用一种可以度量且被证实的项目生命周期。

标准的信息系统开发模型可以保证专业标准和成功的经验能够融入项目计划。这类模型不仅可以保证质量，还可以使重复劳动降到最低程度。

（5）所有项目目标和项目活动必须生动形象地得以交流和沟通。

项目经理和项目小组在项目开始时就应当形象化地描述项目的最终目标，以确保与项目有关的每一个人都能记住。

（6）采用渐进的方式逐步实现目标。

如果试图同时完成所有的项目目标，只会造成重复劳动，既浪费时间又浪费钱。俗话说，一口吃不成胖子。项目目标只能一点一点地去实现，并且每实现一个目标就进行一次评估，确保整个项目能得以控制。

（7）项目应得到明确的许可，并由投资方签字实施。

在实现项目目标的过程中获得明确的许可是非常重要的。应将投资方的签字批准视为项目的一个出发点。

（8）要想获得项目成功，必须对项目目标进行透彻的分析。

（9）项目经理应当责权对等。

项目经理应当对项目的结果负责，这一点并不过分。但与此相对应，项目经理也应被授予足够的权利以承担相应的责任。

（10）项目投资方和用户应当主动介入，不能坐享其成。

多数项目投资方和用户都能正确地要求和行使批准（全部或部分）项目目标的权力。但伴随这个权力的是相应的责任——主动地介入项目的各个阶段。

（11）项目的实施应当采用市场运作机制。

在多数情况下，项目经理应将自己看成是卖主，以督促自己完成投资方和用户交付的任务。

（12）项目经理应当获得项目小组成员的最佳人选。

项目经理应当为这些最佳的项目成员创造良好的工作环境，如帮助他们免受外部干扰，帮助他们获得必要的工具和条件以发挥他们的才能，如图 2-1-6 所示。

图 2-1-6　项目小组

第二节　EPC项目组织模式

1. EPC总承包企业组织的基本结构

EPC总承包企业的组织模式设计需要体现建筑业企业的产业特征和企业自身的产业定位及其对工程项目的组织实施方式，如图2-2-1所示。

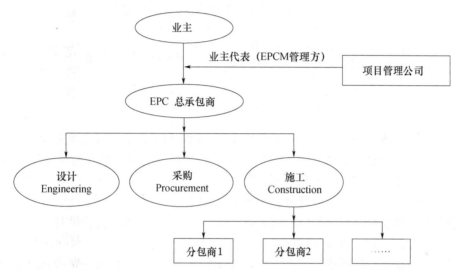

图 2-2-1　EPC总承包企业组织的基本结构

（1）矩阵式结构新含义。

EPC企业组织的矩阵模式的设计理念主要体现在各个专家支持系统对项目的专业技术支持上，当首席技术总监在信息平台接受专家支持请求时，可以在专家支持中心调配合适的技术人才派往特定项目，专家库支持的组织技术能够有效地消除专家多可能出现人浮于事和专家少可能又无法满足现实需要的现象。

（2）首席技术总监及专家支持系统。

EPC企业组织的矩阵模式强调专家支持系统对于项目运营的支持作用，对我国大型施工企业转型时期具有特别重要的意义。对专家资源的集中管理，目前我国大型施工企业已经存在组织基础，一般都有专家委员会。

（3）首席信息总监及信息管理系统。

首席信息总监是企业和行业的知识管理的主要负责人。信息型组织中的指令基本上是专门技术，总承包企业组织是知识型的组织，总部集聚了大量的管理和技术专家。

2. EPC项目组织的基本模式

项目组织是为了完成某个特定的项目任务而由不同部门、不同专业的人员组成的一个临时性工作组织，通过计划、组织、领导、控制等过程，对项目的各种资源进行合理协调和配置以保证项目目标的成功实现，如图2-2-2所示。

根据国际工程项目管理模式，企业最终要建立"大总部、小项目"的事业部商务模

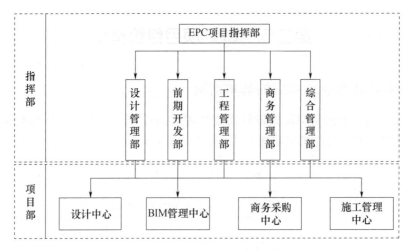

图 2-2-2　EPC 项目组织基本模式结构

式以实现项目实施和企业发展之间的良性互动。矩阵组织理念已经为业主和总承包企业普遍接受，在企业总部还没有形成适应总承包项目管理的组织模式的情况下，EPC 项目组织基本模式包括 3 个层次和 2 个矩阵结构。

（1）企业支持层、总承包管理层和施工作业层。

企业总经理及总部职能部门构成企业支持层，向总包管理层提供管理、技术资源以及行使指导监督职能；总包管理层是指 EPC 项目的实施主体——总承包项目部，总承包项目部的团队组建和资源配置由工程总承包企业总部完成，代表企业根据总承包合同组织和协调项目范围内的所有资源实现项目目标；施工作业层由各专业工程分包的项目部组成，根据分包合同完成分部分项工程。

（2）资源配置矩阵和业务协同矩阵。

企业支持层和总包管理层之间除了业务上的指导和监督外，还存在资源配置矩阵。具体而言，项目上的人力资源和物质资源都是企业配置的，项目部只拥有使用权。管理视角的矩阵组织机构就是指项目部的管理人员和专业技术人员要接受双重领导：职能部门经理和项目经理。资源配置矩阵结构有效运行的目的就是保证项目实施的资源需求和为企业发展积累人才资源、管理和专业技术经验。

3. EPC 总承包模式基本特征

在 EPC 总承包模式下，发包人（业主）不应该过于严格地控制总承包人，而应该给总承包人在建设工程项目建设中较大的工作自由。例如，发包人（业主）不应该审核大部分的施工图纸，不应该检查每一个施工工序。发包人（业主）需要做的是了解工程进度、了解工程质量是否达到合同要求，建设结果是否能够最终满足合同规定的建设工程的功能标准。

发包人（业主）对 EPC 总承包项目的管理一般采取两种方式：过程控制模式和事后监督模式。

（1）过程控制模式。

发包人（业主）聘请监理工程师监督总承包商"设计、采购、施工"的各个环节，并签发支付证书。发包人（业主）通过监理工程师各个环节的监督，介入对项目实施过程的管理。FIDIC 编制的《生产设备和设计—施工合同条件》（1999 年第一版）即采用该种模式。

（2）事后监督模式。

发包人（业主）一般不介入对项目实施过程的管理，但在竣工验收环节较为严格，通过严格的竣工验收对项目实施总过程进行事后监督。

EPC 总承包项目的总承包人对建设工程的"设计、采购、施工"整个过程负总责、对建设工程的质量及建设工程的所有专业分包人履约行为负总责。也即，总承包人是 EPC 总承包项目的第一责任人。

4. 项目经理的素质要求

项目经理需要具备 4 种基本素质及 8 大管理技能。

1）4 种素质。

（1）品德素质。项目经理对外与供应商、客户打交道，对内需要跨部门整合资源，诚信的品德素质是基础。

（2）能力素质。项目经理需要具备较强的综合管理能力。

（3）知识结构。如今的项目经理不再仅仅是个技术专家、在办公室画画图就可以了，而是需要具备一般的管理知识，如市场营销知识、人力资源管理知识等；项目管理专业知识；应用领域知识，如 IT、金融、房地产等行业知识。

（4）身体素质。没有一天只干 8 个小时的项目经理。项目管理工作经常赶周期，赶进度，工作起来没日没夜，业内戏称"体力活"，需要具备良好的身体素质。

2）8 大技能。

（1）项目管理与专业知识技能。项目经理需要制订项目计划、控制项目成本、确保项目质量，需要具备项目管理专业知识。

（2）人际关系技能。这是项目经理面临的最大挑战，项目经理对上需要向老板汇报进展，对下需要向项目成员分配任务，对外要与供应商、承包商打交道，耳听八方，眼观六路，需要具备良好的人际关系技能。

（3）情境领导技能。项目经理需要不断激励项目员工，努力冲锋陷阵。管理因人而异，需要针对项目组不同成员不同需求，在不同情境下因需而变。

（4）谈判与沟通的技能。无论是与客户还是员工相处，项目经理 85％的时间都在谈判、沟通。

（5）客户关系与咨询技能。现在的项目经理不仅是技术专家，需要走到客户端，根据客户需求，为客户量身定做项目方案。

（6）商业头脑和财务技能。企业目标是通过项目管理实现的，项目经理需要把项目放在整个企业战略中考虑。

（7）解决问题和处理冲突的技能，每天项目经理都会碰到无穷无尽的问题，如安全事故，成本超支了或项目人员携款潜逃，作为项目经理，需要具备较强的应变能力及化解冲突的能力。

（8）创新技能，很多项目都是前无古人、后无来者的事业，这往往需要项目经理具备创新能力。

领导团队，多快好省地实现项目目标，这是项目经理发展的关键，如图 2-2-3 所示。

图 2-2-3　施工现场项目经理

第三节　建设项目管理组织模式

1. 建设项目组织管理机构设置原则

项目管理组织的设置没有固定的模式，需要根据项目的不同生产工艺技术特点，不同的内外部条件，设置不同的组织形式，如图 2-3-1 所示。总的要求是从项目的实际出发，选择和确定项目的管理组织，保证项目稳定、高效、经济地运行。项目管理组织机构设置原则主要有以下几点。

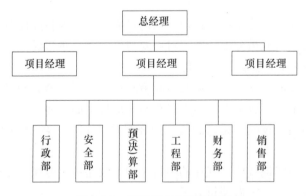

图 2-3-1　项目管理组织机构图

（1）项目管理的组织形式必须与生产力发展水平相适应，同时必须能动地适应社会环境的变化。

（2）有效管理幅度原则。管理幅度是指一个主管能够直接有效地指挥下属的数目。

（3）权责对应原则。领导人员率领隶属人员去完成某项工作，必须拥有包括指挥、命令等在内的各种权力。

（4）命令统一原则。项目组织形式必须有利于加强项目建设各环节的统一管理，一个机构不能受到多头指挥。上下级之间的上报下达都要按层次进行，一般情况下不得越级，要严格实行"一元化"的层次联系。

（5）才职相称原则：

①管理人员的才智、能力与担任的职务应相适应。

②机构的设置应尽可能使才职相称，人尽其才，才得其用，用得其所。

③组织机构必须具有灵活性，具备调整的可能性。

（6）效果与效率原则。效果是指组织机构的活动要有成效，效率是指组织机构在单位时间内取得成果的速度。

（7）项目组织形式应能促使项目管理由人治走向法治。

（8）项目组织形式既要有独立性，又要有合作精神。

2. 建设项目管理模式

（1）设计采购施工总承包（EPC）。

EPC总承包是指承包商负责工程项目的设计、采购、施工安装全过程的总承包，并负责试运行服务（由业主进行试运行）。EPC总承包又可分为两种类型：EPC（max s/c）和EPC（self-perform construction）。

EPC（max s/c）是EPC总承包商最大限度地选择分承包商来协助完成工程项目，通常采用分包的形式将施工分包给分承包商。

EPC（self-perform construction）是EPC总承包商除选择分承包商完成少量工作外，自己要承担工程的设计、采购和施工任务。

（2）交钥匙总承包（LSTK，即Lump Sum Turn Key）。

交钥匙总承包是指承包商负责工程项目的设计、采购、施工安装和试运行服务全过程，向业主交付具备使用条件的工程。

（3）设计、施工、采购管理承包（EPCM，即Engineering、Procurement、Construction Management）。

设计、采购、施工管理承包是指承包商负责工程项目的设计和采购，并负责施工管理。施工承包商与业主签订承包合同，但接受设计、采购、施工管理承包商的管理。设计、采购、施工管理承包商对工程的进度和质量全面负责。

（4）设计、采购、施工监理承包（EPCS，即Engineering、Procurement、Construction Superintendence）。

设计、采购、施工监理承包是指承包商负责工程项目的设计和采购，并监督施工承包商按照设计要求的标准、操作规程等进行施工，并满足进度要求，同时负责物资的管理和试车服务。施工监理费不含在承包价中，按实际工时计取。业主与施工承包商签订承包合同，并进行施工管理。

（5）设计、采购承包和施工咨询（EPCA，即Engineering、Procurement、Construction Advisory）。

设计、采购承包和施工咨询是指承包商负责工程项目的设计和采购，并在施工阶段向业主提供咨询服务。施工咨询费不含在承包价中，按实际工时计取。业主与施工承包商签订承包合同，并进行施工管理。

3. 建设项目管理组织的形式

（1）直线性组织结构模式。

直线性组织结构是一种最早也是最简单的组织形式。

优点：结构比较简单，责任分明，命令统一。

缺点：它要求行政负责人通晓多种知识和技能，亲自处理各种业务。这在业务比较复杂、企业规模比较大的情况下，把所有管理职能都集中到最高主管一人身上，显然是难以胜任的。

（2）职能组织结构模式。

职能组织结构模式是指各级行政单位除主管负责人外，还相应地设立一些职能机构。

优点：能适应现代化企业生产技术比较复杂，管理工作比较精细的特点；能充分发挥职能机构的专业管理作用，减轻直线领导人员的工作负担。

缺点：它妨碍了必要的集中领导和统一指挥，形成了多头领导；不利于建立和健全各级行政负责人和职能科室的责任制等。现代企业一般都不采用职能制。

（3）矩阵组织结构模式。

在组织结构上，把既有按职能划分的垂直领导系统，又有按产品（项目）划分的横向领导关系的结构，称为矩阵组织结构。矩阵结构适用于一些重大攻关项目，特别适用于以开发与实验为主的单位。

优点：加强了各职能部门的横向联系，具有较大的机动性和适应性，实行了集权与分权的结合，有利于发挥专业人员的潜力，有利于各种人才的培养，可随项目的开发与结束进行组织或解散。

缺点：由于这种组织形式是实行纵向、横向的领导，存在两个指令源，处理不当，会由于意见分歧而造成工作中的相互扯皮的现象。

第四节　建设项目法人的组织形式

1. 项目法人责任制

项目法人是指由项目投资代表人组成的建设项目全面负责并承担投资风险的项目法人机构，它是一个拥有独立法人财产的经济组织。

项目法人责任制是一种由明确的项目法人对投资项目的策划、资金筹措、建设实施、生产经营、债务偿还和资产的保值增值全过程全面负责的管理制度。

2. 项目法人责任制的特点

项目法人责任制的特点：产权关系明晰，具有法人地位，有利于责、权、利相一致，有利于保证工程项目实行资本金制度。

实行项目法人责任制是适应发展社会主义市场经济，转换项目建设与经营体制，提高投资效益，实现我国建设管理模式与国际接轨，在项目建设与经营全过程中运用现代企业制度进行管理的一项具有战略意义的重大改革措施。

项目法人责任制是一种现代企业制度，现代企业制度的特征是"产权清晰，权责明确，政企分开，管理科学"。

3. 项目法人责任制的基本内容

项目法人对工程建设的全过程管理负责，保证按照项目建设需要组织完成项目建设，对项目建设的工程质量、工程进度、资金管理和生产安全负总责，并接受上级主管部门和项目主管部门监督。其主要内容如下。

（1）根据工程项目建设需要，负责组建项目管理的组织机构，任免行政、技术、财务、质量安全等负责人。

（2）组织初步设计文件的编制、审核、报批等工作，并负责组织施工图设计审查和设计交底。

（3）依法对工程项目的设计、监理、施工和材料及设备等组织招标。与中标单位签订合同，履行合同约定的权利和义务。

（4）负责办理工程质量监督手续和主体工程开工报告报批手续。

（5）遵守工程项目建设管理的相关法规和规定，按批准的设计文件和基本建设程序组织工程项目建设。

（6）负责筹措工程建设资金、制订年度资金计划和施工计划，对工程质量、进度、工期、安全生产、资金进行管理，监督和检查各单位全面履行工程建设合同。

（7）负责组织制订、上报在建工程安全生产预案，完善各种安全生产措施，监督检查参建单位完善工程质量和安全管理体系，落实施工安全和质量管理责任，对在建工程安全生产负责。

（8）负责与项目所在地人民政府及有关部门协调，创造良好的工程建设环境。

（9）负责组织工程完工结算、编制工程竣工财务决算，完善竣工前各项工作，申报工程竣工审计和竣工验收，负责工程竣工验收后的资产交付使用。

（10）负责通报工程建设情况，按规定向主管部门报送计划、进度、财务等统计报表。

（11）负责工程建设档案资料收编整理工作，检查验收各参建单位档案资料的收集、整理、归档。负责申请工程竣工前的档案资料报验工作，负责竣工资料的移交和备案。

第五节　项目管理组织制度及类型

1. 项目管理组织概念

项目管理组织是指为了完成某个特定的项目任务而由不同部门、不同专业的人员所组成的一个特别工作组织，它不受既存的职能组织构造的束缚，但也不能代替各种职能组织的职能活动。根据项目活动的集中程度，它的机构可以很小，也可以很庞大。项目管理组织职能是项目管理的基本职能。

（1）管理。

通俗地讲，管理就是"为了实现某一目标管人理事"。综合现代的管理概念，我们可以认为所谓管理就是：在某种特定的环境下，为了实现既定的目标，主导者对拥有的资源，进行有效地计划、组织、领导、控制和创新的一系列活动。

（2）制度。

制度是节制人们行为的尺度。具体规章制度是各种社会组织和具体工作部门规定的行为模式和办事程序规则。我们所讨论的有关企业和项目范畴的制度是在根本制度和基本制度之下的组织层次管理的具体制度。

（3）管理制度。

我们这里所谈到的管理制度可以这样去理解：为了能够达到管理目标所要遵循的一些程序规则、规程和行为的道德伦理规范，并有度去衡量，且有法去奖惩和激励。

（4）项目管理制度。

针对项目范畴和项目特点所规范的管理制度就是项目管理制度。也就是为了达到"做正确的事，正确地做事，获取正确的结果"而制订的，需要项目团队成员遵循的、有度去衡量且有法去奖惩和激励的一些程序或规程。

2. 项目管理组织制度主要原则

（1）规范性。

管理制度的最大特点是规范性，呈现在稳定和动态变化相统一的过程中。对项目管理来说，长久不变的规范不一定是适应的规范，经常变化的规范也不一定是好规范，应该根据项目发展的需要而进行相对的稳定和动态的变化。

（2）层次性。

管理是有层次性的，制订项目管理制度也要有层次性。通常的管理制度可以分为责权利制度、岗位职能制度和作业基础制度3个层次。

（3）适应性。

实行管理制度的目的是多、快、好、省地实现项目目标，是使项目团队和项目各个利益相关方尽量满意，而非为了制度而制订制度。

（4）有效性。

制定出的制度要对管理有效。要注意团队人员的认同感。管理制度必须在社会规范、国际标准、人性化尊重之间取得一个平衡。

（5）创新性。

项目管理制度创新过程就是项目管理制度的设计、编制，这种设计或创新是有其相应的规则或规范的；项目管理制度的编制或创新是具有规则的，起码的规则就是结合项目实际，按照事物的演变过程依循事物发展过程中内在的本质规律，依据项目管理的基本原理，实施创新的方法或原则，进行编制或创新，形成规范。

3. 项目相关利益主体

一个项目会涉及许多组织、群体或个人的利益，这些组织、群体或个人都是这一项目的相关利益主体或叫相关利益者。在项目的管理当中，一个项目的主要相关利益主体关系通常包括下述几个方面。

（1）项目业主与项目实施组织之间的利益关系。

二者的利益关系中相互一致的一面使项目业主与项目的实施组织最终形成一种委托和受托，或者委托与代理的关系。但是双方的利益有一定的对立性和冲突，如果处理不好会给项目的成功带来许多不利的影响。这种利益冲突一般需要按照互利的原则，通过友好协商，最终达成项目合同的方法解决。

（2）项目实施组织与项目其他相关利益主体之间的利益关系。

现代项目管理的实践证明，不同项目相关利益主体之间的利益冲突和目标差异应该以对各方负责的方式，通过采用合作伙伴式管理（Partnering Management）和其他的问题解决方案予以解决。

4. 项目管理组织作用

为项目管理提供组织保证。建立一个完善、高效、灵活的项目管理组织，可以有效地保证项目管理组织目标的实现，有效地应付项目环境的变化，有效地满足项目组织成员的各种需求，使其具有凝聚力、组织力和向心力，以保证项目组织系统正常运转，确保施工项目管理任务的完成。

5. 项目管理组织类型

（1）工作队式项目组织。

工作队式项目组织是按照对象原则组织的项目管理机构。它可独立地完成任务，企业职能部门处于服从地位，只提供一些服务。

（2）部门控制式项目组织。

部门控制式项目组织是按职能原则建立的项目组织。它并不打乱企业现行的建制，而是把项目委托给企业某一专业部门或某一施工队，由被委托的部门（施工队）领导，在本单位选人组合负责实施项目组织，项目终止后恢复原职。

（3）矩阵式项目组织。

矩阵式项目组织形式是现代大型项目管理中应用最广泛的新型组织形式，它把职能原则和对象原则结合起来，使之兼有了部门控制式和工作队式两种组织的优点，既能发挥职能部门的纵向优势，又能发挥项目组织的横向优势。该组织形式的构成方式是：项目组织机构与职能部门的结合部同职能部门数相同，多个项目与职能部门的结合呈矩阵状。

（4）事业部式项目。

组织事业部是企业成立的职能部门，但对外享有独立的经营权，可以是一个独立单位。事业部可以按地区设置，也可以按工程类型或经营内容设置。事业部能迅速适应环境变化，提高企业的应变能力，调动部门积极性。

6. 项目管理组织要求

（1）适应项目的一次性特点，使生产要素的配置能够按项目的需要进行动态的优化组合，实现连续、均衡地施工。

（2）有利于建筑施工企业总体经营战略的实施。面对复杂多变的市场竞争环境和社会环境，项目管理组织机构应有利于企业走向市场，提高企业任务招揽、项目估价和投标决策的能力。

（3）有利于企业内多项目间的协调和企业对各项目的有效控制。

（4）有利于合同管理，强化履约责任，有效地处理合同纠纷，提高企业的信誉。

（5）有利于减少管理层次，精干人员，提高办事效率，强化业务系统化管理。

第六节　项目团队

项目团队的定义与特点

1）定义。

项目团队的定义：项目团队不同于一般的群体或组织，它是为实现项目目标而建设的，一种按照团队模式开展项目工作的组织，是项目人力资源的聚集体。按照现代项目管理的观点，项目团队是指"项目的中心管理小组，由一群人集合而成并被看作是一个组，他们共同承担项目目标的责任，兼职或者全职地向项目经理进行汇报"。项目团队如图 2-6-1 所示。

图 2-6-1　项目团队

2）特点。

项目团队的特点主要有以下几点。

（1）项目团队具有一定的目的。

项目团队的使命就是完成某项特定的任务，实现项目的既定目标，满足客户的需求。此外，项目利益相关者的需求具有多样性的特征，因此项目团队的目标也具有多元性。

（2）项目团队是临时组织。

项目团队有明确的生命周期，随着项目的产生而产生，项目任务的完成而结束，即可解散。它是一种临时性组织。

（3）项目经理是项目团队的领导。

（4）项目团队强调合作精神。

（5）项目团队成员的增减具有灵活性。

（6）项目团队建设是项目成功的组织保障。

复习思考题

1. 简述 EPC 项目组织的基本模式。

2. 简述 EPC 总承包模式的基本特征。

3. 简述建设项目管理组织的形式。

4. 简述项目法人责任制的基本内容。

5. 简述项目法人与项目有关各方的关系。

6. 简述项目管理组织的类型。

7. 简述影响项目团队绩效的因素。

第三章　EPC工程总承包进度控制

本章学习目标

通过本章的学习，学生可以初步掌握EPC工程总承包进度控制的基本概念与进度控制的措施方法状况，确定EPC工程总承包进度控制的目标与重难点。

重点掌握：EPC工程总承包进度控制的基本概念、EPC工程总承包进度控制的目标与重难点。

第一节　进度控制概述

1. 进度控制的概念

建筑工程进度控制是指对工程项目建设各阶段的工作内容、工作程序、持续时间和衔接关系根据进度总目标及资源优化配置的原则编制计划并付诸实施，然后在进度计划的实施过程中经常检查实际进度是否按计划要求进行，对出现的偏差情况进行分析，采取补救措施或调整、修改原计划后再付诸实施，如此循环，直到建筑工程竣工验收交付使用为止。

建筑工程进度控制的最终目的是确保建设项目按预定的时间动用或提前交付使用，建筑工程进度控制的总目标是建设工期。

进度控制必须遵循动态控制原理，在计划执行过程中不断检查，并将实际状况与计划安排进行对比，在分析偏差及其产生原因的基础上，通过采取纠偏措施，使之能正常实施。如果采取措施后不能维持原计划，则需要对原进度计划进行调整或修正，再按新的进度计划实施。这样在进度计划的执行过程中进行不断地检查和调整，以保证建设工程进度得到有效控制。进度控制如图3-1-1所示。

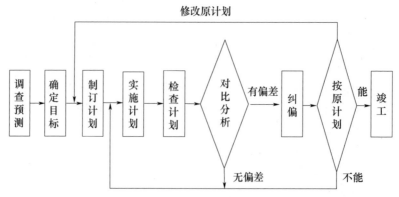

图 3-1-1　进度控制示意图

2. 进度控制的原理

（1）动态原理。

在工程项目进度控制过程中，主客观条件在不断地变化，平衡也只是暂时的，控制工作在项目进行过程中随着情况变化不断地进行，因此整个过程是动态变化的。

（2）系统原理。

系统原理源自管理学中的相关理论，需要管理者在开展管理工作时，使用系统的观点、理论和方法来解决管理工作中遇到的问题。每个工程项目都是一个庞大繁杂的系统，这个系统中很多工程活动都相互影响、相互制约，因此，项目的进度控制必定要科学地运用系统原理。

（3）封闭循环原理。

在进度计划实施过程中，存在着各种复杂和不可预测的影响因素，从而需要连续地追踪核查，不断将实际进度与计划进度进行比对，如果符合目标计划可继续进行；如果出现偏差，必须找出造成偏差的原因，并制订有效的解决方案，对进度计划做出调整与修正，接着再进入一个新的计划执行过程。

（4）弹性原理。

工程项目的工期较长且实施过程中影响因素多，而且进度计划是对未来工作的规划，未来的事件往往充满变数，进度计划无法做到精准、面面俱到，因此在制订进度计划时要预留调整空间，使进度计划具有一定的弹性。预留调整空间，其一表现在编制进度计划时，各项指标不宜定得过高，使进度计划在实际实施时能够完成；另外，在安排调配资源和使用资源方面，留有一定的余量，以免出现资源不足的情况。

（5）信息反馈原理。

进度的控制依赖于信息的获取，管理者的所有决策都是依据完备的信息进行的。项目进度控制的过程实际上就是不断地对进度信息进行搜集、加工、汇总、反馈，使项目进度根据预定目标运行的过程。

3. 工程进度影响因素分析

在工程建设过程中，常见的影响因素如下。

（1）业主因素。

包括因业主使用要求改变而进行设计变更；应提供的施工场地条件不能及时提供，或所提供的场地不能满足工程正常需要；不能及时向施工承包单位或材料供应商付款等。

（2）勘察设计因素。

包括勘察资料不准确，特别是地质资料错误或遗漏；设计内容不完善，规范应用不恰当，设计有缺陷或错误；设计对施工的可能性未考虑或考虑不周；施工图纸供应不及时、不配套，或出现重大差错等。

（3）施工技术因素。

包括施工工艺错误、施工方案不合理、施工安全措施不当、不可靠技术的应用等。

（4）自然环境因素。

包括复杂的工程地质条件，不明的水文气象条件，地下埋藏文物的保护、处理，洪水、地震、台风等不可抗力等。

（5）社会环境因素。

包括外单位临近工程施工干扰，节假日交通、市容整顿的限制，临时停水、停电、断路，以及在国外常见的法律及制度变化，经济制裁，战争、骚乱、罢工、企业倒闭等。

（6）组织管理因素。

包括向有关部门提出的各种申请审批手续的延误；合同签订时遗漏条款、表达失当；计划安排不周密，组织协调不力，导致停工待料、相关作业脱节；领导不力，指挥失当，使参加工程建设的各个单位、各个专业、各个施工过程之间交接、配合上发生矛盾等。

（7）材料、设备因素。

包括材料、构配件、机具、设备供应环节的差错，品种、规格、质量、数量、时间不能满足工程的需要；特殊材料及新材料的不合理使用；施工设备不配套，选型失当，安装失误，出现故障等。

（8）资金因素。

包括有关方拖欠资金，资金不到位、资金短缺，汇率浮动和通货膨胀等。

4. 进度控制的措施

为了实施进度控制，监理工程师必须根据建筑工程的具体情况，认真制订进度控制措施，以确保建筑工程进度控制目标的实现。进度控制的措施应包括组织措施、技术措施经济措施及合同措施。

（1）组织措施。

进度控制的组织措施主要包括：

①建立进度控制目标体系，明确建筑工程现场监理组织机构中的进度控制人员及其职责分工。

②建立工程进度报告制度及进度信息沟通网络。

③建立进度计划审核制度和进度计划实施中的检查分析制度。

④建立进度协调会议制度，包括协调会议举行的时间、地点，协调会议的参加人员等。

⑤建立图纸审查、工程变更和设计变更管理制度。

（2）技术措施。

进度控制的技术措施主要包括：

①审查承包商提交的进度计划，使承包商能在合理的状态下施工。

②编制进度控制工作细则，指导监理人员实施进度控制。

③采用网络计划技术及其他科学适用的计划方法，并结合电子计算机的应用，对建筑工程进度实施动态控制。

（3）经济措施。

进度控制的经济措施主要包括：

①及时办理工程预付款及工程进度款支付手续。

②对应急赶工给予优厚的赶工费用。

③对工期提前给予奖励。

④对工程延误收取误期损失赔偿金。

（4）合同措施

进度控制的合同措施主要包括：

①加强合同管理，协调合同工期与进度计划之间的关系，保证合同中进度目标的实现。

②严格控制合同变更，对各方提出的工程变更和设计变更，监理工程师应严格审查后再补入合同文件之中。

③加强风险管理，在合同中应充分考虑风险因素及其对进度的影响，以及相应的处理方法。

④加强索赔管理，公正地处理索赔。

第二节　进度控制目标和任务

建设工程项目总进度目标指的是整个项目的进度目标，它是在项目决策阶段进行项目定义时确定的，项目管理的主要任务是在项目的实施阶段对项目的目标进行控制。建设工程项目总进度目标的控制是业主方项目管理的任务（若采用建设项目总承包的模式，协助业主进行项目总进度目标的控制也是建设项目总承包方项目管理的任务）。

总承包项目进度管理的工作流程包括了进度计划编制、实施、控制的各个过程，如图 3-2-1 所示。

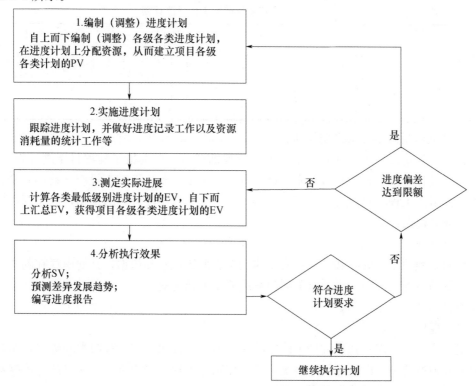

图 3-2-1　总承包项目进度管理流程

为了有效地控制建筑工程进度，监理工程师要在设计准备阶段向建设单位提供有关工期的信息，协助建设单位确定工期总目标，并进行环境及施工现场条件的调查和分析。在设计阶段和施工阶段，监理工程师不仅要审查设计单位和施工单位提交的进度计划，更要编制监理进度计划，以确保进度控制目标的实现。

第三节　进度控制系统的建立

1. 进度控制计划系统的建立

为了确保建筑工程进度控制目标的实现，参与工程项目建设的各有关单位都要编制进度计划，并且控制这些进度计划的实施。建筑工程进度控制计划体系主要包括建设单位的计划系统、监理单位的计划系统、设计单位的计划系统和施工单位的计划系统。

1）建设单位计划系统的建立。

建设单位编制（也可委托监理单位编制）的进度计划包括工程项目前期工作计划、工程项目建设总进度计划和工程项目年度计划。

（1）工程项目前期工作计划。

工程项目前期工作计划是指对工程项目可行性研究、项目评估及初步设计的工作进度安排，它可使工程项目前期决策阶段各项工作的时间得到控制。工程项目前期工作计划需要在预测的基础上编制，其格式见表3-3-1。其中，"建设性质"是指新建、改建或扩建；"建设规模"是指生产能力、使用规模或建筑面积等。

表 3-3-1　工程项目前期工作进度计划

项目名称	建设性质	建设规模	可行性研究		项目评估		初步设计	
			进度要求	负责单位（负责人）	进度要求	负责单位（负责人）	进度要求	负责单位（负责人）

（2）工程项目建设总进度计划。

工程项目建设总进度计划是指初步设计被批准后，在编报工程项目年度计划之前，根据初步设计，对工程项目从开始建设（设计、施工准备）至竣工投产（动用）全过程的系统部署。工程项目建设总进度计划是编报工程项目年度计划的依据，其主要内容包括文字和表格两部分。

文字部分：

说明工程项目的概况和特点，安排建设总进度的原则和依据，计划中存在的主要问题及采取的措施，需要上级及有关部门解决的重大问题等。

表格部分：

①工程项目一览表。

工程项目一览表将初步设计中确定的建设内容，按照单位工程归类并编号，明确其建设内容和投资额，以便各部门按照统一的口径确定工程项目投资额，并以此为依据对其进行管理。工程项目一览表见表 3-3-2。

表 3-3-2　工程项目一览表

单位工程名称	工程编号	工程内容	概算额（千元）					
			合计	建筑工程费	安装工程费	设备工程费	工器具购置费	工程建设其他费用

②工程项目总进度计划。

工程项目总进度计划是根据初步设计中确定的建设工期和工艺流程，具体安排单位工程的开工日期和竣工日期，其格式见表 3-3-3。

表 3-3-3　工程项目进度计划

工程编号	单位工程名称	工程量		××××年				××××年			
		单位	数量								
				一季度	二季度	三季度	四季度	一季度	二季度	三季度	四季度

③投资计划年度分配表。

投资计划年度分配表是根据工程项目总进度计划安排各个年度的投资，以便预测各个年度的投资规模，为筹集建设资金或与银行签订借款合同及制订分年用款计划提供依据，其格式见表 3-3-4。

表 3-3-4　投资计划年度分配表

工程编号	单位工程名称	投资额		投资分配（万元）			
		单位	数量	××年	××年	××年	××年
合计 其中： 建安工程投资 设备投资 工器具投资 其他投资							

④工程项目进度平衡表。

工程项目进度平衡表用来明确各种设计文件交付日期、主要设备交货日期、施工单位进场日期、水电及道路接通日期等，以保证工程建设中各个环节相互衔接，确保工程项目按期投产或交付使用，其格式见表 3-3-5。

表 3-3-5　工程项目进度平衡表

工程编号	单位工程名称	开工日期	竣工日期	要求设计进度				要求设备进度			要求施工进度			协作配合进度				
				单位			设计单位	数量	交货日期	供货单位	进场日期	竣工日期	施工单位	道路通行日期	供电		供水	
				技术设计	施工图	设计清单									数量	日期	数量	日期

在此基础上，可以分别编制综合进度控制计划、设计进度控制计划、采购进度控制计划、施工进度控制计划和验收投产进度计划等。

（3）工程项目年度计划。

工程项目年度计划是依据工程项目建设总进度计划和批准的设计文件进行编制的。该计划既要满足工程项目建设总进度计划的要求，又要与当年可能获得的资金、设备、材料、施工力量相适应。应根据分批配套投产或交付使用的要求，合理安排本年度建设的工程项目。工程项目年度计划主要包括文字和表格两部分。

文字部分：

说明编制年度计划的依据和原则，建设进度、当年计划投资额及计划建造的建筑面积，施工图、设备、材料、施工力量等建设条件的落实情况，动力资源情况，对外部协作配合项目建设进度的安排或要求，需要上级主管部门协助解决的问题，计划中存在的其他问题，以及为完成计划而采取的各项措施等。

表格部分：

①年度计划项目表。

年度计划项目表将确定年度施工项目的投资额和年末形象进度，并阐明建设条件（如图纸、设备、材料、施工力量等）的落实情况，其格式见表 3-3-6。

表 3-3-6　年度计划项目表

工程编号	单位工程名称	开工日期	竣工日期	投资额	投资来源	年初完成			当年计划						建设条件落实情况			
						投资额	建安投资	设备投资	投资			建筑面积			施工图	设备	材料	施工力量
									合计	建安	设备	新开工	续建	竣工				

②年度竣工投产交付使用计划表。

年度竣工投产交付使用计划表将阐明各单位工程的建筑面积、投资额、新增固定资产、新增生产能力等建筑总规模及本年计划完成情况，并阐明其竣工日期，其格式见表 3-3-7。

表 3-3-7　年度竣工投产交付使用计划表

工程编号	单位工程名称	总规模				本年计划完成					竣工
		建筑面积	投资	新增固定资产	新增生产能力	竣工日期	建筑面积	投资	新增固定资产	新增生产能力	

③年度建设资金平衡表。

年度建设资金平衡表格式见表 3-3-8。

表 3-3-8 年度建设资金平衡表

工程编号	单位工程名称	本年计划投资	动用内部资金	储备资金	本年计划需要资金	资金来源			
						预算拨款	自筹资金	基建贷款	国外贷款

④年度设备平衡表。

年度设备平衡表格式见表 3-3-9。

表 3-3-9 年度设备平衡表

工程编号	单位工程名称	设备名称规格	要求到货		利用	自制		已订货		采购数量
			数量	时间		数量	完成时间	数量	到货时间	

2）监理单位计划系统的建立。

监理单位除对被监理单位的进度计划进行监控外，自己也应编制有关进度计划，以便更有效地控制建筑工程实施进度。

（1）监理总进度计划。

在对建筑工程实施全过程监理的情况下，监理总进度计划是依据工程项目可行性研究报告、工程项目前期工作计划和工程项目建设总进度计划编制的，其目的是对建筑工程进度控制总目标进行规划，明确建筑工程前期准备、设计、施工、动用前准备及项目动用等阶段的进度安排。

（2）监理总进度分解计划。

①按工程进展阶段分解。

按工程进展阶段分解，监理总进度分解计划包括设计准备阶段进度计划、设计阶段进度计划、施工阶段进度计划和动用前准备阶段进度计划。

②按时间分解。

按时间分解，监理总进度分解计划包括年度进度计划、季度进度计划和月度进度计划。

3）设计单位计划系统的建立。

设计单位的计划系统包括设计总进度计划、阶段性设计进度计划和设计作业进度计划。

（1）设计总进度计划。

设计总进度计划主要用来安排自设计准备开始至施工图设计完成的总设计时间内所包含的各阶段工作的开始时间和完成时间，从而确保设计进度控制总目标的实现。

（2）阶段性设计进度计划。

阶段性设计进度计划包括设计准备工作进度计划、初步设计（技术设计）工作进度计划和施工图设计工作进度计划。这些计划用来控制各阶段的设计进度，从而实现阶段性设计进度目标。在编制阶段性设计进度计划时，必须考虑设计总进度计划对各个设计阶段的时间要求。

①设计准备工作进度计划。

设计准备工作进度计划中一般要考虑规划设计条件的确定、设计基础资料的提供及委托设计等工作的时间安排。

②初步设计（技术设计）工作进度计划。

初步设计（技术设计）工作进度计划要考虑方案设计、初步设计、技术设计、设计的分析评审、概算的编制、修正概算的编制以及设计文件审批等的时间安排，一般按单位工程编制。

③施工图设计工作进度计划施工图设计工作进度计划主要考虑各单位工程的设计进度及其搭接关系。

（3）设计作业进度计划。

为了控制各专业的设计进度，并作为设计人员承包设计任务的依据，应根据施工图设计工作进度计划、单位工程设计工日定额及所投入的设计人员数，编制设计作业进度计划。

4）施工单位计划系统的建立。

建立施工单位的进度计划包括施工准备工作计划、施工总进度计划、单位工程施工进度计划及分部分项工程进度计划。

2. 进度控制实时系统的建立

建设项目进度控制实施系统可用图 3-3-1 表示。图中系统之间的关系是：建设单位委托监理单位进行进度控制；监理单位根据建设监理合同分别对建设单位、设计单位、施工单位的进度控制实施监督；各单位都按本单位编制的各种计划进行实施，并接受监理单位的监督；各单位的进度控制实施又相互衔接和联系，进行合理而协调地运行，从而保证进度控制总目标的实现。

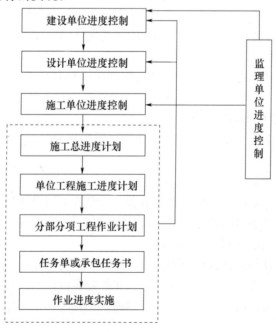

图 3-3-1　建设项目进度控制实时系统

1）项目进度监测的系统过程。

在项目的实施过程中，要求监理工程师经常地、定期地对进度执行情况跟踪检查，发现问题，及时采取有效措施加以解决。

通过比较，了解实际进度比计划进度拖后、超前，还是与进度计划一致。项目进度监测的系统过程如图 3-3-2 所示。

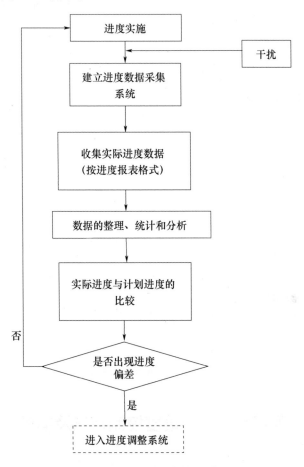

图 3-3-2　项目进度监测的系统过程

2）项目进度调整的系统过程。

在项目进度监测过程中，一旦发现实际进度与计划进度出现偏差，进度控制人员必须认真寻找产生进度偏差的原因，分析进度偏差对后续工作产生的影响，并采取必要的进度调整措施，以确保进度总目标的实现。具体过程如下。

（1）分析产生进度偏差的原因。

（2）分析偏差对后续工作的影响。

（3）确定影响后续工作和总工期的限制条件。

（4）采取进度调整措施。此时应以关键控制点以及总工期允许变化的范围作为限制条件，并对原进度进行调整，以保证最终进度目标的实现。

（5）实施调整后的进度计划。在后期的项目实施过程中，经过调整而形成的新的进度计划将被继续执行。项目进度调整的系统过程如图 3-3-3 所示。

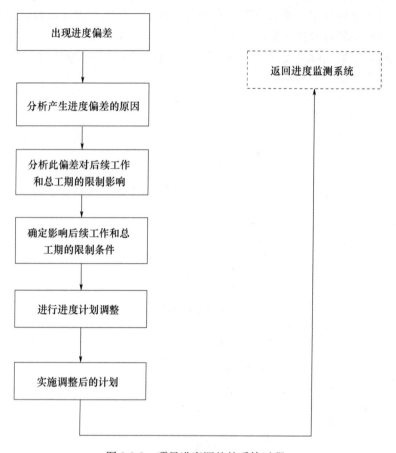

图 3-3-3　项目进度调整的系统过程

第四节　项目进度控制方法及措施

1. 进度控制的方法

（1）组织手段。

落实进度控制的责任，建立进度控制协调制度。

（2）技术手段。

建立多级网络计划和施工作业计划体系；采用新工艺、新技术，缩短工艺过程时间和工序间的技术间歇时间。

（3）经济手段。

对工期提前者或按时完成节点工期实行奖励；对应急工程实行较高的计件单价；确保资金的及时供应等。

（4）合同手段。

按合同要求及时协调有关各方的进度，以确保项目形象进度。

2. 进度控制的措施

工程进度控制的总体措施。

（1）编制施工阶段进度控制工作细则。

施工进度控制工作细则是在工程项目监理规划的指导下，由工程项目监理班子中进度控制部门的监理工程师负责编制的更具有实施性和操作性的监理业务文件。其主要内容包括：

①施工进度控制目标分解图；

②施工进度控制的主要工作内容和深度；

③进度控制人员的具体分工职责；

④与进度控制有关各项工作的时间安排及工作流程；

⑤进度控制的方法（包括进度检查日期、数据收集方式、进度报表格式、统计分析方法等）；

⑥进度控制的具体措施（包括组织措施、技术措施、经济措施及合同措施等）；

⑦施工进度控制目标实现的风险分析；

⑧与进度控制有关的问题。监理工程师对施工进度控制目标及其分解，确定施工进度控制目标。

（2）审核施工进度计划。

监理工程师负责审核施工总进度控制性计划，对各个承包单位的进度计划进行协调。施工总进度计划应确定分期分批的项目组成；各批工程项目的开工、装工顺序及时间安排；全场性准备工程，特别是首批准备工程的内容进度安排等。

（3）按季、月、周编制分期工程综合计划。

在分期进度计划中，监理工程师主要应解决各承包单位施工进度计划之间、施工计划与资源（包括资金、设备、机具、材料及劳动力等）供应计划之间及外部协作条件计划之间的综合平衡与相互衔接问题，并根据前一期计划的完成情况对本期计划进行必要的调整，从而作为承包单位近期执行的指令性计划。

（4）编制进度控制工作详细计划。

进行环境和施工现场调查和分析，编制项目进度规划和总进度计划，进行项目进度目标分解，编制进度控制工作详细计划并控制其执行。

（5）下达工程开工令。

监理工程师根据承包单位和建设单位双方关于工程开工的准备情况，适时发布工程开工令。工程开工令的发布要及时，因为从发布工程开工令之日算起加上合同工期后即为工程竣工日期。如果开工令发布拖延，就等于推迟了竣工时间，可能引起承包单位的索赔。

（6）监督与协助承包单位实施进度计划。

（7）组织监理例会，协调解决进度问题。

（8）进行工程计量，签发工程进度款支付凭证。

在质量监理人员通过检查验收后，监理工程师对承包单位申报的已完分项工程量进行核实，计算相应的工程量，定期签发工程进度款支付凭证。

（9）监理工程师应根据合同规定和工程拖延的实际情况，审批工程延期时间。工程拖延一旦被核实批准为工程延期，其延长的时间就应纳入合同工期，成为合同工期的一部分。

（10）监理工程师应随时整理进度资料，并做好工程进度记录，定期向建设单位提交工程进度报告。

（11）整理工程进度资料在工程完工以后，监理工程师应将工程进度资料收起，进行归类、编目和建档，以便为今后类似工程项目的进度控制提供参考。

（12）处理进度索赔。通过审批承包单位的进度付款，对其进度施行动态控制，妥善处理承包单位的进度索赔。

（13）工程移交。工程施工结束，符合移交条件的，监理工程师应督促承包单位办理工程移交手续，发工程移交证书。在工程移交后的保修期内，还要处理验收后质量问题的原因及责任等争议问题，并督促责任单位及时修理。

第五节　施工阶段进度控制措施

1. 施工进度控制的主要任务

施工进度控制的主要任务见表 3-5-1。

表 3-5-1　进度控制的主要任务

1	设计准备阶段进度控制的任务	收集有关工程工期的信息，进行工期目标和进度控制决策
		编制工程项目建设总进度计划
		编制设计准备阶段详细工作计划，并控制其执行
		进行环境及施工现场条件的调查和分析
2	设计阶段进度控制的任务	编制设计阶段工作计划，并控制其执行
		编制详细的出图计划，并控制其执行
3	施工阶段进度控制的任务	编制施工总进度计划，并控制其执行
		编制单位工程施工进度计划，并控制其执行
		编制工程年、季、月实施计划，并控制其执行

2. 施工阶段进度管理方法

为了保证施工项目进度计划的实施、尽量按编制的计划时间逐步进行，保证进度目标实现，要做好如下几项工作。

（1）施工项目进度计划的贯彻。

检查各层次的计划，形成严密的计划保证系统；层层签订承包合同或下达施工任务书；计划全面交底，发动群众实施计划。

（2）施工项目进度计划的实施。

编制月（旬）作业计划；签发施工任务书；做好施工进度记录，填好施工进度统计表；做好施工中的调度工作。

（3）施工进度比较分析。

施工进度比较分析与计划调整是施工进度检查与控制的主要环节，其中，施工项目进度比较是调整的基础。施工进度比较方法见表3-5-2。

表3-5-2 施工进度比较方法

1	匀速施工横道图比较法	匀速施工是施工项目中，每项工作的施工进展速度都是匀速的，在单位时间内完成的任务量都是相等的，累计完成的任务量与时间成直线变化
2	双比例单侧横道图比较法	适用于工作进度按变速进展的情况，是工作实际进度与计划进度进行比较的一种方法。它是在表示工作实际进度的涂黑粗线同时，在表上标出某对应时刻完成任务的累计百分比，将该百分比与其同时刻计划完成任务累计百分比相比较，判断工作的实际进度之间的关系的一种方法
3	S型曲线比较法	S型曲线比较法与横道图比较法不同，它不是在编制的横道图进度计划上进行实际进度与计划进度的比较。它是以横坐标表示进度时间，纵坐标表示累计完成任务量，从而绘制出一条按计划累计完成任务量的S型曲线，将施工项目的检查时间实际完成的任务量与S型曲线进行实际进度与计划进度相比的一种方法。对项目全过程而言，一般是开始和结尾阶段，单位时间投入的资源量较少，中间阶段投入的资源量较多，与其相关，单位时间完成的任务量也是呈同样变化的，而随时间的进展累计完成的任务量，则应该呈S型变化
4	"香蕉"型曲线比较法	其是两条S型曲线组合成的闭合曲线。从S型曲线比较法中得知，按某一时间开始的施工项目的进度计划，其计划实施过程中进行时间与累计完成任务量的关系都可以用一条S型曲线表示。对于一个施工项目的网络计划，在理论上总是分为最早和最迟两种开始与完成时间的。一般情况下，任何一个施工项目的网络计划，都可以绘制出两条曲线。其一是计划以各项工作的最早开始时间安排进度而绘制的S型曲线，称为ES曲线。其二是计划以各项工作的最迟开始时间安排进度而绘制的S型曲线，称为LS曲线。两条S型曲线都是从计划的开始时刻开始和完成时刻结束，因此两条曲线是闭合的。一般情况，ES曲线上的各点均落在LS曲线相应点的左侧，形成一个形如香蕉的曲线，故称为"香蕉"型曲线
5	前锋线比较	施工项目的进度计划用时标网络计划表达时，还可以采用实际进度前锋线进行实际进度与计划进度的比较。前锋线比较法是从计划检查时间的坐标点出发，用点划线依次连接各项工作的实际进度点，最后到计划检查时的坐标点为止，形成前锋线。按前锋线与工作箭线交点之间的位置来判定施工实际进度与计划进度偏差。简单而言：前锋线法是通过施工项目实际进度前锋线，判定施工实际进度与计划进度偏差的方法
6	列表比较法	当采用无时间坐标网络计划时也可以采用列表分析法。记录检查时正在进行的工作名称和已进行的天数，然后列表计算有关参数，根据原有总时差和尚有总时差判断实际进度与计划进度的比较方法

3. 施工进度控制的措施

施工进度控制措施应包括的内容如图3-5-1所示。

（1）组织措施。

进度控制的组织措施主要包括：

①建立进度控制目标体系，明确工程项目现场监理组织机构中进度控制人员及其职责分工。

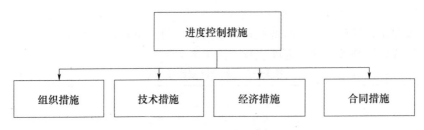

图 3-5-1　施工进度控制措施

②建立工程进度报告制度及进度信息沟通网络。

③建立进度计划审核制度和进度计划实施中的检查分析制度。

④建立进度协调会议制度，明确协调会议举行的时间、地点，协调会议的参加人员等。

⑤建立图纸审查、工程变更和设计变更管理制度。

（2）技术措施。

进度控制的技术措施主要包括：

①审查承包商的进度计划，使承包商能在合理的状态下施工。

②编制进度控制监理工作细则，指导监理人员实施进度控制。

③采用网络计划技术及其他科学方法，并结合电子计算机的应用，对建设工程进度实施动态控制。

（3）经济措施。

进度控制的经济措施主要包括：

①按合同约定，及时办理工程预付款及工程进度款支付手续。

②对应急赶工给予优厚的赶工费用。

③对工期提前给予奖励。

④按合同对工程延误单位进行处罚。

⑤加强索赔管理，公正地处理索赔。

（4）合同措施。

进度控制的合同措施主要包括：

①推行 CM 承发包模式，对建设工程实行分段设计、分段发包和分段施工。

②加强合同管理，合同工期应满足进度计划之间的要求，保证合同中进度目标的实现。

③严格控制合同变更，对参建单位提出的工程变更和设计变更，监理工程师应严格审查方可实施，并明确工期调整情况。

第六节　物资采购的进度控制

1. EPC 承包模式下物资采购的重要意义

（1）EPC 模式下的设计、采购和施工之间的逻辑关系。

国际工程承包市场中，在工程建设集成化管理模式的发展过程中，EPC 工程总承包模式所占的比例在大型国际工程中呈现出上升趋势。EPC 总承包模式下，总包商须对项目的设计、采购、施工安装和试运行服务的全过程负责，业主只保留了一些专业要求不高和风险小的宏观管理与决策工作。

采购工作在 EPC 总承包模式下发挥着重要作用，在设计、采购和施工之间逻辑关系中居于承上启下的中心位置如图 3-6-1 所示。采购管理在工程实施中起着承上启下的核心作用。

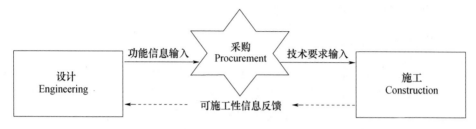

图 3-6-1　EPC 项目中设计、采购和施工之间的逻辑关系

工程项目管理中，采购和建造阶段是发生项目成本的主要环节，也是项目建造阶段降低（或控制）项目总成本的最后一个过程；项目实施过程是项目过程中投入最大的过程，而项目实施过程中的采购和建造则各自占有重要地位，其中设备和材料采购在 EPC 工程中占主要地位。

（2）EPC 模式下采购管理的价值。

EPC 模式下，总包商负责的工程设计、设备、材料的采购和施工安装之间存在着较强的逻辑制约关系，该承包模式对总包商也提出了更高的要求。设计、采购和施工在时间顺序上，上游环节为下游环节提供输入，如果执行不好则造成下游环节的延期和问题，采购在整个 EPC 项目管理模式中起着承上启下的核心作用，物资采购则是核心中的核心。

2. EPC 工程采购实施及合同模式

采购活动的实施即确定选择设备和材料供应商是采购活动的中心工作环节。采购活动具有较强的经验性、实践性和独特性，它应该根据所采购货物的特点、技术要求、关键性和价值确定。

1）EPC 工程采购评价的主要原则。

采购评价中需要多元的评价标准，不同的设备和材料应该有针对性的评价标准，但无论选择任何采购模式，该模式都应为总包商的设备和材料采购创造价值。采购评价除了考虑为适应不同情况的多元化标准外，具有普适性的主要评价原则至少应该包括以下几项。

（1）竞争性原则。

（2）本地化原则。

（3）专业化原则。

（4）性价比最优原则。

2）EPC 工程物资采购的策略。

（1）增加关键路径设备和生产周期较长设备的订货的提前期。

（2）捆绑订货。捆绑订货是将具有类似功能和类似要求的产品进行捆绑，充分利用供应商自有的采购渠道和合作伙伴，增加采购金额，以此获得供应商的报价优惠。

（3）强制性的国内分包采购。

（4）保证重要原材料的及时供货。重要原材料，如某工程钢结构所需的厚板的供应，总包商就是与一家国内、一家海外大型进出口贸易企业联合，充分利用这两家公司多年积累的与国外钢铁厂商合作的优势和对运输、清关等环节的经验和渠道，保证在合理的价格内及时采购到工程所需的钢板，保证了该工程钢结构加工和安装的进度要求。

3. 采购进度管理

进度控制是工程项目管理 3 大核心控制之一，是重要的项目管理过程。进度控制就是比较实际状态和计划之间的差异，并做出必要的调整，使项目向有利的方向发展。进度控制可以分成 4 个步骤：Plan（计划）、Do（执行）、Check（检查）和 Action（行动），即常说的 PDCA 循环，并通过 PDCA 循环做好瓶颈环节管理、异常事件管理及预测管理。

（1）采购进度计划。

进度计划是项目整体管理的核心，进度计划管理是采购合同管理的前提，也是总承包商对整体项目进展进行全方位控制的工具和重要参照标准。

（2）进度控制。

在进度控制中，执行环节的任务主要是按照合同要求和规范进行工作，如沟通问题、处理变更和应付意外等。检查可以在执行过程中的检查点进行，也可以在特定的时点进行。检查的目的是比较实际情况与计划差异，以确定当前的状态。

进度控制通常可以分为动态控制、事前控制和分级控制 3 类。

复习思考题

1. 影响 EPC 工程项目进度控制的因素有哪些？

2. 简述 EPC 工程项目进度控制的目标和任务。

3. 施工阶段进度控制的主要任务是什么？

第四章　EPC 工程总承包质量控制

本章学习目标

通过本章的学习，学生可以初步掌握 EPC 工程总承包质量控制的基本概念与现阶段的发展状况，确定 EPC 工程总承包质量控制的目标与重难点。

重点掌握：EPC 工程总承包质量控制的基本概念、EPC 工程总承包质量控制的目标与重难点。

第一节　质量控制概述

质量管理是工程总承包项目管理工作的一项重要内容，总承包项目质量管理不能仅仅体现在项目施工阶段，还应体现在项目从设计到运营的整个过程中。

1. 工程总承包项目质量管理概述

1）质量管理。

《质量管理体系基础和术语》（GB/T 19000—2016）中对质量的定义是：质量是客体的一组固有特性满足要求的程度。质量要求是指明示的、隐含的或必须履行的需要或期望。质量要求是动态的、发展的和相对的。

质量管理就是关于质量的管理，是在质量方面指挥和控制组织的协调活动，包括建立和确定质量方针和质量目标，并在质量管理体系中通过质量策划、质量保证、质量控制和质量改进等手段来实施全部质量管理职能，从而实现质量目标的所有活动。

2）质量管理的目的和主要任务。

（1）质量管理的目的：满足合同要求；建设优质工程；降低项目的风险。

（2）质量管理的主要任务：建立完善的质量管理体系，并保持其持续有效；按照质量管理体系要求对项目进行质量管理，并持续改进；对涉及质量管理的各种资源进行有效的管理。

3）EPC 项目质量管理。

EPC 项目在实施过程中能够对建筑工程中的管理目标以及风险控制进行全面管理，最终达到将建筑施工工程利益最大化的目的。与传统建筑工程相比，EPC 项目具有以下优点：

（1）该种管理模式能够对建筑项目工程制定整体的建筑目标，同时将工程中各个阶段的优势充分发挥出来。

（2）对建筑工程中的潜在风险进行实时监测，并根据实际情况不断调整施工计划，最终达到降低施工风险的目的。

（3）EPC 项目具有较高的沟通效率，该种建筑工程管理模式能够与业主以及施工单位进行实时沟通，并将沟通结果进行及时传递，保证各个单位之间的信息交流。这种方式能够避免出现最终施工结果不符合业主要求的情况，在施工过程中将业主的意见进行实时反馈，进而提高最终建筑工程管理质量。

4）质量管理的职责分工。

EPC 总承包商对项目质量的管理主要由 EPC 总承包商项目经理部的质量部来实施，其他相关部门配合。质量部的岗位设置如图 4-1-1 所示。

2. 工程总承包项目质量管理体系

1）质量管理体系的总体要求。

EPC 总承包商应建立质量管理体系，并形成文件，在项目实施过程中必须遵照执行并保持其有效性。EPC 总承包商负责其内部各个部门的协调，组织协调、督促、检查各分包商的质量管理工作。

2）质量管理体系的文件要求。

（1）文件要求。

项目质量管理体系文件由以下 3 个层次的文件构成：质量手册；按项目管理需要建立的程序文件；为确保项目管理体系有效运行、项目质量的有效控制所编制的质量管理作业文件，如作业指导书、图纸、标准、技术规程等。工程总承包项目质量体系文件框架如图 4-1-2 所示。

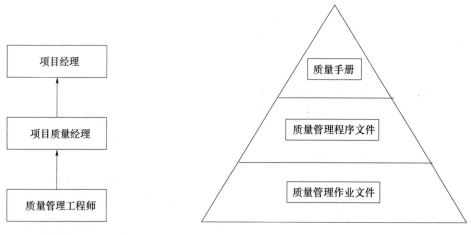

图 4-1-1　质量部岗位设置　　　　　　图 4-1-2　总承包项目质量体系文件框架

（2）文件控制。

质量部对所有与质量管理体系文件运行有关和项目质量管理有关的文件都应予以控制。

工程总承包项目信息文控管理流程如图 4-1-3 所示。

图 4-1-3　工程总承包项目信息文控管理流程

　　凡是反映与项目有关的重要职能活动、具有利用价值的各种载体的信息，都应收集齐全，归入建设项目档案。

　　（3）记录控制。

　　为保证记录在标识、储存、保护、检索、保存和处理过程中得到控制，EPC总承包商项目经理部信息文控中心编制并组织实施"记录控制程序"。

　　需要控制的质量记录有：各参与方、部门、岗位履行质量职能的记录；不合格处理报告记录；质量事故处理报告记录；质量管理体系运行、审核有关的记录；设计、采购、施工、试运行有关的记录。

　　3）质量管理体系建立程序。

　　（1）质量管理体系的建立过程。

　　确定项目的质量目标；识别质量管理体系所需的过程与活动；确定过程与活动的执行程序；明确职责分工和接口关系；监测、分析这些过程。

　　（2）质量管理体系编制顺序。

　　质量管理体系文件的编制顺序有三种：先编制质量手册，再编写程序文件及作业文件；先编写程序文件，再编写质量手册和作业文件；先编写作业文件，然后编程序文件，最后编写质量手册。

　　（3）质量管理体系文件的编制流程。

　　如图4-1-4所示，质量管理体系文件编制流程图详细描述了如何进行质量管理体系文件的编制，直至正式运行。

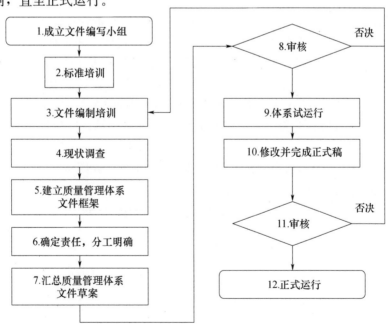

图 4-1-4　质量管理体系文件的编制流程

　　4）工程总承包项目质量控制。

　　（1）质量计划。

　　①编制质量计划的目的。确定项目应达到的质量标准以及为达到这些质量标准所必

需的作业过程、工作计划和资源安排，使项目满足质量要求，并以此作为质量监督的依据。

②质量计划的内容。其内容如下：项目概况；项目需达到的质量目标和质量要求；编制依据；项目的质量保证和协调程序；以质量目标为基础，根据项目的工作范围和质量要求，确定项目的组织结构以及在项目的不同阶段各部门的职责、权限、工作程序、规范标准和资源的具体分配；说明本质量计划以质量体系及相应文件为依据，并列出引用文件及作业指导书，重点说明项目特定重要活动（特殊的、新技术的管理）及控制规定等；为达到项目质量目标必须采取的其他措施，如人员的资格要求以及更新检验技术、研究新的工艺方法和设备等；有关阶段适用的试验、检查、检验、验证和评审大纲；符合要求的测量方法；随项目的进展而修改和完善质量计划的程序。

（2）过程质量控制。

总承包项目质量控制应贯穿项目实施的整个过程中，即包括设计质量控制、采购质量控制、施工质量控制、试运行质量控制等，只有采用全过程的质量管理，才能控制总承包项目的各个环节，取得良好的质量效果。

①设计质量控制。

设计部是设计质量控制的主管部门，应对设计的各个阶段进行控制，包括设计策划、设计输入、设计输出、设计评审、设计验证、设计确认等，并编制各种程序文件来规范设计的整个过程。

a. 质量控制内容。项目质量部应根据项目经理部的质量管理体系和总承包项目的特点编制项目质量计划，并负责该计划的正常运行；项目质量部应对项目设计部所有人员进行资质的审核，并对设计阶段的项目设计计划、设计输入文件进行审核，以保证项目执行过程能够满足业主的要求，适应所承包项目的实际情况，确保项目设计计划的可实施性；设计部在整个设计过程中应按照项目质量计划的要求，定期进行质量抽查，对设计过程和产品进行质量监督，及时发现并纠正不合格产品，以保证设计产品的合格率，保证设计质量。

b. 质量控制措施。设计部内部的质量控制措施如图4-1-5所示。

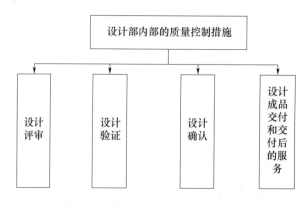

图 4-1-5　设计部内部的质量控制措施

c. 设计评审。设计评审是对项目设计阶段成果所做的综合的和系统的检查,以评价设计结果满足要求的能力,识别问题并提出必要的措施,设计经理在项目设计计划中应根据设计的成熟程度、技术复杂程度,确定设计评审的级别、方式和时机,并按程序组织设计评审。

d. 设计验证。设计文件在输出前需要进行设计验证,设计验证是确保设计输出满足设计输入要求的重要手段。

e. 设计确认。设计文件输出后,为了确保项目满足规定要求,应进行设计确认,该项工作应在项目设计计划中做出明确安排。

f. 设计成品放行、交付和交付后的服务。设计部要按照合同和工程总承包企业的有关文件,对设计成品的放行和交付做出规定,包括:设计成品在设计部内部的交接过程;出图专用章及有关印章的使用;设计成品交付后的服务,如设计交底、施工现场服务、服务的验证和服务报告。

②采购质量控制。

EPC总承包商采购部是采购的管理和控制部门,应编制"物资采购控制程序"来确保采购的货物符合采购要求。

在采购合同中应明确物资验证方法,验证工作由采购部组织。根据国家、地方、行业对各种物资的规定、物资重要性的不同,确定对物资的抽样办法、检验方式、验证记录等。对验证中发现不合格品,应编制"不合格品控制规定"进行规定处理。

(3) 施工质量控制。

①施工前管理。建立完善的质量组织机构,规定有关人员的质量职责;对施工过程中可能影响质量的各因素包括各岗位人员能力、设备、仪表、材料、施工机械、施工方案、技术等因素进行管理;对施工工作环境、基础设施等进行质量控制。

②施工过程中的管理。EPC总承包商项目经理部应编制"产品标识和可追溯性管理规定",对进入现场的各种材料、成品、半成品及自制产品,应进行适当标识。在施工过程中,对施工过程及各环节质量进行监控,包括各个工序、工序之间交接、隐蔽工程,并对质量关键控制点进行严密的监控。对于施工过程中出现的变更应制订相关的处理程序。应编制"施工质量事故处理规定"对发生的质量事故进行处理。

(4) 试运行质量控制。

逐项审核试运行所需原材料、人员素质以及其他资源的质量和供应情况,确认其符合试运行的要求。

对试运行质量记录应按"记录控制程序"的有关规定收集、整理和组织归档,并提交试运行质量报告。

(5) 测量、分析和改进。

EPC总承包商项目经理部、质量部负责策划并组织实施项目的测量、分析和改进过程,确保质量管理体系的符合性和有效性。

EPC总承包商项目经理部应充分收集体系审核中发现的问题,以及过程、产品测量和监控、不合格等各方面的信息和数据,并运用统计技术,分析原因,采取纠正和预防措施,以达到持续改进的目的。

对质量管理体系运行和项目实施全过程中已发现的不合格的现象,EPC总承包商项目经理部应采取纠正措施，并对纠正的有效性进行评定，直到有效解决问题。对此，质量部应制订并组织实施"纠正措施控制程序"。

3. 全面质量管理

全面质量管理，简称 TQM，其概念是由美国学者费根·鲍姆在 20 世纪 60 年代初提出的。现代质量管理现在是一个非常系统的学科，不同于传统的质量管理。科学技术的发展和企业管理的需要使质量管理越来越现代化。

在全面质量管理的概念中，首先要明确定义质量。质量是产品或服务的生命。全面质量管理是组织相关部门和员工参与产品质量控制的全过程，综合考虑各种因素，运用现代科学管理技术开发和生产满足客户需求的产品。

4. EPC 项目质量控制的特点

项目与普通产品是不同的，它们之间存在很大的差别。与产品质量相比，项目质量控制有以下几个方面的特点。

（1）影响质量的因素多。

不同项目的具体情况不尽相同，项目质量影响因素根据不同项目的具体情况要进行具体分析；同一项目的不同阶段和环节，项目质量影响因素也会有变化。影响项目质量的因素中，各影响因素的影响程度也有差异；影响因素的突发性也会不同。

（2）质量控制具有阶段性。

一个项目从开始到结项验收可以分为多个阶段，每个阶段的主要工作内容、标准和管理都有不同。因此，在项目不同阶段的质量控制侧重点也会不同。

（3）易产生质量变异。

突然原因或内部原因可能导致项目质量数据的变化，这些变化是由项目质量变化引起的。突发原因一般是属于偶然发生的，一般来说难以预防也难以避免，不过这类原因由于是不确定的，项目质量受其引起的变化的影响较小，这种变化是正常的；内在原因一般是稳定的，可以通过及时检查来进行发现，采取积极的措施可以有效避免发生质量变异。因此，虽然内部原因对项目质量有很大的影响，但可以有效避免。由此可见，产生质量变异的原因是不同的，应仔细分析质量变异产生的原因。

（4）容易影响评价。

在项目的实施过程中或者项目完成后，对项目质量在质量数据充分分析的基础上进行评价是质量控制的一项重要工作。因为前述原因的影响下，项目变得复杂多变。正是因为这个原因，质量数据的采集会产生困难，质量数据的计算也会产生误差，这些都会对质量评价产生负面影响，难以得到准确评价。

（5）项目往往具有不可逆性。

项目和普通产品的差别也体现在项目检验的不可逆性上。普通产品的检验可以通过拆分部件，对零部件进行相应的质量检验来检测普通产品的质量，从而达到质量控制的目的。

第二节　影响 EPC 项目工程质量的因素

工程质量的影响因素主要有 5 个，分别是人、机械、材料、方法以及环境。

1. 人的因素

"以人为本"的质量控制认为人是质量控制的动力，人是质量的创造者。只有发挥人的主观能力，才能实现良好的质量控制。

2. 材料的因素

材料作为工程建设硬件，其质量高低关乎建设全局。施工过程中，材料验收要由施工方与监理公司共同完成，包括对送检材料现场抽检，保证材料质量，无法送检的以现场样本为准。

3. 机械的因素

选择合适的机械类型，合理使用机械设备，正确地操作也是保证质量管理的基础。在施工阶段，要结合建筑结构形式、施工工艺方法等现场条件对机械类型参数进行分析。施工过程中要按可行性、经济性和必要性的原则，对项目特点和工程量进行分析，确定机械类型及使用形式。

4. 施工方法的因素

施工方案指导施工过程中的技术方法与组织设计。施工过程中采取的各种方法贯穿整个建设周期。施工项目质量管理过程中保证正确的施工方案，是工程质量控制的关键前提，同时也是施工质量的关键所在。

5. 环境的因素

影响工程质量的又一重要因素就是环境。环境因素的影响具有复杂多变的特点，如气象条件等。环境因素的控制应根据项目的特点和具体情况，根据不同的特点和条件采取相应的对策。应根据季节的特点进行调整，制定季节性措施，确保施工质量，防止工程项目因冲刷、冻害和开裂而受损。要充分考虑环境因素对施工过程的影响，尽量减小恶劣环境对建设施工的危害，同时健全管理制度。

第三节　质量控制原则

1. 坚持质量第一的原则

自始至终地把"质量第一"作为对工程项目质量控制的基本原则。

2. 坚持以人为控制核心的原则

质量控制必须"以人为核心"，发挥人的积极性、创造性，增强人的责任感，以人的工作质量确保工序质量和工程质量。

3. 坚持预防为主的原则

重点做好质量的事前、事中控制，同时严格对工作质量、工序质量和中间产品质量的检查，确保工程质量。

4. 坚持质量标准的原则

数据是质量控制的基础，必须以数据为依据、按照合同规定对产品质量进行严格检查。

5. 贯彻科学、公正、守法的职业规范原则

质量控制人员在监控和处理质量问题过程中，应尊重事实、尊重科学、遵纪守法、坚持原则。

第四节　EPC 项目质量管理的要求

1. 对项目质量管理进行全面策划

EPC 项目质量管理由于项目的特殊性，对质量管理计划和相关制度的依赖度较高，如果在项目初期制订的质量管理计划本身存在问题，会对质量管理的实施产生严重影响。因此，首先要保证项目质量计划的全面性和详细性。

在 EPC 项目管理过程中，编制质量管理计划，主要以总承包合同为依据。要通过建立完善的项目管理组织结果，合理设计质量管理的界面、接口关系，落实各项管理职责，为项目质量管理计划的实施提供保障。

2. 提高质量管理意识

在项目实施过程中，应针对不同部门、不同专业的人员制订相应的培训计划，区分质量管理内容，确保培训活动的实效性。应树立质量管理是生产安全保障的基本理念，在项目设计、采购、施工过程中，全方位做好各项管理工作，确保设计的合理性、物资供应的流畅性以及施工的规范性。

第五节　EPC 项目质量管理的程序

工程质量管理作为管理的一种，也是一项进行计划、组织、协调和控制的活动，是按一系列程序方法对质量管理影响因素进行科学的管理，可以概括为"一个过程，四个阶段，七种工具"。

（1）一个过程：指质量管理贯穿工程建设全过程。

（2）四个阶段：分别指计划、实施、检查和处理这四个阶段。它们组成了质量管理的基本方法和质量管理基本思想，同时，这四个阶段组成了一个循环。

①计划。在质量管理中，计划是指制订质量目标、活动计划以及相关措施方案并提交管理层批准。分析现状、寻找原因、精炼主因以及制订计划是计划阶段的四个主要方面。

②实施。实施是指组织执行制订的计划和措施。

③检查。检查是把预定目标同执行结果相对比，考察计划执行情况与预期效果。若与预期效果相差较大，则需要重新制订目标并执行。其间主要使用管理控制图、排列直方图以及因果图等来进行项目检查工作。

④处理。处理主要包括两方面内容，即成功经验和失败教训，是对上述检查结果进行总结，总结成功经验便于日后利用，总结失败教训并找出问题，提出问题的解决办法，避免再次失败。

（3）七种工具。全面质量管理在工程建设方面主要运用管理控制图、排列图、因果图、直方图、相关图、调查表和分层法这些数理统计工具。

第六节 EPC 项目质量管理策略

1. 在设计过程中进行质量管理

在 EPC 项目设计过程中进行质量管理，需要明确以下管理重点：基础文件、计算书、设计变更、设计审查、供应商图纸评价、项目终结评审等。

另外，设计阶段的质量管理，有设计工程师审核这一环节，在这一过程中，需要核实全部的供应商图纸及数据，在保证其自身合理性与可行性的同时，还要使其符合采购合同中的技术要求；在核实过程中，还要保证图纸与数据的结构处于合适状态，并判断其与实际是否存在矛盾。通过全面的审核，综合专业的审核意见之后，落实设计更改工作，以保证设计质量。

2. 在采购过程中进行质量管理

采购过程中的质量管理是 EPC 项目质量管理的重点之一，包括采购渠道管理、质量检验管理等。采购渠道方面，施工方将供应商信息作为管理的重点，针对当地供应商建立完备的资料库，等到存在采购需求时，直接通过数据库检索即可了解供应商状况。

3. 在施工过程中进行质量管理

施工过程中的质量管理是保证工程质量的关键，也有利于控制工程进度、降低工程成本。具体的管理内容包括设计方案、材料、进度、安全性等。设计方案是施工作业的指导文件，在方案的设计阶段，应保证能够为设计人员提供翔实的数据资料，方案出具后，可以应用 BIM 技术对其进行模拟，不断优化和调整，确保方案的可行性。

4. 建立完善的质量管理体系

明确各部门的质量目标，责任明确，层层把关。项目技术部门在编制施工方案时，对容易产生质量问题的部位要重点编制，把各种可能出现的情况预想到，并写出明确的应对措施，方案报监理单位审批同意后方可组织实施。

5. 明确质量目标，合理分配工作职责

质量目标制订之后，将目标分解，由项目部组织层上下层层层签订质量目标责任书，直至落实到岗位和人；定出质量目标检查的标准，定出实现目标的具体措施和手段，对质量目标的执行过程进行监督，检查工程质量状况是否符合要求，若发现偏差，应及时分析原因，进行协调和控制；强化现场施工人员的质量意识，坚持质量第一的思想，增强全员质量意识，对施工质量做到质量标准起点要高，施工操作要严，并进行全过程监控，提高工程质量，创优质、出精品。

第七节　项目质量控制步骤及方法

1. 项目质量控制步骤

项目质量控制实际上是一个循环过程。在实际操作中，将预先设定的质量目标与实际检验的质量结果相对比，找出其中的差别进行针对分析，提出相应问题的解决措施，如此循环往复。详见以下步骤。

（1）确定控制对象。

明确控制对象的标准或目标，即根据项目不同阶段的目标及特点，选取关键环节或者关键因素进行质量控制，才能有针对性、有效地控制，这是质量控制的方向。

（2）制订计划。

计划是质量控制能达到预期效果的前提条件，也是进行质量管理的关键步骤。

（3）贯彻实施。

制订计划后，在质量控制过程中按计划实施。

（4）检查记录。

一方面，检查质量控制效果，并做好数据记录；另一方面，对所得数据进行分析。

（5）找出差别，进行分析。

根据事先设置的质量目标对质量控制结果进行分析，找出其中的差别进行分析并总结原因。

（6）提出对策。

对上述差别详细进行分析，逐条提出解决方法，从而完成质量控制。

上述 6 个步骤实际上是质量管理四阶段的内容即计划、实施、检查和处理。所谓循环就是在质量控制过程中 6 个步骤的循环往复过程。

2. 项目质量控制方法

（1）控制图法。

控制图法是以图示的形式对实施过程和实际结果进行描述，找出控制界限来判断项目过程和项目结果是否处于可控范围之内。若不在可控范围之内，就要根据具体情况及时调整；若在可控范围之内则不需调整。

（2）直方图法。

直方图法是用每一栏作为一个变量，代表一个具体问题或者问题的特征属性。在图中，问题出现的频率通过每一栏的高度来反映，即高度越高说明该问题出现的频率越大；高度越低说明该问题出现的频率越小。问题的根源可以从图形的形状和宽度进行反映。

（3）趋势分析法。

趋势分析法是运用数学方法，借助一定的数学工具对所得数据进行分析并预测其演化趋势的一种质量控制方法。这种方法是通过趋势图来反映预测的趋势，通过线性的趋势图反映一定的偏差趋势。

（4）散点图法。

散点图法是以点的形式将变量反映在散点图上，由散点图判断两个变量之间存在的相关关系。若两个变量之间存在很强的相关关系，那么在图上的表现就越接近对角线。

（5）抽样统计法。

抽样统计法是确定检测的总体样本之后，对总体进行部分抽样检测，通过对检测结果的分析可以得出在一定置信条件下的预测结果。抽样统计的优点是可以降低质量控制的成本。

（6）质量检验法。

依据检查人员的不同，质量检验法可分为自检、互检和专检。其根据项目开始前设定的质量目标对项目进行检查。质量检验法需要记录检验结果，分阶段进行测评。

第八节　项目建设管理策划

项目建设管理策划属于项目建设前期阶段的工作，包括项目管理计划的编制和项目实施计划的编制。项目策划应综合考虑技术、质量、安全、费用、进度、职业健康、环境保护等方面的要求，并应满足合同的要求。项目建设管理策划应包括下列内容。

（1）明确项目目标，包括技术、质量、安全、费用、进度、职业健康、环境保护等目标。

（2）确定项目的管理模式、组织机构和职责分工。

（3）制定技术、质量、安全、费用、进度、职业健康、环境保护等方面的管理程序和控制指标。

（4）制订资源（包括人、财、物、技术和信息等）的配置计划。

（5）制订项目沟通的程序和规定。

（6）制订风险管理计划。

第九节　项目质量管理体系与质量计划

1. 项目质量管理体系

为确保项目按政府批准的项目内容、标准要求和设计文件建设完成，保证质量符合国家有关工程建设规范、标准和要求，项目建设管理单位将从总体上构建参建各方（监理、施工、材料供应商等）在内的工程质量保证体系，明确各方在各建设阶段的质量职责和义务，并建立健全本项目的质量管理体系，明确项目管理人员的岗位职责，由项目管理人员负责在各建设阶段督促、检查各方及其人员对其职责和义务的履行。

质量管理体系如图 4-9-1 所示。

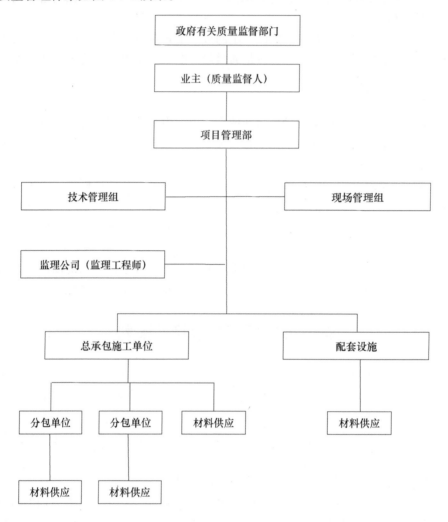

图 4-9-1　质量管理体系图

2. 项目质量管理计划

项目建设管理的质量目标是工程质量达到设计要求，因此，建设管理质量计划必须贯穿于整个项目建设全过程，作为对外质量保证和对内质量控制的依据。建设管理质量计划应充分体现从资源投入到完成工程质量最终检验和试验的全过程质量管理与控制要求；应针对项目的实际情况及合同要求，明确项目目标、范围，分析项目的风险以及采取的应对措施，确定项目管理的各项原则要求、措施和进程。项目建设管理质量计划应包括下列主要内容：

1）项目的质量目标、质量指标、质量要求。

2）业主对项目质量的特殊要求。

3）项目的质量保证与协调程序。

4）相关的标准、规范、规程。

实施项目质量目标和质量要求应采取的措施。

（1）设计阶段质量管理计划。

①有关批准文件、合同文件、设计基础资料、国家及行业规定等。

②项目费用控制指标、设计人工时指标和限额设计指标。

③设计进度计划和主要控制点。

④设计与采购、施工和试运行的接口关系及要求。

（2）施工阶段质量管理计划。

①对施工准备工作的要求。

②对施工质量、进度计划的要求。

③对施工技术管理计划的要求。

④对施工安全、职业健康和环境保护计划的要求。

⑤对资源供应计划的要求。

⑥对施工分包商的要求。

⑦对施工过程中发生的工程设计和施工方案重大变更审批程序的要求。

（3）竣工阶段质量管理计划。

①对竣工验收制度的要求。

②对工程交接后的工程保修制度的要求。

③对工程回访工作的要求。

第十节　项目质量控制措施

质量控制的措施包括组织措施、技术措施、合同措施、经济措施和信息管理措施等。

1. 组织措施

落实项目经理部中进度控制部门的人员，具体控制任务和管理职责分工；确定质量工作制度，包括质量协调会议举行的时间，协调会议的参加人员等；对影响质量目标实现的干扰和风险因素进行分析。

2. 技术措施

采用可行的技术方案或方法来保证和提高工程质量。

3. 合同措施

拟定合同质量条款，确定质量标准和检查依据，确定质量责任和义务以及质量奖罚条款。

4. 经济措施

严格按照不合格工程不进入进度款拨付项目，坚持只有监理检查或验收合格的项目才结算，对不合格的项目按照合同条款进行处罚或者扣减工程款。

5. 信息管理措施

进行项目分解并建立质量体系，将质量目标与实际质量状况进行动态比较，定期向业主提供比较报告。

第十一节　设计阶段质量控制措施

1. 设计阶段质量目标的事前控制

（1）比选设计单位。

推行工程设计方案竞赛及招标是降低工程适价、提高设计质量一个很好的途径，应从设计方案的优劣、设计进度的快慢、设计单位的资历、社会信誉等作为中标的依据，不能单纯仅以设计费的高低或设计方案的优劣来确定设计单位。在评选设计方案时，可邀请对当地情况比较熟悉的专家担任评审委员。

（2）编制设计控制计划。

设计控制计划必须充分体现业主的设计意图，满足业主的要求。它应包括如下内容：有关项目批准文件、设计基础资料、设计规模和质量标准，设计进度计划要求、技术经济要求，即设计人工时指标、限额设计指标和项目费用控制指标，根据具体工程设立项目设计执行效果测量基准。

（3）设置设计质量控制点。

设计质量控制点主要包括：设计人员资格的管理，设计技术方案的评审。如从事本工程的设计人员是否具有一定经验和资格，软基处理方案是否合理，新工艺是否可靠并符合规范要求等。

2. 设计阶段质量目标的事中控制

（1）参与各专业设计方案的定案工作。

首先应对总体设计方案进行审核，使其与设计纲要及设计目标相符，然后对各专业设计方案进行审核。在对各专业的设计方案进行审核比选时，不仅要从技术先进合理性方面审核，而且要进行多方案的经济分析，要符合设计纲要的要求，各专业之间要相互协调并积极鼓励设计人员采用新技术，充分发挥工程项目社会效益、经济效益和环境效益。

（2）定期对各专业目标的推进情况进行检查。

由于设计产品的可修复性，使得设计过程中间各专业子目标检查构成了"预防为主"的重要内容。

（3）协调设计各部门和专业的工作。

一般大中型工程项目往往由若干个单项工程组成，可能由多个设计单位参与设计，一个单项工程的设计又由若干个专业构成，因此做好各单位各专业之间的协调工作是保证设计任务顺利完成的重要条件。

3. 设计阶段质量目标的事后控制

项目建设管理人员应根据设计计划的要求，除督促设计单位按时完成全部设计文件外，还应准备或配合设计单位办理设计图纸和资料的提交工作，及时按照有关规定将施工图设计文件送审。

第十二节　施工阶段质量控制措施

1. 施工质量控制

（1）施工前管理。

建立完善的质量组织机构，规定有关人员的质量职责；对施工过程中可能影响质量的各因素，包括各岗位人员能力、设备、仪表、材料、施工机械、施工方案、技术等因素进行管理；对施工工作环境、基础设施等进行质量控制。

（2）施工过程中管理。

EPC总承包商项目经理部应编制"产品标识和可追溯性管理规定"，对进入现场的各种材料、成品、半成品及自制产品，应进行适当标识。进入施工现场的各种材料、成品、半成品必须经质量检验人员按物资检验规程进行检验合格后才可使用，EPC总承包商项目经理部应编制"产品的监视和测量控制程序"进行规定。在施工过程中发现的不合格品，其评审处置应按"不合格品控制规定"执行。

2. 施工阶段质量控制措施

1）施工阶段质量目标的事前控制。

（1）比选承包商和材料设备供应商。

在投标评审时，代表业主参与评标的项目管理人员应认真审核投标单位的标书中关于保证工程质量的措施和施工方案，择优选择承建商，将能否保证工程质量作为选择承建商的重要依据。承包商确定后及时办理建设工程施工许可证、工程质量监督备案、施工安全监督备案、建设项目报建费审核工作。

（2）编制施工控制计划。

施工控制计划应在项目初始阶段由负责项目管理的人员组织编制，经项目建设管理单位的总工程师办公室评审后，由项目经理批准并经业主确认后实施。施工控制计划必须完全体现业主拟定的质量目标、投资目标和进度目标，并满足业主的特殊要求。

（3）设置施工质量控制点。

施工质量控制点主要包括：地基与基础工程、主体结构、建筑装饰装修、建筑屋面、建筑给排水及采暖、建筑电气、智能系统和电梯等分部工程的阶段性验收。每一分部工程的实体质量必须符合设计要求，必须达到建筑工程施工质量验收统一标准。

（4）组织设计会审。

为了避免设计过程中可能存在的缺陷和失误，同时对建设工程的使用功能、结构及设备选型、施工可行性和工程造价等进行有效的预控，项目经理部应在施工正式开工之前组织设计会审，设计单位、监理单位、承包商以及有关施工监督管理和物资供应等人员参加。

（5）做好施工交接工作。

（6）确认施工组织设计。

项目管理人员应及时确认经监理工程师批准的施工组织设计。

（7）核实工程开工条件。

监理单位签发的开工报告，由项目建设管理单位核实后转报业主批准。

2）施工阶段质量目标的事中控制。

（1）监督检查经监理工程师批准的施工组织设计的执行情况，监督承包商按照《建设工程项目管理规范》（BT/T 50326—2017）实施施工，并及时向业主汇报。

（2）监督检查监理规划的执行情况，监督监理单位按照《建设工程监理规范》（GB 50319—2013）实施监理，并及时向业主汇报。

①监理单位应审查并签认已批准的施工组织设计在实施过程中的调整、补充或变动。

②监理单位应检查工程采用的主要设备及材料是否符合设计要求，防止不合格的材料、构配件、半成品等用于工程。

③监理单位应按照现行规范、标准以及设计图纸检查施工过程中的工序质量，确保工程质量达到预控。

④监理单位应主持召开工地例会，做好各方协调工作。

⑤监理单位应督促检查承包商安全生产技术措施的实施，参与处理工程质量事故，督促事故处理方案的实施及效果检查。

3）竣工及保修阶段质量目标的事后控制。

1）参与单位工程的预验收。

当单位工程基本达到竣工验收条件后，承包商应在自审、自查、自评工作完成后，填写工程竣工报验单，并将全部竣工资料报送项目监理机构，申请竣工验收。

2）组织工程竣工验收。

单位工程全面完工后，承包商应自行组织有关人员进行检查评定，并向项目建设管理单位提交工程验收报告。项目建设管理单位收到工程验收报告后，应组织勘测单位、设计单位、监理单位、承包商和质检部门进行工程竣工验收。

3）参与保修阶段的工程质量问题的处理。

督促监理企业要安排有关监理人员对业主提出的工程质量缺陷进行检查记录，并对施工承包商进行修复的工程质量进行验收和签认保修金的支付。

复习思考题

1. 影响 EPC 项目工程质量的因素有哪些？

2. 简述 EPC 项目质量控制的原则。

3. EPC 项目进行质量控制的措施有哪些？

第五章　EPC工程总承包投资控制

本章学习目标

通过本章的学习，学生可以初步掌握EPC工程总承包投资控制的基本概念与现阶段的发展状况，确定EPC工程总承包投资控制的目标与重难点，初步了解基于BIM的投资控制管理。

重点掌握：EPC工程总承包投资控制的基本概念、EPC工程总承包投资控制的目标与重难点。

一般掌握：基于BIM的投资控制管理。

第一节　EPC工程总承包投资控制概述

1. 工程投资管理的基本内涵

工程投资管理是利用科学的管理方法和先进的管理手段对影响造价的资源和因素进行的组织、计划、控制和协调等系列活动，实现投资确定与控制的目的，做到技术与经济的统一，提高经营和管理的水平，其主要包含以下几方面的内容。

（1）工程投资限额的确定。

工程项目建设过程是一个周期长、资源消耗量大的生产消费过程，受各种因素的影响和条件的限制。因此，工程投资限额的确定是随着建设项目各个阶段的深入，由粗到细分阶段设置，由粗略到准确逐步推进。投资决策阶段的投资控制数是工程项目决策的重要依据之一，一经批准，投资控制数应作为工程造价的最高限额，其设计概算不得超过投资控制数。

（2）以设计阶段为重点的建设全过程投资控制。

工程投资控制应贯穿项目建设全过程，但必须突出重点。设计阶段对投资的影响非常大：初步设计阶段影响投资的可能性为 $75\%\sim95\%$；技术设计阶段影响投资的可能性为 $35\%\sim75\%$；施工图设计阶段影响投资的可能性为 $5\%\sim35\%$；而在施工阶段影响投资的可能性在 5% 以下。因此，做好设计阶段的投资控制至关重要。

（3）以主动控制为主的工程投资。

在系统论、控制论的研究成果用于项目管理后，应将控制立足于事先主动采取措施，尽可能减少以至避免偏差，即主动控制。

（4）技术与经济相结合是控制工程投资最有效的手段。

要有效地控制投资，应从组织、技术、经济、合同与信息管理等多方面采取措施。组织上明确项目组织机构、投资控制者、管理职能分工；技术上重视设计方案选择，严格监督审查初步设计、技术设计、施工图设计，深入技术领域研究节约造价的可能；经济上动态地比较造价计划值与实际值，严格审核各项费用支出；合同上明确各方责任、合同价款及奖罚条文；信息上随时清楚价格、利息等变化。

2. 工程投资管理相关理论

工程投资控制管理理论的发展，是随着生产力、社会分工及商品经济的发展而逐渐形成和发展的。

1）全面工程投资管理。

全面造价管理内容涵盖了全寿命周期、全过程、全要素、全方位的造价管理内容，集成与协调不同的管理方法和工具以有效计划与控制工程造价，为工程项目造价管理的实施提供一系列的科学理念与实践方法，如图 5-1-1 所示。

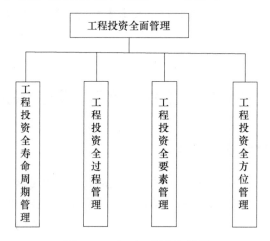

图 5-1-1　全面工程造价管理

全面工程投资管理是指在整个投资管理过程中以工程造价管理的科学原理已获验证的技术和最新的作业技术作支撑，强调会计系统、造价系统和作业系统共同集成才能够实现的工程投资管理思想方法。

全面工程投资管理理论适用于管理任何企业、作业、设施、项目、产品或服务的工程投资管理的思想和体系。

全面工程投资管理所使用的方法主要包括：经营管理和工作计划的方法；投资预算的方法；经济与财务分析的方法；投资工程的方法；作业与项目管理的方法；计划与排产的方法；造价与进度度量和变更控制的方法等。为了便于管理，按其先后顺序划分出详细的管理阶段，具体如下：

（1）发现需求和机遇阶段。

（2）说明目的、使命、目标、政策和计划阶段。

（3）定义具体要求和确定支持技术阶段。

（4）评估和选择方案阶段。

（5）研究和发展新方法阶段。

（6）根据选定方案进行初步开发与设计阶段。

（7）获得设施和资源阶段。

（8）实施阶段。

（9）修改和提高阶段。

（10）退出服务和重新分配资源阶段。

（11）补救和处置阶段。

由此可见，全面工程投资管理理论打破了传统的工程造价管理的局限性，拓宽了工程投资管理的范畴和领域，适应当今经济的发展要求。但是，这种管理思想和方法必须有一定的技术储备并在市场经济比较发达的基础上，才能得以实施和发展。

2）工程投资全生命周期管理。

工程投资全生命周期管理包括从项目的投资决策、设计、施工、运营、维护直到拆除的所有阶段，综合管理项目的建造成本、使用成本、维护成本以及拆除成本，以有效控制工程全生命周期总成本，实现成本最小化的目的。全生命周期投资管理要求项目各参与主体在工程全过程的各个阶段项目管理都要从全生命周期角度出发，对质量、工期、造价、安全等全要素以及建设方、施工方、设计方等全方位进行集成管理。

全生命周期工程投资管理理论是运用工程经济学、数学模型等多学科知识，采用综合集成方法，重视投资成本、效益分析与评价，强调对工程项目建设前期、建设期、使用维护期等各阶段总投资最小的一种管理理论和方法。

目前，全寿命周期投资管理在我国并没有切实执行，它更主要的作用是以一种指导工程项目投资决策和方案设计的理念存在，强调以工程项目全生命周期成本最小化为目标，见表5-1-1。

表 5-1-1　全生命周期成本

项目建设期	项目运营期
← →	← →
项目建设成本 C_1	项目运营维护成本 C_2
项目全生命周期成本 $C=C_1+C_2$	

3）工程投资全过程管理。

工程投资全过程管理思想和观念，已经成为我国工程造价管理的核心指导思想，这是中国工程造价管理学界对工程项目造价管理科学所作的创新和重要贡献。工程投资全过程管理的基本观点如下。

（1）工程投资全过程由投资估算、初步设计概算、施工图预算、招标投标、施工、竣工结算、竣工决算7个阶段组成。

（2）建设工程投资管理要达到的目标有两个：①造价本身要合理；②实际造价不超概算。

（3）全过程工程投资管理就是按照经济规律的要求，根据社会主义市场经济的发展形势，利用科学管理方法和先进管理手段，合理确定和有效控制造价，以提高投资的社会效益、经济效益和建筑安装企业的经营效果。

（4）决策阶段和设计阶段是全过程工程投资控制的重点。

随着技术进步的不断加快和市场竞争日益激烈，传统的国家统一标准定额已经难以适应，无法真正对一个具体工程项目实现科学的全过程造价管理。

4）项目投资全要素管理。

项目投资全要素管理是指对影响工程造价的各个要素进行全面综合管理，即工程投资的整体控制应从工期、质量、造价以及"HSE"（"Health"健康、"Safety"安全、"Environment"环境，简称 HSE）方面进行，此处的 HSE 要素最早起源于化工、石油行业，它呈现的是事故预防、环境保护和持续改进的理念，强调现代项目管理自我的完善、激励、约束的机制，贯彻的是一种现代化可持续发展的观念。

5）工程投资全方位管理。

建设工程投资管理除了涉及项目业主和承包单位外，还涉及政府部门、行业协会、设计方、分包方、供应商及相关咨询机构的参与。全方位造价管理就是在各参与方明确各自造价管理任务的基础上，应在不同利益主体之间形成一种友好协作关系，使各主体都能不同程度地参加到建设工程造价管理工作中，将这些不同主体有效联系在一起而构建一个全方位协作的团队，充分发挥各方的能动作用，对项目的造价工作进行统一管理和控制，促进项目顺畅完工，最终体现的是目标完成、多方共赢的效果。如图 5-1-2 所示为一般情况下工程项目会涉及的不同参与主体。

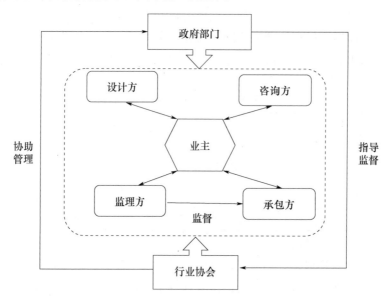

图 5-1-2 工程项目涉及的不同参与主体

3. 国内工程投资管理的发展现状

2003 年 2 月，由建设部发布第 119 号公告批准的《建设工程工程量清单计价规范》（GB 50500—2013）在全国范围内的实行标志着我国工程造价管理真正进入现代项目管理层次，该规范的全面推行不仅对工程造价管理具有重要意义的改革，更是完善计价管理办法的重要方式，规范了我国工程建设项目管理体制，促进了我国工程造价的全面深化改革。最重要的是它标志着我国建设工程造价由计划经济模式正式转变为市场经济模式。

EPC总承包商根据合同要求负责项目从初步设计到项目的试运行所有阶段的工作，需承担设计费、物资采购费、建筑安装工程费以及试运行费等，这使得总承包应从项目管理整体角度把造价管理工作落实到项目实施的各个环节以实现各要素的集成管理达到费用管理的全局优化，见表5-1-2。

表5-1-2 承包商基于传统模式和EPC模式的费用构成

内容	费用项目	传统平行发包方式	EPC模式
设计阶段	勘察设计费	—	√
采购阶段	设备购置费	—	√
施工阶段	建安工程费	√	√
试运行阶段	调试运转费	—	√

EPC模式下工程造价集成管理的本质就是以集成理念将EPC工程项目整体利益最大化作为最终目标，在工程实施过程中，从全过程、全要素、全方位的角度运用集成化管理的方法、技术对影响工程造价的因素进行计划、组织、协调与整合而开展的系统性项目管理活动，使工程最终造价满足限额目标，实际意义在于获得人、财、物、信息等资源的合理利用与科学配置，为企业创造更大的增值。其内涵主要体现在如下方面。

（1）EPC模式下工程投资管理的全过程集成。

EPC模式集设计、采购、施工及试运行各个阶段于一体，实现了工程项目全过程的集成，其造价管理正好对应了设计阶段的造价管理、采购阶段的造价管理、施工阶段的造价管理，集工程造价管理各个过程于一体。

（2）EPC模式下工程投资管理的全方位集成。

总承包商在EPC工程造价管理中处于上下游关系之间，向上需处理好与业主或业主代表、政府及行业部门的关系，向下需处理好与各专业分包商、采购供应商等多方的关系，做好项目信息在上下游之间的传递，做到工程造价管理的时效性、动态性、协调性。

（3）EPC模式下工程投资管理的全要素集成。

EPC工程造价管理是基于实现全要素目标进行的，因而从项目全局角度，总承包商针对各阶段的特点采用相应的管理方法、手段来实现全要素目标的集成管理，如设计阶段引入并行工程的原理，将设计与采购、施工进行并行交叉，提高运作效率，加快实施进度，确保设计质量；采购阶段利用集成管理的思想将内部管理范围延伸至供应源头，整合企业外部资源，减少中间交易成本，实现多方共赢的局面；施工阶段实行全要素造价管理的方式，追求工程实施过程中进度、质量、造价及HSE全要素的均衡管理。

（4）EPC模式下工程投资管理的信息集成。

信息对于工程造价的控制效果具有举足轻重的作用，它体现了工程造价的动态控制、实时控制、精确控制。EPC模式下，总承包商面对各方信息量更多、更繁杂，而实施信息集成管理能有效分类、汇总项目各阶段产生的信息。

第二节 EPC 工程总承包投资目标

1. EPC 工程总承包投资目标控制的原理分析

（1）目标成本管理理论是目标控制的基础。

目标成本管理是目标管理理论在成本管理方面的具体表现。目标成本管理最初来源于日本丰田公司所创立的"成本企划""成本维持""成本改善"三维成本管理体系。

（2）目标成本是目标成本管理控制的前提。目标成本是企业在进行产品生产时为了保证预期利润的实现所允许该产品花费的最高成本限额，是预计成本和目标管理方法相结合的产物。目标成本和目标成本管理两者是对立统一的关系，目标成本是目标成本管理的实现对象和根本目的，目标成本管理是保证目标成本达成的方法和手段。

目标成本管理是在竞争性的市场体系下，以客户需求为驱动，在产品的设计阶段通过一定的工作来消除昂贵且非必需的改动，从而实现产品全生命周期成本的最低。传统的目标管理具体内容可以概括为一个中心：以目标成本为中心统筹安排；三个阶段：计划、执行、检查；四个环节：确定目标、展开目标、目标实施和目标考核。本书以目标管理理论为基础，将目标成本管理引入工程总承包项目的投资总控体系中，按照目标成本管理的流程进行投资总控策划，包括目标成本的制定、目标成本的落实和目标成本的持续改善，保证工程总承包项目投资总控的目标控制，从而在满足业主要求的前提下实现项目整体价值的最大化。

2. 业主投资总控目标系统的合理设置

1）投资总控目标的控制作用。

工程总承包项目在业主有清晰的项目定义以及风险分担方案后开始实施，通常采用总价合同的形式进行工程总承包项目的投资总控，有利于业主的整体策划与投资控制，更好地实现项目的价值目标。因此，根据总体策划业主要求中的功能指标、建设规模、项目构成及建设费用组成合理地确定投资总控目标，是业主保证目标控制实现的关键，在投资总控总体控制中发挥着至关重要的作用。

（1）控制目标是业主实现项目投资管理和控制的目标成本。

在我国特殊的风险文化情境下，业主通常采用总价合同，是目标成本管理理论指导的重要应用实践。

（2）控制目标是业主审查总承包商初步设计及概算的标准。

在国内政策中，各地政府为适应业主实践应用的要求，明确规定总承包商进行限额设计以达到投资控制的目的。

（3）控制目标是业主支付价款和评价投资目标完成的依据。

在实践过程中，业主通常采用总价合同结合形象进度或里程碑事件的比例支付进度款给总承包商。

2）投资总控目标的确定过程。

基于工程总承包项目投资总控目标控制的应用分析，投资总控目标的确定是业主采用目标成本管理理论应用的核心，是业主进行工程总承包项目投资总控的最重要环节。

投资总控目标的确定过程主要分为编制精确的投资估算及设置合理的招标控制价、严格审查初步设计及后审设计概算两个阶段，如图5-2-1所示。

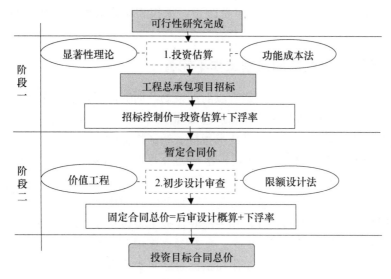

图 5-2-1　投资总控目标确定的过程

（1）阶段一：精确的投资估算和招标控制价是招标阶段目标确定的最初限额。

在招标阶段，业主以精确的投资估算为基础，参照已完工程招标的历史数据和市场情况选择合适的下浮率，设置合理的招标控制价以指导投标人在限价内撰写技术方案和投标报价。由此可知，合理的招标控制价是在投资估算的基础上进一步压缩了投资总控的目标值。

（2）阶段二：严格的初步设计审查和概算后审是初设阶段目标确定最终手段。

在初步设计阶段，总承包商设计团队根据业主要求清单及功能指标，以暂定合同价为限额，利用价值工程改进的限额设计法进行初步设计及设计优化。

由此可知，通过严格的初步设计审查和概算审核后，业主和总承包商双方以初步设计概算为基数乘以中标下浮率确定最终合同总价，作为工程总承包项目投资总控的控制目标。

第三节　EPC工程总承包投资控制重难点

工程总承包、全过程工程咨询是对工程建设及管理模式的一种集合。工程总承包集合了设计、施工、采购，全过程工程咨询集合了项目决策、实施、运营阶段，这两种模式的结合，在进行工程咨询服务时，对投资控制提出了新的要求。

项目策划、项目实施、项目运营阶段的投资控制各有不同。下文从全过程工程咨询角度对一些常见的投资控制重难点进行简析。

1. 参建单位的思维模式尚未全面改变

目前在项目实施过程中，不少参建人员思维模式仍停留在传统的平行发包模式，如设计没有充分认识设计错误、遗漏所应当承担的风险。在以往发包模式中，设计错误、遗漏等导致的风险大部分由建设单位先行承担，但在 EPC 模式中，风险承担由工程总承包单位（联合体）直接承担，如在 EPC 工程总承包合同中相关设计条款风险条款为"如承包人发现图纸有错误，应及时自费改正，承担相应修改的费用和工期损失，并及时通知发包人和监理人"。

2. 项目实施阶段的前期策划工作不完善

这里的策划工作主要指项目实施阶段前期策划，而非项目策划决策阶段的策划，主要是指根据工程项目实际情况在工程总承包招标前完成如下主要策划事项：

（1）项目应达到的深度，如项目技术指标、经济指标的细化要求。

（2）工程总承包招标阶段的确定，是项目立项后、方案设计完成还是初步设计完成。

（3）工程总承包主要合同条款的拟定，特别要结合现场情况考虑相应条款设置。

（4）工程总承包招标界面划分，相关配套任务主要包括项目的建议书编制（评估）、可行性研究编制（评估）、施工图审查、施工图预算编制（审核）、跟踪审计、沉降观测、第三方实验检测等，这些配套工作在招标时需明确是否委托工程总承包单位实施。

（5）若采用费率模式招标，需要明确在费率中综合考虑的具体清单。

（6）投资控制目标策划，包括总目标及分项目标策划。

策划工作对工程总承包项目的实施非常关键，策划是否完备，将对项目实施过程及合同完全履行有非直接的影响。

3. 合同主要条款存在不一致

合同主要条款存在不一致，导致对合同条款解释存在争议。如某项目关于弃土场地费用问题，合同条款有两处不一致，其一条款为"承包人自行解决弃土场地，费用已包含在承包人投标费率报价中综合考虑，包干使用"，其二条款为"取土场、弃土场位置与状况，土方堆土、弃土场承包人自行解决，运距已全部包含在清单报价中"。主要异议为投标费率包含范围和施工图预算编制包含范围，与工程总承包单位的主要歧义如下：

建设单位对合同条款理解为，本项目采用费率报价，需要在费率中考虑的事项，在施工图预算编制时则无须列项计算，已经包括在费率中；工程总承包对合同条款理解为，在施工图预算中列项计算后再取投标费率。

正因为上述合同条款存在不一致，在施工图预算编制中存在较大争议，单就这一项费用，涉及的费用数额巨大。其他一些因合同条款不明确、不一致的还有施工便道、临时设施等，涉及的费用均较大。

4. 施工图预算的编制、核对及确定

因目前国内 EPC 工程总承包大多采用固定费率招标投标，而不是固定总价模式，在项目实施过程中需要编制和确定施工图预算。如某项目采用的是建设单位委托两家预算编制单位、工程总承包单位委托一家预算编制单位进行各自编制，再进行核对，最后

项目跟踪审计进行审核，但在编制、审核过程中容易出现如下主要问题：

（1）编制、审核及最终确定时间过长。

（2）无信息价材料、设备定价难。

（3）预算编制需要结合工程总承包单位编制的施工组织设计及施工方案。

5. 施工组织设计及方案经济性审查不够重视

在传统监理工作模式中，对施工组织设计及施工方案审查，重点审查方案可实施性、安全性，对经济性审查主要由施工单位自行控制，但在工程总承包模式中，经济性审查也是方案审查的重点。

6. 设计方面投资控制

（1）存在高标准设计、低标准实施问题。

因工程总承包模式设计施工一体，追求利润最大化是工程总承包单位最终目标，为此，项目设计技术指标需在策划阶段明确和细化到位，如单方工程量、主要材料消耗量等，在项目实施过程中一是增加管理难度、二是增加投资额。因此在招标策划时需要明确具体设计技术指标，以便设计及设计审核中有据可依。

（2）各方设计风险承担的明确。

采用 EPC 模式，设计管理与传统设计管理存在一定的差别，主要为设计风险承担，在本项目中，以图审合格为时间界限，图审合格后出现的图纸错误、遗漏，需工程总承包单位自行承担。

（3）设计符合性审查。

设计阶段是投资控制的重点，所有设计完成后及图纸审前，最好委托进行设计符合性审查，如技术指标是否标过高、是否达到设计任务书的要求等。

（4）设计完成后流程管理要加强。

在项目设计完成后，项目施工过程中，为加强设计方面投资控制，要对设计修改和完善从流程上加强控制，杜绝设计的任意修改。

主要从技术方案可行性、投资变化、责任归属等方面进行审核，以确保每项设计变化均有据可查。

7. 费率投标综合考虑事项要明确

在招标策划时，需在招标文件中明确费率投标综合考虑事项，如三通一平、取弃场地等与项目密切相关事项。费率综合考虑事项是在施工图预算编制中不再列项计算费用，还是列项计算后取费率，需在招标文件中明确。

8. 材料、设备推荐品牌

在项目施工过程中，现场出现的材料设备品牌多、杂，不利于项目现场管理和投资控制，因此在招标策划时，可以在招标文件中列明常用材料设备的推荐品牌清单，以利于项目施工图预算编制及项目现场管理。

9. 供电、供水、燃气等专业配套工程设计及施工费用

供电、供水、燃气等专业配套工程带有明显的地域性质，因其可供选择范围较小，设计费用及施工费用等需在合同内明确计费方式。

综上所述，采用 EPC 工程总承包模式，在进行全过程工程咨询投资控制工作中，重点要做好策划阶段的工作，如费率综合考虑清单、招标界面划分、合同条款细化、项目技术指标细化等。另外，要做好项目实施过程中总结工作，只有及时和科学地总结，才能不断完善 EPC 全过程工程咨询，更好地适应行业的发展。

第四节　基于 BIM 的投资控制管理

建设工程项目投资控制成功实施的基础是准确的工程预算，而工程预算的准确性关键依赖于工程量计算和造价信息库的合理性。

BIM 技术可以实现对工程造价信息的调用、计算和分析，为工程项目提供快速准确的算量算价。另外，项目实施阶段对建设成本的严格控制是保障。项目实施过程中，BIM 可以实现成本信息的动态更新，加快审核，减少纠纷以及对项目资源的科学管理，优化资源分配，推动项目进展的同时实现对工程投资的有效控制。因而，完备的且动态更新的项目信息是控制工程项目投资的关键所在。

1. 信息管理角度 BIM 应用投资控制的适用性分析

（1）投资控制现存问题。

建设项目信息是项目管理的基础。建设工程项目信息由多个项目参与方创建、使用和维护，信息存储和交换格式各异，不同阶段间信息传递受限于落后的沟通方式，常会造成信息丢失和重复工作。而建设工程不同阶段不同参与方因其管理目标的不同，所创建的和需求的信息也不同，同时信息自身特性也明显不同。

（2）BIM 投资控制的优势。

对业主的投资控制管理而言，一般强调对建设成本进行全过程、全要素、全风险、全团队的动态管理，然而，当前的投资管理体制和方法很难实现各参与方各阶段各专业的项目信息共享和衔接，增加了业主全过程投资控制实现的难度。要想实现全面投资控制，需建立信息交流和共享平台，使建设工程在建设各阶段间的投资控制工作能承前启后、相互贯通，保证工程投资信息不同阶段的传递共享和同阶段不同部门不同工作人员间的协调沟通，方便设计概算、多算对比等控制方法的实施；要想实现动态的投资控制，则需要建立项目全过程、全方位的投资监控体系，掌握实时、准确、全面的量数据、价数据和消耗量指标数据是第一步，因而包含工程构件各项信息并动态更新的信息数据库是必需的。

BIM 在信息方面的显著优越性可以有效推进业主全面动态投资控制。

BIM 模型信息设备关联一致可以显著减少信息传递过程中的信息损耗，满足跨阶段多参与方不同需求的使用，解决建设项目各阶段之间的"信息断层"和各应用系统之间的"信息孤岛"问题，实现建设工程全生命期的信息共享、集成和管理，降低多参与

方间的交易成本，提高建筑产业效率，提升项目管理水平，增强建筑产品质量，节约项目建设成本，实现项目价值的提升。

2. 基于 BIM 的投资控制技术实现分析

BIM 软件体系作为一个包含了建筑项目全生命周期，并且集成了自建筑物规划设计、施工组织、运营维护、改造翻新及老化拆除等所有过程中全部信息的大型数据库，在工程建设中对于数据信息的交换与共享起到了重要的促进作用，也使建设项目各方有机选择和综合运用这些软件来提高管理和生产效率成为可能。

应用 BIM 通常不是某一个软件，也不是某一类软件能解决的问题。简单起见，一般将 BIM 软件划分为两大类型，一类为创建 BIM 模型的软件，另一类为分析或应用模型的软件。其中，BIM 核心建模软件体系包括建筑与结构设计类软件，机电、暖通管道、通风空调等其他专业设计类软件；基于 BIM 模型的深化、分析、应用软件体系包括结构模型分析类软件、造价管理类软件、施工进度管理类软件、可视化三维操作软件及构件制作加工图的深化设计软件。

BIM 设计模型是 BIM 应用的基础，核心设计模型（以 Revit 建模为例）以建筑物三维几何信息、工程项目基本信息为基本属性。

BIM 造价模型是在 BIM 设计模型中增加工程造价信息，或抽取 BIM 模型已有信息接入现有的编制造价信息，形成包含资源和造价信息的子模型，并能实现信息的自动识别、提取和计算。一般造价信息应包括建筑构件的清单项目类型，工程量清单及人材机定额和费率等信息。

造价模型的建立一般分为两种模式：①在 BIM 设计模型中扩展造价维度，造价与模型高度集成，二者直接关联，模型变，造价也变。但其对设计人员专业素质和建模标准要求高；模型承载信息过多，容易超出硬件能力；核心建模软件内置布尔运算规则（主要指构件扣减规则）不完全符合我国现行计价规则。②建模与造价分离，将设计 BIM 模型信息导入或链接到造价软件，这种方法易于实现，但设计和造价不能自动关联，需要设计和造价工作之间建立沟通和反馈机制。

在实践中，建设项目应用 BIM 实现全过程投资控制，可以先采用核心建模软件进行设计，将设计模型信息导入造价软件，造价管理人员对设计信息进行过滤，得到满足项目不同阶段精细化造价管理所需信息，并进行全过程造价管理。但是，这不仅需要保证建模标准的一致，还需要加强设计与造价人员之间的协同。为了更好地实现设计与造价之间的信息共享和数据重用，还需要政府相关部门、建筑企业在 BIM 建模、构件和编码、计算规则等方面制定统一标准，软件行业要不断地推陈出新。

3. 投资控制的 BIM 解决方案设计

建设项目投资控制管理中 BIM 技术的应用有利于快速算量，精度提升；信息更新，实时监控；随时随地调用、分析数据，支持决策；精确资源计划，减少浪费；多算对比，有效管控。投资控制工作因此更易于落实，工程变更和返工因此减少，建设工程项目投资控制目标得以实现，投资效益和项目价值得以提升。

可以说，BIM 技术与投资控制，二者相辅相成，BIM 技术为业主投资目标的实现提供了技术支撑，而建设项目投资控制问题也为 BIM 技术的发展和应用创造了实现价值的平台。

从建设项目全过程各阶段投资控制出发，挖掘 BIM 价值，解析 BIM 应用，建立 BIM 投资控制解决方案，如表 5-4-1 所示。

表 5-4-1　BIM 的基本内容

阶段	决策	设计	招投标	施工	竣工
BIM 模型	估算模型	设计模型	造价模型	施工模型	竣工模型
BIM 工作内容	方案比选 投资分析	限额设计 模型创建 设计概算 碰撞检测	工程量计算 招标清单 关联合同价 工程预算 预算审核	进度控制 动态成本 计量支付 变更管理 材料管理	工程结算 竣工模型交付
BIM 应用软件	方案模拟 投资估算 …	设计模型算量 BIM 审图 …	BIM 算量 BIM 计价 …	BIM—5D 管理 BIM 变更算量 BIM 浏览器 …	BIM 结算 BIM 审核对量 …
BIM 平台	BIM 模型服务器				

（1）策划决策阶段。

决定建设项目是否成功的关键，主要工作包括项目调研，确定投资方向，地块获取，可行性研究以及投资估算的编制，筹措项目资金，分析投资回报，做好前期推广营销。根据对拟建建设工程项目的非几何的抽象描述，如项目规模、高度、功能区面积和空间、房间规划等，BIM 通过快速灵活地建模可以实现多方案对比，实现更科学的投资估算，可视化模型和环境分析等有效支持决策。

（2）设计、计划阶段。

本阶段主要产生将功能性标准转化为可实施的模型的技术性解决方案，本阶段的主要工作包括设计策划，设计方案优选，初步设计，施工图设计等。设计阶段需要多专业的模拟和抽象的信息，且设计过程是不断修正、变更和完善的过程，因此需要 BIM 支持设计信息的变更管理、多专业协同以及信息跟踪。

BIM 的管线综合，3D 协调、建筑分析等功能有助于保证设计阶段成果可用于施工，建筑设施既定功能得以满足。计划阶段包括确定哪些需要招标投标，编制技术规格书以及招投标过程，该过程主要是根据设计成果算量算价，BIM 模型通过数据接口实现建模和造价软件间的数据互导，从而更加高效地实现自动准确的算量算价。

（3）施工阶段。

是对前期计划的执行，支持建设项目设计信息和施工计划向工程实体转化的过程。建设单位的主要工作是确定承包单位并签订承发包合同，各项行政手续的办理，对实施过程进行全方位管控，以及组织竣工验收、决算等。这一阶段新增了任务细分、材料采购、设备分配等详细信息，还包括设计信息、施工计划及其他相关信息，需要对各种信息集成管理。

4. BIM 技术进行建设项目投资控制的意义

BIM 可以实现施工阶段信息的集成，提高工程全面项目管理，最大限度地确保建设规划的实现和建设风险的削弱，同时通过对模型的修正快速反映工程变更，自动算量算价，提高支付和决算的进程，并减少扯皮和纠纷。

由此可见，应用 BIM 技术进行建设项目投资控制，至少体现了以下两个层面的价值。

1）提高控制水平。

（1）工程量计算更准确。

工程量清单计价模式下，量价分离、风险共担，业主承担全部工程量的风险，因此对设计时的工程量计算的准确性要求更高。工程量计算是编制工程预算的基础，但计算量庞大且复杂，人为影响大，而基于 BIM 的算量，利用模型的参数化特点进行实体扣减，更加快速，更加精准，更加客观。

（2）实时信息更新。

工程变更时，调整相应的模型属性，可以快速统计变更后的工程量和工程造价信息，实现对工程成本信息的实时更新和分析，同时避免因不及时和不完整的信息更新，造成工程量计算不合理，审核和支付依据不清晰，双方扯皮影响进度。

（3）支持项目对算对比和偏差分析。

BIM 模型赋予构件各种参数信息，如时间、材质、位置、工序等，以此为支撑，可准确、快速地实现时间维、工序维和区域维的量价统计，保证了短周期的成本分析需要，有效支撑多算对比和偏差分析。此外，施工过程中，一旦出现工程变更或价格调整，业主也可以通过变更前后对比，确定变更的合理性。

（4）历史数据的积累和共享。

利用 BIM 模型对工程造价指标、含量指标等进行详细、准确地抽取和分析，形成文档资料，方便共享和参考。

2）合理降低成本。

（1）方案优选，控制变更。

规划决策阶段，通过快速建模实现三维可视化，提高业主对设计意图的理解，提高业主审图能力，减少业主变更；BIM 的三维协调、碰撞检测等技术可以帮助发现设计的"错漏碰缺"，减少设计变更；可视化施工模拟可以帮助提高设计的可施工性，从而从施工前阶段就将潜在的不确定因素削减至最低，消除因返工引起的投资增加。

（2）合理安排资源计划。

赋予 BIM 模型时间信息，统计任意时间段的工作量，进而算出造价，以此制订更加合理的资金计划、人力计划、材料计划和机械计划等，加快项目进度，保证工程质量，间接减少"工期成本"和"质量成本"。

复习思考题

1. 简述工程投资管理理论的发展过程。

2. 简述投资管理理论的基本内涵。

3. 简述 EPC 工程总承包投资控制的重难点。

4. 简述 BIM 技术在工程投资管理方面的应用。

第六章　EPC工程总承包施工管理

本章学习目标

通过本章的学习，学生可以初步掌握EPC工程总承包施工管理的基本概念与特点，了解EPC工程总承包施工管理的内容，明确EPC工程总承包施工管理的要点，了解EPC工程总承包分包商管理的基本内容。

重点掌握：EPC工程总承包施工管理的基本概念与特点、EPC工程总承包施工管理的内容、EPC工程总承包施工管理的要点。

一般掌握：EPC工程总承包分包商管理的基本内容。

第一节　EPC工程总承包施工管理概述

1. 工程项目的内涵及特征

1）工程项目的内涵。

工程项目是指以工程建设为载体的项目，是作为被管理对象的一次性工程建设任务。它以建筑物或构筑物为目标产出物。建筑物是满足人们生产、生活需要的场所，即房屋。

2）工程项目的特征。

（1）以形成固定资产为特定目标。在形成固定资产的过程中要受到许多约束条件，主要包括时间约束、资源约束和功能性约束。

（2）工程项目的建设需要遵循必要的建设程序和经过特定的建设过程。

（3）工程项目的建设周期长，投入资金大。一项工程项目的建设少则需要几百万元，多则需要数亿元的资金投入。

（4）工程项目建设活动具有特殊性，表现为资金投入的一次性、建设地点的固定性、设计任务的一次性、施工任务的一次性、机械设备的流动性、生产力的流动性、面临的不确定因素多，因而风险性较大。

EPC工程总承包施工部的组织机构如图6-1-1所示。

2. 工程项目施工管理的内涵

工程项目施工管理是指施工方按照合同约定完成特定的施工任务，在工程项目施工阶段对项目建设有关活动进行计划、组织、协调、控制的过程。

3. 工程项目施工管理的任务及特点

1）工程项目施工管理的任务。

施工方项目施工管理的主要任务如下。

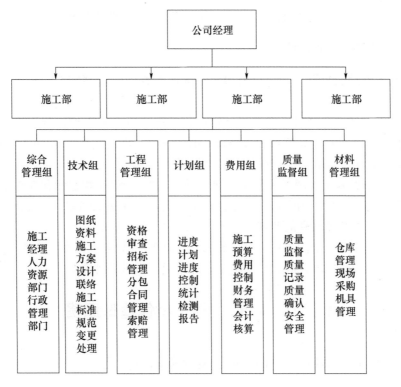

图 6-1-1　施工部组织结构

（1）制订施工组织设计或质量保证计划，经监理工程师审定后组织实施。

（2）按施工计划，认真组织人力、机械、材料等资源的投入，组织施工。

（3）按施工合同要求控制好工程进度、成本、质量。

（4）对施工场地交通、施工噪声以及环境保护等方面的管理要严格遵守有关部门的规定。

（5）做好施工现场地下管线和邻近建筑物及有关文物等的保护工作。

（6）按环境卫生管理的有关规定，保证施工现场清洁。

（7）按规定程序及时主动提供业主和监理工程师需要的各种统计数据报表。

（8）及时向委托方提交竣工验收申请报告，对验收中发现的问题及时改进。

（9）认真做好已完工程的保护工作。

（10）完整及时地向委托方移交有关工程资料档案。

2）工程项目施工管理的特点。

（1）工程项目施工管理是一种一次性管理。

项目的单件性特性，决定了项目管理的一次性特点。在项目施工管理过程中一旦出现失误，很难纠正，损失严重。

（2）工程项目施工管理是一种施工全过程的综合性管理。

工程项目施工管理包括施工准备、建筑安装及竣工验收等多个环节。在整个过程中又包含进度、质量、成本、安全等方面的管理。

（3）工程项目施工管理是一种约束性强的控制管理。

项目管理者如何在一定时间内，在不超过这些条件的前提下，充分利用这些条件，去完成既定任务，达到预期目标，这是工程项目施工过程管理的重要特点。

4. EPC 施工管理的特点

EPC 施工管理能与设计、采购密切配合确保工程项目的整体利益最大化，使项目得以顺利进行。

EPC 施工管理一个最大的特点就是程序化管理，所有施工均以程序方式进行规范化，施工程序文件是指导、监督和检测施工的最有效文件，在施工管理中，各单位都能学习程序文件，摒弃以往经验化施工管理的弊端。

EPC 模式下的施工管理非常重视计划管理。一般 EPC 工程总承包单位都制订详细的一级到四级施工计划，用于指导和监控施工情况，针对施工偏差寻找原因并补救，从而修正计划，确保整体计划的实现。

EPC 管理是交钥匙施工模式，要求总承包企业拥有雄厚实力，确保设计、采购、施工一次性达到验收标准，因此对于施工管理来说，质量管理尤其重要。

第二节　EPC 工程总承包管理职责

1. 工程总承包项目施工部的岗位设置和职责范围

项目施工部的岗位设置如图 6-2-1 所示。

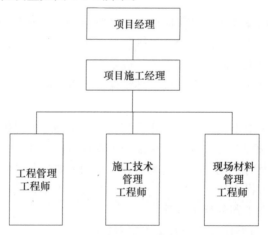

图 6-2-1　项目施工部岗位设置

施工部的岗位职责范围。

（1）项目施工经理。

项目施工经理负责组织管理总承包项目的施工任务，全面保证施工进度、费用、质量以及 HSE 目标的实现。当具体施工任务委托施工分包商后，项目施工经理应接受项目经理的领导。其主要职责和任务如下。

①参加研究设计方案，从施工角度对设计提出意见和要求。

②按总承包合同条款，核实并接受业主提供的施工条件及资料，如坐标点、施工用点、施工用电交接点、临时设施用地、运输条件等。

③编制项目施工计划，根据项目总进度计划，组织编制项目总体施工进度计划。

④按照合同及总体施工进度计划进行施工准备工作，组织业主、施工分包商对现场施工的开工条件进行检查。条件成熟时提出"申请工程施工开工报告"，准时开工。

⑤确定现场的施工组织系统和工作程序，商定现场各岗位负责人。

⑥组织编制施工管理文件，包括施工协调程序，施工组织设计，施工方案，施工费用控制办法，施工质量和 HSE 管理以及现场库房管理等文件。

⑦会同项目控制部制定施工工作执行效果测量基准，测定、检查施工进展实耗值。

⑧定期召开施工计划执行情况检查会，检查分析存在的问题，研究处理措施，按月编制施工情况报告。若出现重大问题，及时向项目经理、工程总承包企业和业主报告。

⑨当委托施工分包商进行施工时，参与施工分包工作，负责对分包商的协调监督与管理。

⑩施工任务完成后，组织编制竣工资料，提出"申请工程交工报告"，协助项目经理办理工程交工。

⑪试运行考核阶段负责处理有关施工遗留问题，或根据合同要求进行技术服务。

⑫组织对组织施工文件、资料的整理归档，组织编写项目施工完工报告。

（2）工程管理工程师。

①工程管理工程师在项目施工经理领导下，负责项目施工分包商的管理与协调工作。

②在施工分包合同签订之前，协助项目施工经理做好招标准备，参与招标文件与标底，对投标单位进行资格审查，招标、评标以及签订施工分包合同等。

③施工开工日期确定之后，通知并催促施工分包商进入现场，落实施工开工各项准备工作。

④负责现场的工程管理，根据需要召开各施工分包商工作调度会议，协调解决与施工分包商、业主之间出现的有关施工问题。

⑤跟踪施工质量和施工进度，监督施工分包商按照合同有关规定和施工计划实施工程。

⑥核实和处理有关变更问题及其对进度和费用的影响。

⑦协助控制部进行现场索赔管理，包括索赔证据的收集和管理。

⑧审查施工分包商的完工报告，检查完工程，联络业主组织竣工验收，办理竣工验收手续。

⑨工程验收后，协助项目施工经理检查合同双方义务和责任的履行情况。

⑩收集、整理施工工程管理的文件和资料，办理归档手续。

⑪编制项目施工工程总结。

（3）施工技术管理工程师。

①施工技术管理工程师在项目施工经理的领导下负责项目施工技术管理和指导工作。

②在施工分包招标阶段，协助项目施工经理对投标文件进行技术评价，参与起草分包合同中有关技术条款。

③熟悉项目设计图纸，从施工方面提出意见，并审查提供现场施工图纸资料的完整性。

④协助设计部解释设计意图和处理设计上出现的一般问题，负责技术交底，对于较重大的技术问题应及时与设计经理联络，协助解决。

⑤审查施工分包商提出的施工组织设计和重大施工方案，提出改进意见。

⑥协助施工分包商研究和制订施工质量保证程序和措施，督促施工分包商按照施工质量保证程序、图纸、技术标准、规范和规程进行施工，以保证工程质量。

⑦负责变更申请的技术评审，并签署评审意见，管理设计变更资料。

⑧参加施工工序之间交接、工程中间交接、工程交接，讨论和解决有关技术问题。

⑨收集、整理、管理施工技术管理文件和资料，办理归档手续。

⑩编制项目施工技术管理总结。

（4）现场材料（库房）管理工程师。

①现场材料（库房）管理工程师在项目施工经理领导下，负责施工期间设备、材料管理工作。

②管理现场设备材料的入库、贮存、出库。检查落实材料贮存保管的环境条件，防止贮存期间变质、损坏或发生安全事故。

③及时掌握现场设备材料动态（从项目中心调度室、采购部以及施工分包商取得信息），发现问题及时提出预警，并督促采取措施尽早解决。

④出现材料代用时，严格按照有关规定执行，材料代用单列入交工资料归档。材料代用应取得项目设计部的同意。

⑤项目结束时，清理多余材料，并登记造册，报项目经理。

⑥负责审查现场材料代用申请。

2. 工程总承包项目施工协调管理

施工协调管理是一项需要多方参与、需要互相信任、需要相互尊重和相互合作的全方位、全过程的综合管理工作。工程总承包项目施工协调管理如图 6-2-2 所示。

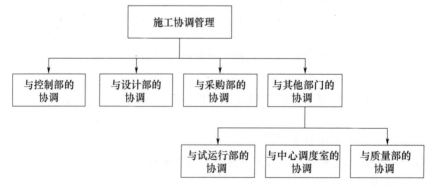

图 6-2-2　工程总承包项目施工协调管理

1）项目施工部与项目控制部的协调。

控制部在项目施工前应将施工费用控制和施工进度控制基准提交项目施工部。施工部按期向控制部提交费用和进度执行情况报告。

控制部将项目的总承包合同传达给项目施工部，项目施工部进行施工分包时，要符合总承包合同的要求。

当发生与施工工作有关的变更时，控制部应确定变更对施工进度的影响，以及所需的费用预算，施工部根据施工变更的范围和影响，提出变更的实施进程，并按时向控制部报告实施结果。

2）项目施工部与项目设计部的协调。

项目设计部是总承包项目设计管理的协调机构，负责编制"项目设计协调程序"，经项目经理批准，并上报业主。项目设计部要按照"项目设计协调程序"要求，对内与项目经理部的其他部门协调，对外与代表EPC总承包商项目经理部与业主、PMC监理协调，有设计分包的，还要对设计分包商的设计工作进行管理。

3）项目施工部与项目采购部的协调。

EPC总承包商与业主、PMC/监理的有关采购方面的接口关系由项目采购部具体负责。项目采购部代表总承包项目经理部将按照程序文件执行采购活动，并定期向PMC监理及业主提交采购计划和采购状态报告。

4）项目施工部与其他部门的协调。

（1）项目施工部与试运行部的协调。

施工进度计划应按试运行顺序进行编制，以便按系统提前投入预试运行，缩短试运行周期。

项目施工经理按照试运行计划组织人力，配合试运行工作，及时对试运行中出现的施工问题进行处理，排除由于施工的质量问题而引起的对试运行不利的因素。

分项工程或系统单元达到机械竣工条件之后，可进行中间交接（部分机械竣工），把管理权移交给业主，提前局部投入预试运行。

试运行过程中发现或发生的工程缺陷，施工部有责任负责抢修，但应分析工程缺陷或损伤的原因。

（2）项目施工部与中心调度室的协调。

项目施工部编制施工总体部署和资源需求计划，上报中心调度室，并经项目经理批准。中心调度室负责项目施工总体部署和施工资源的动态管理。

材料的现场接收、台账的建立、汇总统计、库房的出入库管理以及材料代用等方面的工作、程序和办法，中心调度室专业人员应与施工部共同制订。

中心调度室应及时通知施工部代表参加工程进度、采购和材料情况等方面的会议，以便了解材料方面的实际进度及其对施工方面的影响。

项目施工部按照中心调度室的物资调拨令领取材料。

（3）项目施工部与质量部的协调。

项目施工部应在质量部的监督与控制下，始终贯彻质量计划以满足项目的质量要求。

第三节　EPC工程总承包施工管理内容

1. 施工进度管理

1）进度控制的概念。

进度控制是指在既定的工期内，由承包商编制合理的进度计划，经监理工程师审批后，承包商按照计划组织施工。

建设工程进度控制的最终目的是确保建设项目按预定的时间动用或提前交付使用，建设工程进度控制的总目标是建设工期。

进度控制必须遵循动态控制原理，在计划执行过程中不断检查，并将实际状况与计划安排进行对比，在分析偏差及其产生原因的基础上，通过采取纠偏措施，使之能正常实施。如果采取措施后不能维持原计划，则需要对原进度计划进行调整或修正，再按新的进度计划实施。

2）施工进度控制的主要任务。

施工进度控制的主要任务见表 3-5-1。

为了有效地控制建设工程进度，监理工程师要在设计准备阶段向建设单位提供有关工期的信息，协助建设单位确定工期总目标，并进行环境及施工现场条件的调查和分析。

在设计阶段和施工阶段，监理工程师不仅要审查设计单位和施工单位提交的进度计划，更要编制监理进度计划，以确保进度控制目标的实现。

3）影响施工进度的因素分析。

影响建设工程进度的不利因素有很多，常见的影响因素有以下几个：

（1）建设单位建设资金不到位，施工相关许可手续不完善，导致施工条件不具备等，是影响项目进度的重要因素之一。

（2）设计单位没能及时完整提供施工图或相关资料，导致施工单位不能按时开工或中断施工。

（3）施工单位实际施工进度的施工计划脱节，错误估计住宅工程项目的特点和客观施工条件，缺乏对项目实施中困难的估计，以及管理单位审批手续的延误等，造成工程进度滞后。

（4）专业配套单位没按计划及时进场，或按时进场后，由于土建施工单位没能按要求做好配合工作，未能为配套施工创造必要的条件，造成配套施工不能如期完成，以致影响整个住宅建设项目的总进度。

（5）施工配套工程质量问题，造成工程不同程度的返工、返修，或返工返修不及时，以致影响工程竣工验收、交付使用。

（6）监理单位没有按规定及时组织分部分项的验收和办理有关手续，以致影响下道工序的及时跟进。

（7）建设单位提出的随意性修改和管理失误，导致工程返工或供料不及时造成进度失控。

（8）发生不可预见的突发事件，如台风、洪水、海啸、地震等天灾，战争、企业倒闭、重大安全事故等人祸，致使工程停顿或停工等。

4）施工阶段进度管理方法。

施工进度比较分析与计划调整是施工进度检查与控制的主要环节。其中，施工项目进度比较是调整的基础。施工进度比较方法见表 3-5-2。

5）施工进度控制的措施。

施工进度控制措施应包括的内容如图 3-5-1 所示。

（1）组织措施。

①建立进度控制目标体系，明确工程项目现场监理组织机构中进度控制人员及其职责分工。

②建立工程进度报告制度及进度信息沟通网络。

③建立进度计划审核制度和进度计划实施中的检查分析制度。

④建立进度协调会议制度，明确协调会议举行的时间、地点，协调会议的参加人员等。

⑤建立图纸审查、工程变更和设计变更管理制度。

（2）技术措施。

进度控制的技术措施主要包括：

①审查承包商的进度计划，使承包商能在合理的状态下施工。

②编制进度控制监理工作细则，指导监理人员实施进度控制。

③采用网络计划技术及其他科学方法，并结合电子计算机的应用，对建设工程进度实施动态控制。

（3）经济措施。

进度控制的经济措施主要包括：

①按合同约定，及时办理工程预付款及工程进度款支付手续。

②对应急赶工给予优厚的赶工费用。

③对工期提前给予奖励。

④按合同对工程延误单位进行处罚。

⑤加强索赔管理，公正地处理索赔。

（4）合同措施。

进度控制的合同措施主要包括：

①推行 CM 承发包模式，对建设工程实行分段设计、分段发包和分段施工。

②加强合同管理，合同工期应满足进度计划之间的要求，保证合同中进度目标的实现。

③严格控制合同变更，对参建单位提出的工程变更和设计变更，监理工程师应严格审查方可实施，并明确工期调整情况。

④加强风险管理，在合同中应充分考虑风险因素及其对进度的影响，以及相应的处理方法。

⑤项目施工部应依据项目总进度计划编制施工进度计划，经控制部确认后实施。施工部应对施工进度建立跟踪、监督、检查、报告的管理机制；当采用施工分包时，施工分包商严格执行分包合同规定的施工进度计划，并接受施工部的监督，做到不拖项目总进度计划的后腿。

⑥根据现场施工的实际情况和最新数据，施工进度计划管理人员每月都要修订施工逻辑网络图，并且将根据此编制的三月滚动计划，下达给施工分包商。

⑦施工分包商根据三月滚动计划编制三周滚动计划，报项目施工部，同时下达给施工作业组执行。

⑧按项目 WBS 进行现场统计施工进度完成情况，以保证测量施工进展赢得值和实

际消耗值的准确性。

⑨以施工进度计划的检查结果和原因分析为依据，按规定程序进行调整施工进度计划，并保留相关记录，以备今后工期索赔。

2. 施工成本管理

1）EPC 工程总承包项目成本的含义及分类。

EPC 工程总承包项目成本是指为实现 EPC 工程总承包项目预期目标而开展各项活动所消耗资源而形成费用的总和。结合 EPC 工程总承包项目自身的行业特征，具体来讲，EPC 工程总承包项目成本包含项目实施过程中所耗费的设计、采购、施工和试车费用，以及项目管理部在项目管理过程中所耗费的全部费用，其中包括特定的研究开发费用。

EPC 工程总承包项目成本按项目实施周期可分为估算成本、计划成本和实际成本。

（1）估算成本是以总承包合同为依据按扩大初步设计概算计算的成本。它反映了各地区工程建设行业的平均成本水平。估算成本是确定工程造价的基础，也是编制计划成本、评价实际成本的依据。

（2）计划成本是以施工图和工艺设备清单表为依据、厂家询价资料和施工定额为基础，并考虑降低成本的技术能力和采用技术组织措施效果后编制的根据施工预算确定的工程成本。

（3）实际成本是项目在报告期内实际发生的各项费用的总和。把实际成本与计划成本相比较，可揭示成本的节约和超支、考核企业施工技术水平及技术组织措施的贯彻执行情况和企业的经营效果，反映工程盈亏情况。实际成本反映工程公司成本水平，它受企业本身的设计技术水平、总承包综合管理水平的制约。

2）EPC 工程总承包项目费用结构分解。

为了从各个方面对项目成本进行全面的计划和有效的控制，必须多方位、多角度地划分成项目，形成一个多维的、严密的体系。

EPC 工程总承包项目费用结构分解见表 6-3-1。

表 6-3-1　EPC 工程总承包项目费用结构分解

编码	费用名称	金额	备注
0	合同价		
0.1	成本		
0.1.1	工程费用		
0.1.1.1	建安费用		
0.1.1.1.1	子项目 1 建安费用		
0.1.1.1.2	子项目 2 建安费用		
0.1.1.1.n	子项目 n···建安费用		
0.1.1.2	设备采购费用		
0.1.1.2.1	子项目 1 工程设备采购费用		
0.1.1.2.2	子项目 2 工程设备采购费用		
0.1.1.2.n	子项目 n···工程设备采购费用		

续表

编码	费用名称	金额	备注
0.1.2	工程建设其他费用		
0.1.2.1	管理费		
0.1.2.2	试车费		
0.1.2.3	设计费		
0.1.3	预备费		
0.2	利润		
0.3	税金		

EPC工程总承包项目费用结构分解是成本计划不可缺少的前提条件，EPC工程总承包项目费用结构分解图中各层次的分项单元应清晰分明。通常将成本计划分解核算到工作包，对工作包以下的工程活动，成本的分解、计划、核算十分困难，通常采用资源消耗量（如劳动力、材料、机械台班等）进行控制。

3）EPC工程总承包项目成本管理含义及任务。

根据项目成本管理要求，EPC工程总承包项目成本管理，就是在完成工程项目过程中，对所发生的成本费用支出，有组织、有系统地进行预测、计划、控制、核算、分析、考核等一系列科学管理工作的总称。成本管理流程如图6-3-1所示。

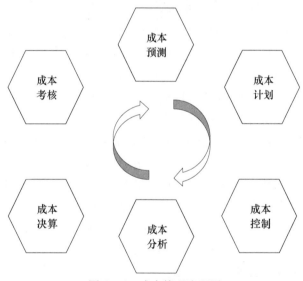

图6-3-1　成本管理流程图

EPC工程总承包项目成本管理是以正确反映EPC工程总承包项目实施的经济成果，不断降低EPC工程总承包项目成本为宗旨的一项综合性管理工作。

EPC工程总承包项目成本管理的中心任务是在健全的成本管理经济责任制下，以目标工期、约定质量、最低的成本，建成工程项目，为了实现项目成本管理的中心任务，必须提高EPC工程总承包项目成本管理水平，改善经营管理，提高企业的管理水平，合理补偿活动耗费，保证企业再生产的顺利进行，同时加强经济核算，挖潜力，降成本，增效益。只有把EPC工程总承包项目各流程的事情办好，项目成本管理的基础工作有了保障，才会为 EPC 工程总承包项目成本目标的实现、企业效益最大化的实现打下良好的基础。

4）EPC 工程总承包项目成本管理框架。

EPC 工程总承包项目成本的管理框架可以按照整个 EPC 工程总承包项目实施流程来进行构建，具体内容可总结为以下几方面。

（1）EPC 工程总承包项目的资源平衡计划。

在 EPC 工程总承包项目的成本管理过程中，编制 EPC 工程总承包项目资源平衡计划是 EPC 工程总承包项目成本管理的起点，这项管理工作要依据项目的进度计划和项目工作分解结构，最终生成 EPC 工程总承包项目的资源需求清单和资源投入计划文件。

资源作为 EPC 工程总承包项目预期目标实现的基本要素，是 EPC 工程总承包项目赖以生存的基础，一般而言，EPC 工程总承包项目的资源种类不外乎人力资源、资金资源、构成开发项目实体的设备和材料资源、施工建设中使用的设备资源和 EPC 工程总承包项目最基本的工业工程设计方面专业技术资源要素等。

（2）EPC 工程总承包项目资源计划的重要性和复杂性。

实际的 EPC 工程总承包项目，经常出现因资源计划编制失误而造成 EPC 工程总承包项目的巨大损失，如设计人员的缺失导致停工等待图纸、不经济的获取资源或资源使用成本增加等现象。为此设计人员必须重视 EPC 工程总承包项目资源计划的编制工作，并将它纳入项目目标管理中，同时贯穿于整个项目的成本管理过程中。

EPC 工程总承包项目的资源计划因其自身的行业特点而显得更为复杂，主要表现在：EPC 工程总承包项目的各种资源供应和使用过程的复杂性、资源计划与整个项目计划控制的关联性、众多不确定因素对资源计划的影响、资源稀缺性等。

（3）编制 EPC 工程总承包项目资源计划的依据。

众所周知，任何一个项目资源计划的编制，都离不开项目的工作分解结构（WBS，全称为 Work Break down Structures）、项目历史信息、项目范围说明、项目资源描述和项目进度计划这几个基本要素。对于一个 EPC 工程总承包项目来说，一般情况下，其目标依据是相对明确的，换句话说，其项目的范围和界限是可以清晰的，另外，项目管理部对项目需要哪些资源以及项目的进度安排也能做到心中有数。

（4）EPC 工程总承包项目资源计划的编制步骤。

①人力资源计划编制如图 6-3-2 所示。

②设备和材料需求和供应计划编制。资源供应计划管理如图 6-3-3 所示。

③资金资源计划编制。资金资源计划管理如图 6-3-4 所示。

（5）资源优化和平衡。

①资源优化。

在 EPC 工程总承包项目中，不仅项目活动和其所需资源是既多又复杂，而且他们在不同的时间、地点和项目不同的阶段对项目的所起的作用是不同的，所以为了便于管理，在实际工作中人们通常采用优先定级定义法，来确定各项目活动和资源的优先次序，以解决项目过程中的资源供需矛盾。

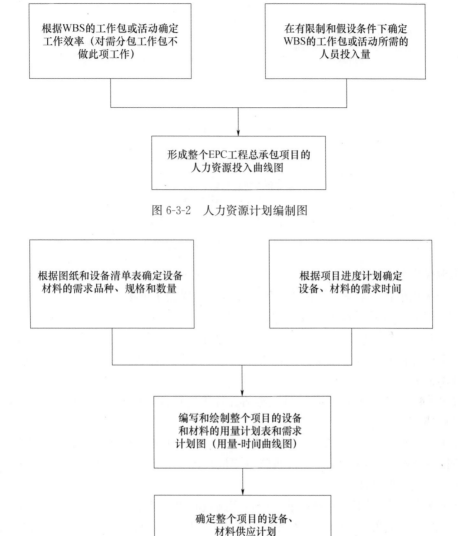

图 6-3-2　人力资源计划编制图

图 6-3-3　资源供应计划管理图

②资源平衡。

EPC工程总承包项目实施过程中，对资源的种类和资源的用量需求是不平衡的，常常在项目的不同阶段，对资源的需求有不同的要求，因此，在实际资源规划中，应注意以下几点：其一是按预定工期，合理安排活动，保证资源连续、均匀的供求状态；其二是按有限的资源，合理调整资源的使用结构，保证资源的合理使用，保证项目进度和质量。

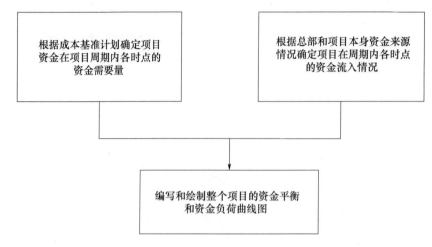

图 6-3-4　资金资源计划管理图

资源优化与平衡实质上是相辅相成的，即在预定的工期要求下，通过项目的活动及其资源的优化组合，削减资源使用峰值，使资源曲线趋于平缓。

（6）EPC 工程总承包项目成本的合理确定。

这项管理工作是根据整个开发项目的资源计划和资源市场价格信息，利用单件计价、多次性计价和分部组合计价等方法，合理、科学、客观地对 EPC 工程总承包项目进行成本估算。

充分了解 EPC 工程总承包项目成本估算计价的特性，EPC 工程总承包项目有其自身的计价特性：

①单件性计价。每个 EPC 工程总承包项目有不同的工艺流程，不同的地质环境，采用不同的材料和设备，设计的构筑物也不同，因此，EPC 工程总承包项目不可能统一定价，只能是单件计价。

②多次性计价。EPC 工程总承包项目实施过程的周期长，内容复杂，通常要分阶段进行。为了适应项目管理和成本管理的需要，一般按照项目设计、采购、施工分包等不同阶段多次进行计价。其项目成本控制的具体过程如图 6-3-5 所示。

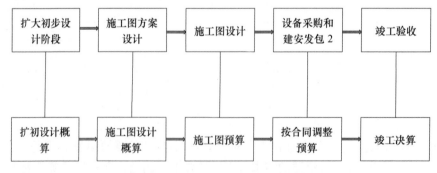

图 6-3-5　项目成本控制具体过程

EPC 工程总承包项目在不同阶段其成本估算具体应用的方法也不尽相同，例如：在项目施工图方案设计阶段的设计概算，一般采用套用定额法、直接分部工程法或历史数据法等进行估算；而到建安施工分包阶段，则采用详细预算法。因此，不同的阶段所使用的估算方法是不同的。

按工程的分部组合计价，一般可将工程项目逐步分解成单项工程、单位工程、分部工程和分项工程，按构成分部进行计价。

7）制订EPC工程总承包项目的计划成本（预算成本或目标成本）。

制订EPC工程总承包项目的计划成本是进行项目成本管理的必要前提。计划成本的制订是依据EPC工程总承包项目的合同金额（造价）减去预期的计划期内执行组织（工程公司）对项目预期的利润和规定的税金而得到的，EPC工程总承包项目的计划成本是项目管理部对未来EPC工程总承包项目成本管理的奋斗目标。EPC工程总承包项目的计划成本确定以后，再根据工作分解结构将项目的总体目标分解到项目的各个阶段和各个部门，以落实计划成本责任。

（8）对开发项目全过程进行成本控制。

对开发项目全过程进行成本控制是指以计划成本为成本控制标准，对EPC工程总承包项目的全过程不断地进行项目实际成本度量，并适时与计划成本比较，发现偏差，分析原因，同时采取相应的纠偏措施的管理活动。

以上各项成本管理内容之间虽然有其内在的逻辑关系，但它们之间并没有清晰的界限，在实际EPC工程总承包项目成本管理工作中，它们往往相互重叠、相互交叉又相互影响。

5）项目成本管理的主要内容。

项目成本是指为实现项目目标而展开的各项活动中所消耗资源而形成的各种费用的总和。具体来讲，项目成本包括项目启动成本、项目规划成本、项目实施成本和项目终结成本。

项目生命周期与成本管理活动对照表见表6-3-2。

表6-3-2 项目生命周期与成本管理活动对照表

项目周期	启动	计划	执行	控制	收尾
成本管理		资源计划、成本估算、成本预算		成本控制	

国内项目管理专家将其划分为项目成本预测、项目成本计划、项目成本控制、项目成本核算、项目成本分析、项目成本考核等6个环节。其中，项目成本核算是执行阶段的成本管理活动，而项目成本决算是收尾阶段的项目成本管理活动，这样弥补了PMBOK在这两个阶段的项目成本管理空白。项目生命周期与成本管理活动对照见表6-3-3。

表6-3-3 项目生命周期与成本管理活动对照表

项目周期	启动	计划	执行	控制	收尾
成本管理		资源计划、成本估算、成本预算	成本核算	成本控制	成本决算

（1）资源计划。

项目资源计划是指通过分析进而识别和确定项目所需各种资源的种类（如人力、设备、材料等)、资源数量和资源投入时间,并制定出项目资源计划安排的一种成本管理活动。

在资源计划工作中,最重要的是确定出能够充分保证项目实施所需各种资源的清单和资源投入的计划安排。

(2) 成本估算。

项目成本估算是指根据资源计划以及各种资源的市场价格或预期价格信息,估算和确定项目各种活动的成本和整个项目的全部成本的一项项目成本管理工作。项目成本估算中最主要的任务是确定整个项目所需人、机、料、费等成本要素及其费用多少,对于一个项目来说,项目的成本估算,实际上是项目成本决策的过程。

一般我国建设项目成本估算根据不同时期将其分为三种:投资估算、初步设计概算和施工图预算,这是按三阶段划分。各类型见表 6-3-4。

表 6-3-4 成本估算种类

估算类型	我国对应称法	估算时间段	作用	精确度
量级估算	投资估算	可行性研究阶段	为项目决策提供成本估算	$-25\%\sim75\%$
预算估算	初步设计概算	初步设计阶段	为项目资金的拨入做预算计划	$-10\%\sim25\%$
最终估算	施工图概算	施工图设计阶段	确定建安工程费用	$-5\%\sim10\%$

(3) 成本管理计划。

既然所有的项目,无论大小,都需要资源,合理的资源规划就显得非常重要,那么,制订科学合理的成本管理计划就成为确定项目各项工作需要那些资源,需要多少资源的关键一步,合理、科学的成本管理计划将有助于项目活动的顺利展开。

(4) 成本预算。

项目成本预算就是为了确定测量项目实际绩效的基准计划而把成本估算分配到各个工作项(或工作包)上和各个时间段上去的成本计划。这是一项编制项目成本控制基线或项目目标成本计划的管理工作。这项工作包括根据项目的成本估算为项目的各项活动和各个时间段分配预算,以及确定整个项目的总预算。项目成本预算的关键是合理、科学地确定出项目成本的控制基线。

(5) 成本控制。

项目成本控制是指在项目的实施过程中,定期地、经常性地收集项目实际费用信息和数据,进行费用目标值(计划值)和实际值的动态比较分析,并进行费用预测,如果发现偏差,则应及时采取纠偏措施,以使成本计划目标尽可能好地实现的管理过程。简单来说,成本控制的主要任务就是依据项目成本预算,动态监控成本的正负偏差,分析产生差异的原因和及时采取纠偏措施或修订项目预算的方法以实现对项目成本的控制。

3. 施工质量管理

质量管理是工程总承包项目管理工作的一项重要内容,总承包项目质量管理不能仅仅体现在项目施工阶段,还应体现在项目从设计到运营的整个过程中。集团公司的质量管理坚持"质量第一、用户至上、质量兴企、以质取胜"的方针,积极推行 ISO9000 管理体系,努力提高项目质量。

1) 工程总承包项目质量管理概述。

（1）质量管理的目的和主要任务。

质量管理的目的：满足合同要求；建设优质工程；降低项目的风险。

质量管理的主要任务：建立完善的质量管理体系，并保持其持续有效；按照质量管理体系要求对项目进行质量管理，并持续改进；对涉及质量管理的各种资源进行有效的管理。

（2）质量管理的职责分工。

EPC 总承包商对项目质量的管理主要由 EPC 总承包商项目经理部的质量部来实施，其他相关部门配合。质量部的岗位设置如图 6-3-6 所示。

施工部应实施所有防止不合格品发生的质量控制工作，制定有效的纠正和预防措施，验明并改正施工中的不足，不得擅自提高或降低质量标准的行为。

各部门应将分包工程纳入项目质量控制范围；维护质量管理体系运行；按质量管理体系文件要求填写、上报各种记录；开展质量管理活动，进行相关质量培训；在项目实施过程中互相协调，配合处理出现的质量问题。

图 6-3-6　质量部岗位设置

2) 工程总承包项目质量管理体系。

（1）质量管理体系的总体要求。

EPC 总承包商应建立质量管理体系，并形成文件，在项目实施过程中必须遵照执行并保持其有效性。EPC 总承包商负责其内部各个部门的协调，组织协调、督促、检查各分包商的质量管理工作。

（2）质量管理体系的文件要求。

①文件要求。

项目质量管理体系文件由以下 3 个层次的文件构成：质量手册；按项目管理需要建立的程序文件；为确保项目管理体系有效运行、项目质量的有效控制所编制的质量管理作业文件，如作业指导书、图纸、标准、技术规程等。工程总承包项目质量体系文件框架如图 6-3-7 所示。

图 6-3-7　总承包项目质量体系文件框架

②文件控制。

质量部对所有与质量管理体系文件运行有关和项目质量管理有关的文件都应予以控制。

工程总承包项目信息文控管理流程如图 6-3-8 所示。

图 6-3-8　工程总承包项目信息文控管理流程

a. 收集范围。凡是反映与项目有关的重要职能活动、具有利用价值的各种载体的信息，都应收集齐全，归入建设项目档案。

b. 收集时间。应按信息形成的先后顺序或项目完成情况及时收集。

c. 各方职责。项目准备阶段形成的前期信息应由业主各承办机构负责收集、积累并确保信息的及时性、准确性；EPC 总承包商负责项目建设过程中所需信息的收集、积累，确保信息的及时性、准确性，并按规定向业主档案部门提交有关信息；各分包商负责其分包项目全部信息的收集、积累、整理，并确保信息的及时性、准确性；项目 PMC/监理负责监督、检查项目建设中信息收集、积累和齐全、完整、准确情况；紧急（如质量、健康、安全、环境等）情况由发现单位迅速上报，具体按照 EPC 总承包商项目经理部质量管理体系文件和 HSE 管理体系文件中的相关程序执行。

③记录控制。

为保证记录在标识、储存、保护、检索、保存和处理过程中得到控制，EPC 总承包商项目经理部信息文控中心编制并组织实施"记录控制程序"。

需要控制的质量记录有：各参与方、部门、岗位履行质量职能的记录；不合格处理报告记录；质量事故处理报告记录；质量管理体系运行、审核有关的记录；设计、采购、施工、试运行有关的记录。

记录要符合下列要求：所有记录都要求字迹工整、清晰、不易褪色；记录内容齐全、不漏项，数据真实、可靠，签证手续完备、符合要求；质量记录必须有专人记录、专人保管、定期存档，具有可追溯性；对于在计算机内存放的质量记录，要按照计算机管理的有关规定严格执行；记录应设保存期；记录的编号执行 EPC 总承包商项目经理部的"信息文控编码程序"。

3）质量管理体系建立程序。

（1）质量管理体系的建立过程。

确定项目的质量目标；识别质量管理体系所需的过程与活动；确定过程与活动的执行程序；明确职责分工和接口关系；监测、分析这些过程。

（2）质量管理体系编制顺序。

质量管理体系文件的编制顺序有三种：先编制质量手册，再编写程序文件及作业文件；先编写程序文件，再编写质量手册和作业文件；先编写作业文件，再编程序文件，最后编写质量手册。

不同的编制方法有不同的特点，应该根据总承包项目的特点和编写人员的能力等各方面的因素来决定选用哪种方式。

（3）质量管理体系文件的编制流程。

如图 6-3-9 所示，质量管理体系文件编制流程图，详细描述了如何进行质量管理体系文件的编制，直至正式运行。

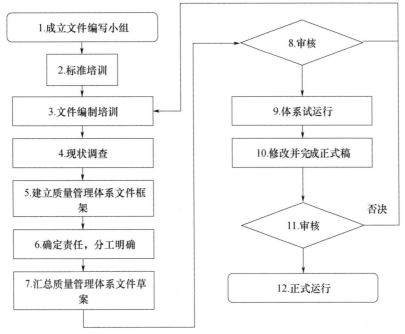

图 6-3-9　质量管理体系文件的编制流程

4）工程总承包项目质量控制。

（1）质量计划。

质量计划的内容如下：项目概况；项目需达到的质量目标和质量要求；编制依据；项目的质量保证和协调程序；以质量目标为基础，根据项目的工作范围和质量要求，确定项目的组织结构以及在项目的不同阶段各部门的职责、权限、工作程序、规范标准和资源的具体分配；说明本质量计划以质量体系及相应文件为依据，并列出引用文件及作业指导书，重点说明项目特定重要活动（特殊的、新技术的管理）及控制规定等；为达到项目质量目标必须采取的其他措施，如人员的资格要求以及更新检验技术、研究新的工艺方法和设备等；有关阶段适用的试验、检查、检验、验证和评审大纲；符合要求的测量方法；随项目的进展而修改和完善质量计划的程序。

（2）过程质量控制。

总承包项目质量控制应贯穿项目实施的整个过程，即包括设计质量控制、采购质量控制、施工质量控制、试运行质量控制等。只有采用全过程的质量管理，才能控制总承包项目的各个环节，取得良好的质量效果。

①设计质量控制。

设计部是设计质量控制的主管部门，应对设计的各个阶段进行控制，包括设计策划、设计输入、设计输出、设计评审、设计验证、设计确认等，并编制各种程序文件来规范设计的整个过程。

a. 质量控制内容。项目质量部应根据项目经理部的质量管理体系和总承包项目的特点编制项目质量计划，并负责该计划的正常运行；项目质量部应对项目设计部所有人员进行资质的审核，并对设计阶段的项目设计计划、设计输入文件进行审核，以保证项目执行过程能够满足业主的要求，适应所承包项目的实际情况，确保项目设计计划的可实施性；设计部在整个设计过程中应按照项目质量计划的要求，定期进行质量抽查，对设计过程和产品进行质量监督，及时发现并纠正不合格产品，以保证设计产品的合格率，保证设计质量。

b. 质量控制措施。设计部内部的质量控制措施如图 6-3-10 所示。

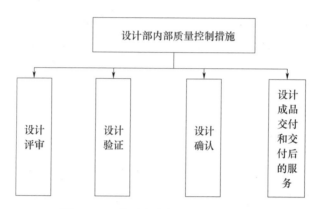

图 6-3-10　设计部内部的质量控制措施

c. 设计评审。设计评审是对项目设计阶段成果所做的综合的和系统的检查，以评价设计结果满足要求的能力，识别问题并提出必要的措施，设计经理在项目设计计划中应根据设计的成熟程度、技术复杂程度，确定设计评审的级别、方式和时机，并按程序组织设计评审。

d. 设计验证。设计文件在输出前需要进行设计验证，设计验证是确保设计输出满足设计输入要求的重要手段。设计评审是设计验证的主要方法，除此之外，设计验证还可采用校对、审核、审定及结合设计文件的质量检查/抽查方式完成。校对人、审核人应严格按照有关规定进行设计验证，认真填写设计文件校审记录。设计人员应按校审意见进行修改。完成修改并经检查确认的设计文件才能进入下一步工作。

e. 设计确认。设计文件输出后，为了确保项目满足规定要求，应进行设计确认，该项工作应在项目设计计划中做出明确安排。设计确认方式包括可研报告评估，方案设计审查，初步设计审批，施工图设计会审、审查等。业主、PMC 监理和项目经理部三方都应参加设计确认活动。

f. 设计成品放行、交付和交付后的服务。设计部要按照合同和工程总承包企业的有关文件，对设计成品的放行和交付做出规定，包括：设计成品在设计部内部的交接过程；出图专用章及有关印章的使用；设计成品交付后的服务，如设计交底、施工现场服务、服务的验证和服务报告。

②采购质量控制。

EPC 总承包商采购部是采购的管理和控制部门，应编制"物资采购控制程序"来确保采购的货物符合采购要求。

（3）施工质量控制。

①施工前管理。建立完善的质量组织机构，规定有关人员的质量职责；对施工过程中可能影响质量的各因素包括各岗位人员能力、设备、仪表、材料、施工机械、施工方案、技术等因素进行管理；对施工工作环境、基础设施等进行质量控制。

②施工过程中管理。EPC总承包商项目经理部应编制"产品标识和可追溯性管理规定"，对进入现场的各种材料、成品、半成品及自制产品，应进行适当标识。进入施工现场的各种材料、成品、半成品必须经质量检验人员按物资检验规程进行检验合格后才可使用，EPC总承包商项目经理部应编制"产品的监视和测量控制程序"进行规定。在施工过程中发现的不合格品，其评审处置应按"不合格品控制规定"执行。

（4）分包质量控制。

分包质量控制，参见本章第五节相关内容。

（5）试运行质量控制。

①逐项审核试运行所需原材料、人员素质以及其他资源的质量和供应情况，确认其符合试运行的要求。

②检查、确认试运行准备工作已经完成并达到规定标准。

③在试运行过程中，前一工序试运行不合格，不得进行下一工序的试运行。

④应当编制有关试运行过程中出现质量事故的处理程序文件。

⑤应实施试运行全过程的质量控制，监督每项试运行工作按试运行方案实施并确认其试运行结果，凡影响质量的每个环节都必须处于受控状态。

⑥对试运行质量记录应按"记录控制程序"的有关规定收集、整理和组织归档，并提交试运行质量报告。

（6）测量、分析和改进。

①总则。

EPC总承包商项目经理部、质量部负责策划并组织实施项目的测量、分析和改进过程，确保质量管理体系的符合性和有效性。

EPC总承包商项目经理部应充分收集体系审核中发现的问题以及过程、产品测量和监控、不合格等各方面的信息和数据，并运用统计技术，分析原因，采取纠正和预防措施，以达到持续改进的目的。

②测量。

施工前，施工部门制订监视和测量计划，规定监视和测量方法、评定标准、使用的设备。施工过程中，必须按质量监视和测量计划的内容进行工序监视和测量。未经监视和测量的工序和过程产品，不得进入下一道工序，有可靠追回程序的才可例外放行，但必须随后补做检验。

③数据分析。

对于收集的质量数据用适当的统计技术进行处理后，质量部分析提供信息，通过这些信息可以发现问题，进而确定问题产生的原因，并采取相应的纠正/预防措施。同时，利用这些信息确定质量管理体系的适宜性和有效性，并确定改进的方向。

④改进。

EPC总承包商项目经理部应利用质量方针、质量目标、审核结果、数据分析、纠正和预防措施以及管理评审等选择改进机会,持续改进质量管理体系的有效性,以便向顾客提供稳定的满意的工程和服务。

采取纠正措施和实施预防措施。实施记录由质量部负责按"记录控制程序"的规定收集、保存。

EPC 总承包商应建立并严格执行质量管理体系,加强过程控制,促进质量持续改进。要根据体系文件的规定开展质量管理活动。

施工部应对施工技术管理工作向各施工分包商作统一要求。

施工部应监督材料质量的控制,包括供应商选择、验收标准、验证方式、复试检验、搬运储存等。

施工部应监督机械设备、施工机具和计量器具的配备检验和使用过程,确保其使用状态和性能满足施工质量的要求。

施工部应控制特殊过程和关键工序,按规定确认特殊工序,并对其连续监控情况进行监督。

施工部应进行变更时的质量管理,重大变更必须重新编制施工方案并按有关程序审批后实施。

必须按国家有关规定处理施工中发生的质量事故。

施工分包商应该在施工部组织监督下做好项目质量资料分阶段的收集、整理、归档工作。

施工部应经常对项目质量管理状况分析和评价,识别质量持续改进的机会,确定改进目标。

4. 工程总承包项目资源管理

在工程总承包项目实施过程中,影响项目质量的因素主要包括参与项目的人员、材料、施工方法以及机械等资源情况,以及项目的环境因素。

1)人员的管理。

(1)总则。

EPC 总承包商从事影响项目质量的人员必须具备相应的能力。要根据各种不同的工作岗位,确定人员必须具备的能力,选择配备能胜任的人力资源。

(2)人员能力培训。

人员素质的高低是保证项目建设质量的重要条件,EPC 总承包商要建立培训管理程序,把项目参与人员的培训工作作为首要任务来完成。

EPC 总承包商切合项目的实际需要制定培训方式、方法和内容,通过培训使项目参与人员增强质量意识,提高质量的知识和技能。

EPC 总承包商制订切实可行的培训计划,对从事影响质量工作的管理人员进行培训,确保项目质量目标的实现和创国家优质工程目标的实现。

EPC 总承包商对从事特殊工作的人员要进行专业技术培训和资格考核认证,并保存记录。

EPC 总承包商要特别重视对专业岗位新补充的人员及转岗人员和对新设备操作及工作任务变化的培训,并保存培训记录。

2）设备材料的管理。

在设备材料用于项目前，必须经过各种检验，包括供应商的自检、驻厂监造单位在设备材料出厂前的控制，政府质量监督站、业主、PMC监理、EPC总承包商的进场检验等。不合格的设备材料不能进场，更不能在施工中使用。

3）施工方法与施工工艺的管理。

EPC总承包商根据项目的特点，组织编写具体施工组织设计，选取适当的施工方法、工艺与方案等，并报PMC监理审查。

施工方法、工艺应符合国家的技术政策，充分考虑总承包合同规定的条件、现场条件及法规条件的要求，突出"质量第一、安全第一"的原则。

施工方法、工艺要有较强的针对性、可操作性。

施工方法、工艺应考虑技术方案的先进性、适用性以及是否成熟。

施工工艺应考虑现场安全、环保、消防和文明施工符合规定。

施工部门严格按照PMC监理审查通过的施工方法、方案、工艺等进行施工。如需变更，应对变更部分重新编写施工组织设计，选取施工方法、方案、工艺等，并报PMC监理审查。

4）机械设备以及基础设施的管理。

（1）机械设备管理。

机械设备的选择，应考虑机械设备的技术性能、工作效率、工作质量、可靠性和维修的难易、能源消耗，以及安全、灵活等方面对项目质量的影响与保证。

应保持机械设备的数量以保证项目质量。

要按照项目进度计划安排所需的机械设备。

（2）基础设施管理。

为了满足项目建设的需要，并符合国家法律、法规的要求，EPC总承包商要对所需要的基础设施进行确定、提供和维护。基础设施包括所有工作场所、通信设备、运输设备、控制和检测设备及生产、管理所需的硬件和软件以及其他支持性服务设施等。

5）环境因素的管理。

EPC总承包商提供的工作环境要体现"以人为本"的原则，并且符合国家、行业有关规范要求等。

EPC总承包商应严格按照实现工程所要求的条件提供项目工作环境。EPC总承包商应要求各分包商识别和研究可能影响工作环境的因素，采取适当的措施，达到要求的水平。

5. 施工 HSE 管理

HSE管理是对工程项目进行全面的健康安全与环境管理，这不仅关系到项目现场所有人员的安全健康，也关系到项目周围社区人群的安全健康；不仅影响到项目建设过程，也影响到项目建成后的长远发展。HSE管理的目的就是要最大限度地减少人员伤亡事故和最大限度地保障生命财产安全和保护环境。

1）HSE管理的目的和主要任务。

（1）HSE管理的目的。

①减少由项目建设引起的人员伤害、财产损失和环境污染。

②降低项目的风险。

③促进项目的可持续发展。

（2）HSE 管理的主要任务。

①建立完善 HSE 管理体系，并保持其持续有效。

②按照 HSE 管理体系要求对项目进行持续的 HSE 管理。

③加强对 HSE 管理必需的资源进行管理。

2）HSE 管理职责分工。

EPC 总承包商对 HSE 的管理主要是由 HSE 部来负责，由其他相关部门协助来实施的。典型的 HSE 部岗位设置如图 6-3-11 所示。EPC 总承包商应依据分包合同规定，要求各分包商对所承包项目进行 HSE 管理。

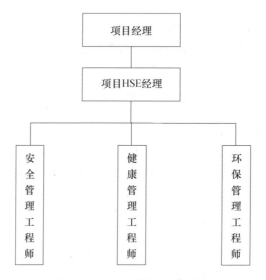

图 6-3-11　HSE 管理职责分工

（1）EPC 总承包商项目经理。

①贯彻执行国家 HSE 相关的法律、法规。

②负责 HSE 方针和目标的全面建立和实施。

③负责建立、完善、实施 HSE 管理体系，并组织评审体系的有效性，保证其得到持续改进。

④建立完善的组织机构，对 HSE 进行有效的管理。

⑤对 HSE 管理进行承诺，保证提供必要的资源。

（2）HSE 部。

①项目 HSE 经理。协助项目经理建立、完善、实施 HSE 管理体系；负责 HSE 管理体系文件的编制、修订、审核工作；组织其他相关部门对与项目相关的 HSE 因素进行评价；监督 HSE 文件的执行情况，并协调 HSE 工作；负责制订应急计划，审定应急预案，会同其他部门组织实施，并检查、监督应急措施的落实情况，确保在发生事故后能有效应对；负责处理健康、安全、环保事故，审查事故报告；负责 HSE 记录的规范化及统一协调工作。

②安全管理工程师。协助项目 HSE 经理编制、修订、审核 HSE 管理体系文件并监督执行；负责对参与项目人员进行安全能力评价工作，并对相关人员进行安全知识的培训；定期对安全设施进行检查，保证安全设施的完整性、有效性并符合 EPC 总承包商项目经理部规定的标准以及集团公司的要求；协助各部门编制和完善所需的工作程序文件，考虑安全因素；负责项目所需的安全防护用品策划、检验工作；参与对各分包商 HSE 的评价与管理；协助信息文控中心对 HSE 文件、信息的整理和归档工作；协助项目 HSE 经理对安全事故进行调查，编写事故报告，提出纠正和预防的措施，督促有关部门执行，防止事故的再次发生。

③健康管理工程师。协助项目 HSE 经理编制、修订、审核 HSE 管理体系文件并监督执行；贯彻实施总承包项目所在地有关劳工保护的法律、政策与规定；建立项目参与人员的健康档案；对从事特殊工作人员定期组织体检，确保其在工作期间处于良好身体状态；按照总承包项目的需要，制订保护物品、保健用品的配备和使用方案；协助信息文控中心对 HSE 文件、信息的整理和归档工作；参与 HSE 部组织的检查活动以及对各种事件的调查、分析与评价。

④环保管理工程师。协助项目 HSE 经理编制、修订、审核 HSE 管理体系文件并监督执行；贯彻实施项目所在地与环境有关的法律，法规和规定；组织对项目参与人员的各项培训活动，提高他们的环境意识；确保在环境影响评价报告中所提出的环保方案得到有效的实施；协助信息文控中心对 HSE 文件、信息的整理和归档工作；参与 HSE 部组织的检查活动以及对各种事件的调查、分析与评价等。

（3）行政办公室。

①负责 HSE 各级组织机构的设置和职责的制订，并负责监督检查其执行情况。

②负责监督实施和考核 HSE 方针和目标。

③宣传项目的 HSE 方针和目标，建立和维护 HSE 团队文化。

④做好各级 HSE 管理机构和 HSE 岗位人员的调配，明确各岗位的 HSE 职责。

⑤为 EPC 总承包商项目经理部员工 HSE 能力的评价制订标准，并负责人员能力评价的管理工作，负责把 HSE 培训内容纳入员工培训计划中并组织实施，负责对各部门培训情况进行检查指导和考核。

⑥参与 HSE 的事故调查和审核工作。

⑦负责提出资源配置计划，并监督实施。

⑧负责地方关系的协调。

（4）财务部。

①审查项目健康、安全、环境保护项目资金落实情况。

②负责 HSE 管理、培训、监测和有关项目的资金筹措和审批。

③负责编制 HSE 有关的费用计划和资金预算计划。

④参与工程招标，对各分包商的 HSE 审查、评价。

⑤负责建立业务范围内的工作程序，并监督实施。

⑥负责应急资金的落实。

⑦按记录的规范化要求，对部门 HSE 记录的使用、收集、保管及 HSE 记录的准确性、真实性、连贯性、完整性负责。

⑧参与事故的处理，负责与保险公司联系，并办理索赔事宜。

⑨参与 HSE 管理体系的审核。

（5）信息文控中心。

①负责 HSE 信息的收集、传递、整理、归档工作。

②负责监督检查文件、记录的收发、登记、传递、利用情况。

③负责部门人员的能力评价和培训工作。

④负责 HSE 信息网络的软件、硬件建设，提供网上技术服务与信息管理，促进 HSE 信息管理现代化。

⑤负责 HSE 管理体系文件和资料的控制管理，并对执行情况进行监督检查。

（6）其他部门。

其他部门包括设计部、采购部、施工部、控制部、试运行部。

采购部负责 HSE 管理、监测等工作中所需要的设备、材料、仪器、药品等物资供应工作；保证供应商和相关部门有良好的 HSE 管理体系；负责应急状态下所需物资保障等。

施工部参与安全、环保"三同时"（同时设计、同时施工、同时投入使用）检查和安全、环保设施竣工验收；负责组织应急调度、应急通信演习；应急通信设备、器材的储备和维护；应急状态下完成通信设施故障的处理等。

控制部负责编制、评审各个分包合同，提出有关 HSE 要求；监督检查与各分包商合同中有关 HSE 条款的落实情况；负责对各分包商提供的资源进行审查验收。

各部门参与危险源辨识和环境因素的识别，编制管理方案，监督实施。

各部门严格按照项目 HSE 的要求编制工作方案，在工作中应尽量避免或减少对安全、健康和环境的影响。

3）工程总承包项目 HSE 管理内容。

（1）健康管理。

①总则。

工程总承包项目应确立"以人为本，健康至上"的理念，本着"安全第一，预防为主"的原则，恪守"保护公众和员工安全和健康，坚持预防为主，追求无事故、无伤害、无损失的目标"的承诺，为员工提供必需和必要的劳动防护用品，保障员工在生产工作中的安全与健康，努力为全体员工营造一个健康、人性化的工作氛围及生活环境。

②健康管理内容。

健康管理内容如图 6-3-12 所示。

a. 职业卫生管理。采取相应的措施，使工作场所职业危害因素降到最小；所有防护设施、设备应定期维修，保持运转性能良好；所有在危害场所作业的员工，佩戴相应的防护用品；要定期对职业病防治工作进行监督、检查、评价、考核。

b. 健康监测。所有参与项目人员都必须是体检合格人员，并定期对员工，特别是有毒有害工作环境中的人员进行健康检查，并记录；按照"HSE 能力评价管理与培训"的规定，制订项目参与人员职业健康教育与培训计划并组织实施。

c. 劳动防护用品管理。制订劳动防护用品的管理制度，满足项目人员的使用；所有的劳动防护用品必须符合国家及行业标准中的规定；根据安全生产和防止职业病危害的需要，按照不同工种、不同劳动环境配备不同防护作用、不同防护能力的劳动防护用

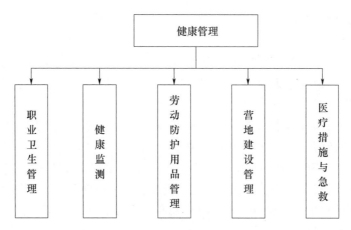

图 6-3-12 健康管理内容

品；须对劳动防护设备、设施、机具进行定期的检查和维护，不合格的禁止使用；对员工上岗使用劳动防护用品情况要经常检查，制订必要的管理制度。

d. 营地建设管理。营地规划时应充分考虑营地周围环境、自然条件、交通等具体情况，统筹合理布置，营地的位置、布置、设施应合理；建立营地管理规定，并体现"以人为本"的方针，为员工提供安全、卫生的生活场所；营地内应配备良好的生活设施以及防护设施，包括洁净的宿舍、厨房、餐具、食堂、厕所，消防灭火设施等。

e. 医疗措施与急救。应为员工提供良好的医疗保障措施和医疗急救设备；必须设立一定装备、药品、有资质的医护人员的医疗站，方便员工就诊；应调查项目所在地周边的医疗卫生机构，了解其所在位置、医疗、救护设施、能力，交通、通信情况并登记建立档案；确定适合的、可提供良好医疗保障、医疗急救的医疗单位，与之取得联系，建立医疗保障、急救关系；现场配备相应的急救设施包括车辆，保证在出现意外时能够紧急救援。

（2）安全管理。

①总则。

安全管理的目的是加强总承包项目的安全管理工作，最大限度地保障员工在生产作业过程中的人身安全、健康和企业财产不受损失。

②安全管理内容。

对所有员工定期进行安全培训；各有关部门必须制定并严格执行安全检查制度；项目的劳动安全卫生设施必须与主体工程同时设计、同时施工、同时投入使用，即"三同时"；对危险性较大的作业，在作业前应编制和审批安全预案和安全应急计划，在作业过程中，应随情况变化及时对安全应急计划进行修改和补充；对关键生产设备、安全防护设施和装备应进行严格管理；对危害应进行识别并对事故隐患进行管理；加强对劳动保护用品的管理，保证其合格和适用；对重点要害部位进行安全管理；消防安全工作和交通安全工作应纳入整个安全生产的工作部署。

（3）环境保护管理。

在总承包项目执行过程中，应采取措施合理利用自然，防止对自然资源、生态资源等造成污染，保护人类的生态环境，并促进项目可持续发展，创一流 HSE 业绩。

4）HSE 管理体系要素。

（1）领导和承诺。

集团公司所属企业的高层管理者应对 HSE 管理提出明确的承诺，努力创造和维护良好的企业文化，以支持集团公司的 HSE。总承包项目经理应根据项目的特点提出项目的 HSE 承诺。

①职责。项目经理和各分包商的最高领导者应对 HSE 管理提出明确的承诺，为 HSE 管理体系的建立、实施和维持提供强有力的领导，努力创造和培育良好的团队文化；HSE 部负责 HSE 承诺的征集与推荐工作；HSE 部组织 EPC 总承包商项目经理部各部门对承诺是否符合法律、法规、规范、资源、保证条件等进行评价、审核，并提出意见，上报 EPC 总承包商项目经理；EPC 总承包商项目经理部各部门及分包商负责对 HSE 承诺的具体贯彻实施。

②承诺的原则。EPC 总承包商项目经理部向社会及员工做出承诺。承诺应依据项目所在国家的法律、法规、标准及项目的特点和资源条件，按照科学、合法和可行的原则就健康、安全与环保向社会和员工提供公开的、明确的承诺。

③承诺的内容。承诺遵守法律法规；承诺污染和事故的预防；承诺为 HSE 管理提供必要的资源；承诺持续改进。

（2）资源和文件。

为了对 HSE 进行有效的管理，必须提供有效的资金、物质资源、人力资源和技术资源等，以不断提高 HSE 表现水平，更加有效地保护员工生命和财产安全，保护生态环境。总承包项目应保证提供并优化配置用于 HSE 管理体系实施的各类资源。

资源配置的依据：国家政策、法律法规、标准及业主有关规定；总承包项目的建设规划和发展战略；总承包项目的 HSE 管理体系方针、目标；总承包项目建设活动中风险削减及应急需要等。

资源配置的原则：最大限度地满足项目建设质量及健康、安全与环境目标的实现；依靠技术，人尽其才，物尽其用，最大限度地挖掘各种资源的潜力；合理开发，优化组合，最大限度地发挥各种资源的综合效益；节约资源。

资源配置的程序：资源配置计划的编制和审批；资源配置计划的实施与监督；根据具体情况对资源配置计划进行变更。

为了对 HSE 管理体系运行有关的文件和资料实施有效的控制，确保在总承包项目 HSE 体系运行的所有场合得到适用的有效文件和资料，应该对 HSE 有关的文件加强管理。

HSE 文件管理的对象包括：HSE 管理手册；技术性文件，包括内部文件（与 HSE 相关技术文件）和外部文件（国家颁发的有关的技术文件和标准）；管理性文件，包括内部文件（HSE 计划、与管理手册等文件相关的管理制度）和外部文件（国家、地方、行业、上级主管部门、业主、PMC 监理有关 HSE 管理方面的文件）。

HSE 文件管理的内容包括：各种文件和资料的编制（包括管理手册、各种程序文件、作业手册等相关文件）；文件和资料的编号；文件和资料的批准和发布；文件和资料的发放和保管；文件和资料的更改与换版；文件和资料的归档。

（3）评价和风险管理。

为了对HSE进行有效、有针对性的管理，必须对项目运行过程中可能存在的风险进行识别、评价、监控，并采取有效的预防措施。

（4）规划。

为了保证HSE管理的顺利进行，必须对HSE管理进行规划，这包括HSE设施完整性管理、程序和工作指南管理、变更管理和应急管理等。

（5）实施和监测。

在总承包项目运行的过程中，应该对HSE运行状况进行时刻监测，以利于HSE运行状况的评审。

实施和监测管理的内容如图6-3-13所示。

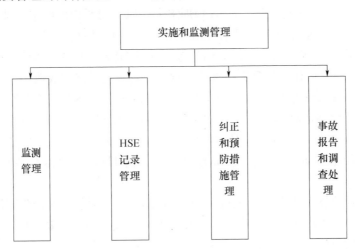

图6-3-13　实施和监测管理的内容

①监测管理。监测管理的程序包括监测计划的编制与审批、监测工作的组织和实施、编写监测报告。监测管理的内容包括环境监测、技术安全监测、健康监测、安全检查、体系运行监测。

②HSE记录管理。通过对HSE记录的有效控制，做到规范化管理，保证HSE管理体系的有效性并实现可追溯性，为制定纠正和预防措施提供依据。HSE记录管理的范围包括HSE记录、HSE报告、HSE报表以及与HSE体系运行有关的各种受控记录和资料。HSE记录管理的内容包括记录的收集、记录的编制、HSE记录的查阅、记录的归档、HSE记录的贮存与保管。

③纠正和预防措施管理。对事故的不符合进行管理，采取纠正与预防措施，以纠正HSE管理体系运行中出现的偏差，包括体系文件与法律、标准、其他要求的不符合、项目运行与体系文件的不符合等。

纠正和预防措施管理的程序：不符合信息的收集；不符合的确认；不符合的分级与确认；不符合项的处置及纠正、预防措施。

④事故报告和调查管理。应编制相应的事故处理程序和应急程序，规范事故管理，及时准确地报告、统计、调查、处理事故，对事故进行有效的监控、分析和预测，吸取教训和预防类似事故发生。

事故报告和调查管理程序：事故的分类和分级；事故报告编制和报送管理；事故的调查；事故的处理；事故的建档。

（6）评审。

通过评审，验证体系是否符合 HSE 工作的计划安排和标准要求，发现 HSE 管理体系中需要改进的领域，以便对 HSE 管理体系各要素进行有效的控制，并确定体系的有效运行和持续改进。

评审的程序：编制评审计划；评审前准备，包括受评审方的准备；评审的具体实施；对不符合进行纠正；纠正措施的跟踪和验证；编写评审报告体系的总体分析和报告。

5）加强 HSE 管理 EPC 总承包商应采取的重要措施。

要稳步实施 HSE 管理，提高 HSE 管理水平，EPC 总承包商要重点做好以下几点。

（1）建立一个完善的 HSE 管理体系和 HSE 管理组织机构。建立一个完善 HSE 管理体系和切实有力的 HSE 管理组织机构是做好项目 HSE 管理的基本保障，体系运行的好坏和是否建立高效运作的管理机构直接影响到项目管理最终的成败。

（2）落实各级人员的 HSE 责任制并加强考核。有了 HSE 管理体系文件，建立了组织机构，未必能够运转通畅。要加强组织领导，明确各级人员在实施 HSE 管理中的责任，切实提供人力、物力、财力保障，同时认真组织，进行严格细致的考核，并根据考核的结果，该奖的奖、该罚的罚，才能使 HSE 管理体系各环节运转畅通无阻。

（3）加强 HSE 教育和培训。实施 HSE 管理体系是一项复杂的系统工程，涉及方方面面，需要全体项目人员的共同参与、齐心协力来完成。因此，要高度重视人员培训，抓好 HSE 技能培训和行为训练。

（4）做好项目实施中的风险识别、评价，制订风险削减措施。由项目经理组织技术、安全管理及经验丰富的施工人员，识别和确定在项目实施的全过程中，不同时期和状态下对项目健康、安全和环境可能造成的危害和影响，在对这些危害进行归纳和整理之后，进行科学的风险动态评价和分析，并根据评价和分析结构，选择适当的风险控制和削减措施。

（5）做好事故及未遂事故的调查报告工作。成功地防止事故的出现，在于了解事故或未遂事故是如何和怎样发生的。因此，当现场发生事故或未遂事故时，必须进行全面的调查，以确定它们发生的原因，并采取必要的行动以防止事故的再次发生。

（6）定期进行各层次的内部审核和管理评审。持续改进是每个体系的共同要求，承包商定期或在新的情况发生时严格进行 HSE 管理体系内部审核和必要的管理评审，完善体系，找出体系运行中存在的问题，积极采取纠正和预防措施，才能不断提高抵御风险和防止事故的能力。

6）工程总承包项目 HSE 管理与可持续发展。

可持续发展要求项目既满足当前的需要又满足未来需要。项目可持续性是指项目既能满足现在需要、也能适应未来发展的能力，是与当前的可持续发展主题相一致的。

（1）项目可持续发展的影响因素。

项目可持续发展的影响因素如图 6-3-14 所示。

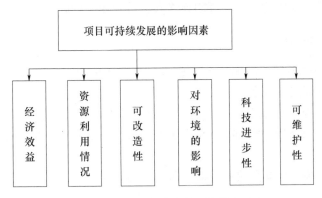

图 6-3-14　项目可持续发展的影响因素

①项目环境影响。任何项目都处于一定的自然环境和社会环境中，对环境不可避免地产生影响，对环境的影响是决定项目能否持续发展乃至能否存在的主要因素之一。项目对环境的影响主要包括以下几方面，见表 6-3-5。

表 6-3-5　项目对环境的影响

1	对自然环境的影响	对自然环境影响是指项目是否造成环境污染如光污染、噪声污染、废气、污水污染等，表明项目与周围自然环境是否具有相容性、协调性，即项目是否破坏了周围自然环境，是否与周围自然景观相协调
2	对社会环境的影响	对社会环境的影响包括对周围居民生活的影响，对社会文化的影响，对社会经济环境的影响等，表明了项目是否与社会文化相容，是否与人们的生活习惯相协调
3	对生态环境的影响	项目处在一定的环境中，都或多或少地对生态环境产生影响，对生态环境影响的评价主要通过比较项目存在前后生态环境的变化。必须考虑其对生态环境的影响，将对生态环境影响的评价作为可持续评价的一个主要方面

②项目科技进步性。项目只有具有先进的技术才能避免被淘汰的命运或延长其淘汰时限，从而延长生命周期。项目的设计要具有科学性、超前性，并有发展余地。项目的实施技术和运营技术也要具有先进性，并具有可持续发展的前景。

③项目的可维护性。项目的可维护性是指项目运营期间维修、维护的难易程度。只有项目维护简单、费用低，项目才具有生命力，才有发展前景。项目的可维护性是项目可持续发展的前提，并为可持续发展提供保障。

（2）项目可持续发展的内容。

在总承包项目设计、采购、施工过程中，应该采取一些措施以满足可持续发展的要求。

6. 施工现场材料管理

现场材料管理工程师全面负责施工现场设备材料的交接。

施工部制定施工现场设备和散装材料的库房管理规定，内容包括设备材料的检验、存放要求、建立设备材料管理台账、入出库手续等。施工库房管理人员依据上述规定分类分级保管设备材料。

施工部现场材料管理工程师按月向项目施工经理提交设备、材料情况报告，说明设备材料到货、质量检验等情况，并说明存在问题及解决问题的办法。

7. 施工变更管理

EPC 总承包商的项目经理部应根据总承包合同变更规定的原则，建立施工变更管理程序和规定，管理施工变更。

项目施工部对业主或施工分包商提出的施工变更，应按合同约定，对费用和工期影响进行评估，上报 EPC 总承包商的项目经理部，以及 PMC/监理，经确认后才能实施。

施工部应加强施工变更的文档管理。所有的施工变更都必须有书面文件和记录，并有相关方代表签字。

第四节　EPC 工程总承包施工管理要点

在 EPC 工程总承包项目管理模式下，施工过程是受控于设计和采购过程的，因为设计没有进行到一定阶段或者设备、主材料没有采购到位，是不可能进行施工的。但对于施工过程本身，它又是完全独立的，因为施工方要根据设计方制订的设计方案来进行加工设计，具体施工要以加工设计为蓝本。

对于 EPC 工程总承包项目，工程总承包商通常把施工任务分包给施工分包商承担。因此，施工过程总承包商的主要任务是对施工分包商的管理。这就要求对施工过程的关键环节进行有效的管理。

1. 施工分包策划

整个 EPC 工程需要分几个包，按装置分包还是按专业分包，是否需要施工总承包商等，都要事先考虑清楚。

2. 施工分包招标

其包括对各个分包的工程进行标底编制、招标文件编制、招标，最后完成分包合同的签订。

3. 施工分包合同管理

在与分包商签定分包合同后，要派专人对合同的实施情况以及合同的变更进行实时监控和管理。

4. 施工进度控制

EPC 工程总承包模式对项目进度要求很高，因为只有缩短工期才能最大限度地获得利润。施工进度控制是保证施工项目按期完成，合理安排资源供应、节约工程成本的重要措施。施工进度控制是指在既定的工期内，编制出最优的施工进度计划，在执行计划的施工过程中，经常检查施工实际进度情况，并将其与计划进度相比较，若出现偏差，分析产生的原因和对工期的影响程度，找出必要的调整措施，修改原计划，不断地如此循环，直至工程竣工验收。施工进度管理的目标是在保证施工质量和不增加施工实际成本的条件下，适当缩短施工工期。

5. 施工成本控制

施工成本预算是施工成本控制的基础，经验证明，施工预算质量的优劣大多数情况直接导致施工成本控制的优劣。保证施工预算的有效措施是基于实物量的施工成本预算，从这一原理出发，项目施工成本预算要始终坚持以实物量为基础的原则。尽量不用或少用基于某一基数的比例法去估算某种类型的施工成本。

总承包商对施工成本的控制主要包括审查工程预算、对工程进展进行测量、各个分包商工程款的结算控制等。

6. 施工质量控制

质量是衡量项目产品是否合格的标准，它关系到工程公司的信誉。目前各个单位对质量尤其重视。具体实施办法主要包括对项目的各道工序进行质量检查，然后对其进行质量确认，对发生的质量事故要记录在案，分析其产生的原因，吸取教训，防止类似事件再次发生。

7. 施工安全管理

EPC模式对安全管理相当重视。要将HSE的理念引入到工程项目管理中，如制订安全管理计划、进行现场安全监督、实行危险区域动火许可证制度、对安全事故进行通报等措施。

第五节　EPC工程总承包分包商管理

1. 工程总承包项目分包管理概述

1）分包的含义。

分包是指从事工程总承包的单位将所承包的建设工程的一部分依法发包给具有相应资质的承包单位的行为，该总承包人并不退出承包关系，其与第三人就第三人完成的工作成果向发包人承担连带责任。

工程分包一般由总包或者业主负责，总包负责一般分包，业主负责指定分包。分包管理归总包负责，并对其进行全方位的监督管理。分包与总包有直接的合同约束，具有相应的责任连带关系，而业主则不牵扯其中，现在很多业主运用手持式视频通信对各个分包进行协调管理，改变传统管理模式，使远程管理更为直观高效。分包对一些指定的施工任务更为专业，总包的主要任务是针对项目对各方进行协调管理。

（1）一般分包。

建筑工程总承包单位可以将承包工程中的专业工程或者劳务作业发包给具有相应资质条件的分包单位。但是，除总承包合同中已约定的分包外，必须经建设单位认可。施工总承包的，建筑工程主体结构的施工必须由总承包单位自行完成。

（2）专业分包。

专业分包是指 EPC 项目总承包商根据合同约定或经业主同意后，将非主体结构工程的专业工程通过招标等方式交给具有法定相应资质的专业分包商建设的行为。

（3）劳务分包。

劳务分包是指施工劳务作业发包人（总承包企业或专业承包企业）将其承包工程的劳务作业发包给劳务作业承包人（劳务承包企业）完成的活动。工程的劳务作业分包无须经过发包人或总承包人的同意。业主不得指定劳务作业承包人，劳务分包人也不得将该合同项下的劳务作业转包或再分包给他人。

（4）指定分包。

指定分包是指由业主或工程师指定、选定分包商，完成某项特定工作内容并与承包商签订分包合同的特殊分包商。合同条款规定，业主有权将部分工程项目的施工任务或涉及提供材料、设备、服务等工作内容的项目发包给指定分包商完成。

2）工程分包的范围。

工程分包的范围如图 6-5-1 所示。

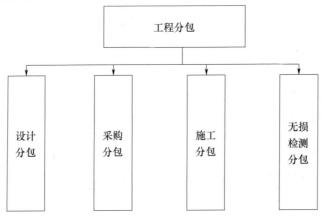

图 6-5-1　工程分包的范围

（1）设计分包。

设计分包主要指 EPC 总承包商在与业主签订总承包合同之后，再由 EPC 总承包商将部分设计工作分包给一个或多个设计单位来进行。EPC 总承包商根据项目的特点和自身能力的限制可以将工艺设计（如果在总承包范围之内）、基础工程设计、详细工程设计分包出去。

（2）采购分包。

采购分包主要指 EPC 总承包商在与业主签订总承包合同之后，EPC 总承包商将设备、散装材料及有关劳务服务再分包给有经验的专业供货服务商并与其签订采购分包合同。采购分包通常用于服务中专业性、技术性强或需要特殊技术工种作业的工作。

（3）施工分包。

施工分包主要指 EPC 总承包商在与业主签订总承包合同之后，再由 EPC 总承包商将土建、安装工程通过招投标等方式分包给一个或几个施工单位来进行。

（4）无损检测分包。

EPC 总承包商选择无损检测单位并与其签订合同。无损检测单位履行第三方检测的职责，承担总承包项目的无损检测任务，其工作联系必须通过 PMC/监理的指令得到实现。PMC/监理对于无损检测单位的工作负主要管理职责，EPC 总承包商对于无损检测单位的管理主要体现在合同管理方面。

3）分包工作中的各方职责。

（1）EPC 总承包商。

EPC 总承包商与分包商之间是合同关系，对于分包商的工作负有直接的责任。从最初的分包工作策划、选定分包商、对分包工作的组织协调管理、到最后分包工作的移交，EPC 总承包商都应有具体的管理部门，及时提醒和纠正分包工作出现的问题，使分包工作按时、保质地进行，从而为 EPC 总承包商顺利完成整个项目提供可靠的保证。

EPC 总承包商的设计部为设计分包商的主管部门。

EPC 总承包商的采购部为采购分包商的主管部门。

EPC 总承包商的施工部为施工分包商的主管部门。

EPC 总承包商的控制部为分包合同管理的主管部门。

EPC 总承包商的中心调度室为对各分包商协调管理的主管部门。

对于业主提供潜在分包商名单的分包项目，EPC 总承包商应对分包商的资质及能力进行预审（必要时考察落实）和确认，如果认为不符合要求，应尽快报告业主并提出建议，否则不应免除 EPC 总承包商应承担的责任。

（2）分包商。

分包商在 EPC 总承包商的领导下开展工作，应遵循分包合同的要求按时、保质地完成分包任务。分包商一般只接受 EPC 总承包商的指令，不能擅自接受业主及 PMC 监理的指令（协调程序规定的情况除外），由此造成相关后果应由分包商负责。PMC 监理对于分包商的工作负有监督管理的职责。PMC 监理一般不宜对分包商直接下指令，而应通过总承包对分包商进行管理。

2. 总承包商与分包商关系分析

弄清总分包之间的关系对于总包商挑选满意的分包商是非常关键的。总承包商既是买方又是卖方，既要对业主负全部法律和经济责任，又要根据分包合同对分包商进行管理并履行相关义务。

我国的总承包、分包商关系基本参照 FIDIC 合同条件，结合国内建筑市场实际情况做了适当的调整与修改。总承包商与分包商的工作关系广泛存在于分包工程的质量、安全、进度、保险、竣工验收、质量保修等多个方面。从整个工程的顺序看，总承包商先为分包商分包的工程提供条件；分包商则按照分包合同中的相关规定，负责在指定日期内交付质量合格的工程；竣工验收之后，总承包商应该遵照合同约定按时支付工程价款，并且就分包工程的质量对发包人负责。

3. 总承包商的权利与义务

（1）分包的权利。总承包商的分包权利是建立在事先征得业主同意或总承包合同中有相关约定的基础上的。在此前提下，总承包单位可以将承包工程中的部分工程发包给具有相应资质条件的分包企业。

（2）自主管理分包商的权利。如果分包商拒不执行由总承包商发出的指令和决定，总承包商有权雇用其他分包商完成其发出指令的工作，发生的费用从应付给原分包商的款项中扣除。

（3）自行完成主体结构的义务。工程的主体结构对可靠度、使用性能都有较高的要求，对整个工程的影响重大，事关全局的成败，无疑需要实力最强者完成，以确保工程质量。因此，总承包商自主完成主体工程施工是责无旁贷的，也是必须的。

（4）为分包工程提供施工条件的义务。法律规定，总承包商有义务向分包商提供总包合同约定由总承包商办理的分包工程的相关证件、批件、其他相关资料，以及向分包商提供分包工程所要求的、具备施工条件的施工场地和通道。

遵照分包合同约定按时支付分包商工程价款，遇到总承包商不按合同的规定支付工程款，导致分包工程施工无法正常进行的，分包商可以停止施工，由此造成的损失由总承包商承担。

4. 分包商的权利与义务

执行总承包商确认和转发的涉及分包工程的指令及决定的义务。分包商不得直接接受发包人发出的任何指令或决定，而是必须根据分包合同的约定，先经总承包商确认后，由总承包商转发给分包商执行。

分包商应按照分包合同约定，完成合同内规定的相关工作。例如，分包商必须依据分包合同的约定，负责完成分包工程的设计、施工、竣工及保修工作。在分包工程的施工准备和施工过程中，一旦发现设计或技术存在问题，应及时告知总承包商，与之一起协商解决；分包商应积极配合业主、总承包商和工程师对分包工程的质量、安全等工作进行的各项检查。

分包商应该按照分包合同的约定按时开工、及时竣工。确保分包工程质量，就分包工程质量向总承包商负责。意思是，分包商应该对分包工程向总承包商承担合同规定的分包单位应承担的分包工程质量义务，总承包商则应承担分包工程质量管理的责任。

5. 总分包关系对工程项目的影响

总分包关系对工程项目的影响如图 6-5-2 所示。

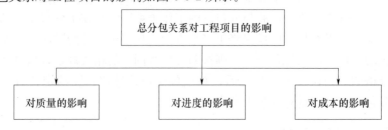

图 6-5-2　总分包关系对工程项目的影响

（1）总分包关系对质量的影响。

总分包的关系势必在一定程度上影响分包工程的质量。总承包商对分包商的管理及各方配合的好坏将直接对施工质量造成影响。

（2）总分包关系对进度的影响。

总分包商之间是否有和谐的关系，将直接影响工程的顺利展开。

（3）总分包关系对成本的影响。

总承包商对分包商有好的管理，能节约各项施工项目成本，而差的管理与不管理，将大大增加项目成本，甚至由于分包商未能履行其分包合同与规定的义务，使承包商和业主蒙受损失。

6. EPC 模式下分包商的选择流程分析

1）EPC 项目分包策划。

工程分包是充分利用社会资源的重要手段之一，而工程分包策划是合理进行工程分包的首要前提，EPC 模式下详细合理的分包策划是必不可少的。唯有如此，总承包商才能达成通过最充分地利用资源提高项目获利性价比与时效比的目的。

（1）分包策划的意义。

分包策划的意义见表 6-5-1。

表 6-5-1　分包策划的意义

序号	意义	内容
1	有利于选到合适的分包商，切实保障全面履行承包合同	通过进行工程分包策划，明确分包工程的特点及分包对象的目标要求，可以按图索骥，使分包工程找到较理想的分包商，从而确保使分包合同能顺利履行，分包工程能顺利完成，以保障承包人全面履行承包合同，切实维护企业的声誉
2	有利于指导项目部有序开展工程分包工作	策划就是计划的意思，做任何事情，计划是行动指南，是确保活动顺利有序开展的基本手段。目前大部分大型建筑施工企业都制订了工程分包管理办法，为分包工程管理制订了一系列的管理规章和制度，但很多的项目部由于缺少具体的事前规划，工程分包管理仍比较混乱。因此，可以从企业的工程分包策划做起，指导和带动项目部对于分包工程的规划与管理
3	有利于降低工程的施工成本，提高项目的盈利能力	分包策划对分工的专业化进行划分，能大大提升生产效率，有效降低工程施工成本。另外，将部分工程进行分包有利于发挥总承包商与分包商各自的长处，达到互利共赢，提高企业的经济效益的目的。进行分包项目策划时，应制订项目分包策划具体方案，明确分包项目内容、分包方式、分包商的选择方式，最好能确定候选分包商的名单。候选分包商应当从与总承包企业合作中拥有良好信誉的合格分包商名单中选择，原则上不少于 3 家，当合格名单中没有合适的候选者或者业主有要求时，可以在资质审查合格后将新的分包商纳入候选名单
4	有利于防范法律风险	部分项目经理或经营管理人员法律意识不强，对法律理解不到位，策划了不合法的合同，表现为选取了不恰当的分包方式、竞标方式、标段划分及分包范围不合理等，使企业处于不利的境地，损害了企业的形象和利益。进行分包策划，可以有效地规避以上法律风险

（2）分包策划的依据。

工程分包策划的依据主要包括：工程分包策划的主要依据是工程施工总承包合同；工程项目的特点、具体施工方案，包括拟投入的人力、机械设备水平，项目本身的技术水平、施工能力及特点；当前分包市场的行情，如市场上分包商的能力、数量等状况。

（3）分包策划的原则。

工程分包策划的基本原则有如下几点。

①合法性原则。法律规范的制度本是出于规范市场行为活动及安全的考虑，因此，

工程分包策划应该遵守法律规定，注意防范或规避法律方面的风险。

②整体策划原则。对项目有整体的规划，有全局观，要处理好整体利益与局部利益、近期利益与长远利益的关系。

③利益主导原则。是以利益为主导因子，在合理和谐的情况下优先考虑利益。同时，要注意整体利益与各方利益协调兼顾，实现互利共赢，才能真正实现利益最大化。

④因地制宜原则。方案的制订应符合项目的特点并充分结合项目所在地的资源情况，做到因地制宜。

⑤客观可行原则。分包方案策划必须尊重客观事实，基于项目内外部环境资源要素，从实际出发，不能脱离客观条件的允许，无限理想化，方案要切实可行，便于操作。

（4）分包策划的程序和步骤。

策划是一个系统性、预见性的工作，科学、合理地进行策划是策划成功的必要条件。分包策划流程如图 6-5-3 所示。

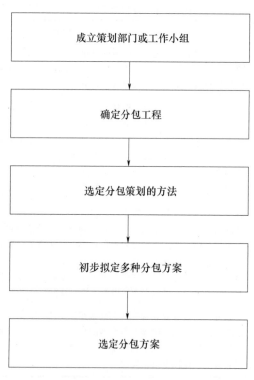

图 6-5-3　分包策划流程图

2）EPC 项目分包商审核。

EPC 项目总承包商对分包商的审核应根据不同的招标方式采用不同的方式进行，对于采用公开招标的项目，对所有投标人采取严格的资格预审方式进行审核；而对于采用邀请招标项目的，总承包商对分包商资质已有较全面的了解，那么，资质审查主要采取核查的方式，可以适当简化工作、节约时间，但是在发出投标邀请函之前，总承包商应对该企业进行考察和评估，经评估合格后，该企业方可应邀参加投标。

（1）资质审查的内容与范围。

资质审查的内容主要包括：年检企业营业执照原件、资质证书原件，法人代表资格证书；组织机构的合理性，专职安全管理机构、专职安全员、班组专职或兼职安全员配备情况；企业工程项目建设的安全健康与环境管理制度和体系；施工简历和近 5 年的安全施工记录，注意审查施工工程的中标通知书、合同、验收单等交印件，施工负责人、工程技术人员和工人的技术是否符合工程要求；施工人员数量，特种作业证书持有情况及与工程相关的专业人员是否配备齐全等；企业自有的主要机械设备、工器具、车辆、仪器仪表及安全防护设施、安全用具是否满足安全施工需要；其他必要资料。

（2）做好 EPC 项目分包商资质审查的要点。

做好 EPC 项目分包商资质审查工作，需要注意以下要点。

①严格遵守国家的招标投标法、建筑法及工程建设的相关法律法规制度，建立健全完善 EPC 项目的招标投标机制，将资质审查工作制度化、程序化，并进行程序化管理。

②坚持公正、公开、公平竞争的原则，强化监督问责机制。

③对施工单位资质实行严格的市场准入制度。不符合招标工程条件的施工单位坚决不允许进入招标；而对于施工管理经验丰富和信誉良好的施工单位要建立长期的合作关系。

④注重审查内容的完整性。

⑤制订有效措施，加大投标人违规成本。加大投标人的违法成本，不仅要采取中标无效、罚款等经济制裁，还要采取降低资质等措施，让其尝到预期风险大于预期效益的滋味，从而不敢轻易尝试。建立招标投标信用档案和公示制度，对不良行为予以公示。

3）EPC 分包项目招标。

和常规招标一样，EPC 项目分包由招标人发出招标公告或投标邀请书，说明招标的工程服务、货物的范围、数量、标段划分、投标人的资格要求等，邀请特定或不特定的投标人在规定的时间、地点按照一定的程序进行投标。

（1）招标的方式及特点分析。

①公开招标。公开招标，又称竞争性招标，是指招标人以招标公告的方式邀请不特定的法人或者其他组织投标，从中优选中标人的招标方式。

公开招标方式的优点是，可以使更多的承包商参与竞争，获得对招标人最有利的工程采购价格。但是其缺点也很明显，鉴于其复杂的招标流程，文件的准备量大，耗时长，工作量大，人力物力耗费较大，从而造成招标人招标费用的增加、工程投产日期的延迟。

②邀请招标。邀请招标，也叫有限竞争招标，是指招标人以投标邀请的方式邀请特定的法人或其他组织投标，是一种由招标人挑选若干供应商或承包商，向他们发出投标邀请，然后由被邀请的供应商、承包商投标竞争，招标人从中选定中标者的招标方式。

邀请招标一般不使用公开公告方式，接受邀请的单位才是合格的投标人，投标人的数量有限，介于议标和公开招标之间。此种招标方式在一定程度上限制了参与竞争的投标人的数量和范围，但是同时也可以节省招标的时间和招标费用，而且相比议标方式，各投标者之间的竞争增加，更有利于选择相对较低合理的中标价，相对于公开招标来说，可以提高每个投标者中标的机会，招标效率更高。

（2）各招标方式的流程。

总体来说，招标的基本流程如图 6-5-4 所示。

通过资格预审，淘汰不合格的投标人，筛选出有实力、有信誉、有经验的投标人投标，从而降低 EPC 工程失败的风险，同时还可以在一定程度上减轻招标人的评标工作量，缩短工作周期，节省评审费用。从 FIDIC 合同在《土木工程合同招标评标程序》中的规定："对于大型的和涉及国际招标的项目，必须进行资格预审"，可见资格预审的重要性。

4）EPC 分包项目评标。

（1）评标程序及内容。

评标是招标投标过程中至关重要的一步，投标文件评审的程序分为初步评审和详细评审两个阶段，在这两个阶段要分别进行技术评审和商务评审。详细评审完成后，招标人要将投标文件中的内容向授标意向人进行问题澄清，而且在定标之前要进行议标谈判，最后颁发中标意向书。

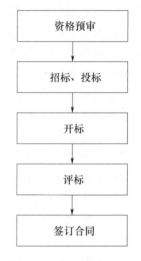

图 6-5-4　招标基本流程

初步评审投标文件是指针对投标文件的完整性和符合程度进行审查。主要内容有：投标人是否在规定时间内递交投标文件；投标人的法人、资格条件和注册地是否与资格预审文件相符；投标文件是否有法人代表的签字、盖章；投标文件、投标保函等格式和内容是否符合招标文件的规定；设计深度是否满足招标文件中的相关要求以及递交的投标文件是否完整等。

投标文件通过初步评审后将进入详细评审，此阶段也包括技术标评审和商务标评审两个板块。技术标评审主要考察评价投标人是否拥有完成具体工程项目的技术能力和施工方案可行性，主要评审投标文件中有关项目的实施方案、设计方案、实施方案与计划。

技术标评审的主要内容包括：设计方案的可行性、结构可靠性；设计施工进度的合理性、可行性；采购实施方案的合理性、可靠性；施工方案是否可行分包商的技术能力和施工经验是否满足项目要求；材料及机械设备供应的技术性能是否满足设计的要求；HSE 体系；质量保障体系；投标文件中对一些技术有什么可保留性的意见；按照招标文件规定对投标文件中提交建议性的方案作出技术评审。

商务标评审的主要内容有：审查所用报价计算的准确性，报价的范围和内容的完整性，各单价的合理性；分析合同付款计划，是否存在严重的不平衡报价；看投标人报价是否存在严重的前重后轻现象，分析付款计划是否与招标人的融资计划协调；分析报价构成的合理性，评价投标人是否存在脱离实际的不平衡报价；对投标人的资信、财务能力和借款能力可靠度做进一步审查并审查保函的有效性，可接受与否；分析资金流量表的合理性；投标人对支付条件的要求，对招标人提供的优惠条件，如支付货币的种类和比例、汇率、延期付款的要求等。

（2）选择分包商需考虑的因素。

选择分包商需考虑的因素如图 6-5-5 所示。

总分包合作的基本前提必须是风险共担、专业互补。一般来说，总承包商以丰富的管理协调能力、强大的资金实力、强劲的市场开发能力见长。那么，对分包商的挑选就

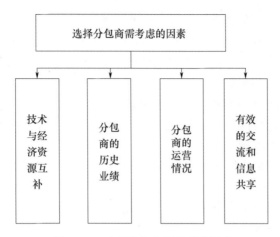

图 6-5-5　选择分包商需考虑的因素

应该结合企业自有实力与资源状况以及分包工程的实际情况选择专业技术与经济资源互补的分包商。这样组合才可以提高生产效率、降低成本，为双方合作创造经济效益。

7. 工程总承包项目分包合同管理

1）分包合同类型。

（1）总价分包合同。

在总价分包合同中，EPC总承包商支付给分包商的价款是固定的，未经双方同意，任何一方不得改变分包价款。总价合同通常用于采购分包、小型的施工分包、无损检测分包。

（2）单价分包合同。

在单价分包合同中，EPC总承包商按分包商实际完成的工作量和分包合同规定的单价进行结算支付。单价合同通常用于施工分包。

（3）成本加酬金合同。

在成本加酬金合同中，对于分包商在分包范围内的实际支出费用采用实报实销的方式进行支付，分包商还可以获得一定额度的酬金。成本加酬金合同通常用于设计分包以及时间紧迫的施工分包。采用此种方式时，须在合同中规定方便判断的执行标准。

2）分包合同管理要点。

（1）了解法律对雇用分包商的规定。

对于涉外项目，EPC总承包商应该了解当地法律对雇用分包商的规定，EPC总承包商是否有义务代扣分包商应缴纳的各类税费，是否对分包商在从事分包工作中发生的债务承担连带责任。

（2）分包项目范围和内容。

EPC总承包商应对分包合同的工作内容和范围进行精确的描述和定义，防止不必要的争执和纠纷。分包合同内容不能与主合同相矛盾，主合同的某些内容必须写入分包合同。

（3）分包项目的工程变更。

EPC总承包商项目经理部根据项目情况和需要，向分包商发出书面指令或通知，要求对项目范围和内容进行变更，经双方评审并确认后则构成分包工程变更，应按变更程序处理；项目经理部接受分包商书面的"合理化建议"，对其在各方面的作用及产生的影响进行澄清和评审，确认后，则构成变更，应按变更程序处理。

（4）工期延误的违约赔偿。

EPC 总承包商应制定合理的、责任明确的条款，防止分包商工期的延误。一般应规定 EPC 总承包商有权督促分包商的进度。

（5）分包合同争端处理。

分包合同争端处理最主要的原则是按照程序和法律规定办理并优先采用"和解"或"调解"的方式求得解决。

争议解决原则：以事实为基础；以法律为准绳；以合同为依据；以项目顺利实施为目标；以友好协商为途径。

争议解决程序：准备并提供合同争议事件的证据和详细报告；邀请中间人，通过"和解"或"调解"达成协议；当"和解"或"调解"无效时，可按合同约定提交仲裁或诉讼处理；接受并执行最终裁定或判决的结果。

（6）分包合同的索赔处理。

分包合同的索赔处理应纳入总承包合同管理系统。索赔是在合同实施过程中，双方当事人根据合同及法律规定，对非己方的过错引起的，并且应由对方承担责任的损失，按照一定的程序，向对方提出请求给予补偿的要求。

①索赔原则。

公平性原则：必须根据法律赋予当事人的正当权利进行索赔，索赔应是补偿性的，而不是惩罚性的。

以合同为依据原则：合同是双方当事人合意的表示，索赔必须依据合同的规定。

实事求是原则：识别索赔的发生和确定索赔的数量必须以事实为基础，以施工文件和有关资料的记录为准。

②索赔理由划分。

对于变更出现的原因，可以将索赔理由划分为业主导致的变更和非业主导致的但由业主承担责任的变更。对于业主导致的变更，EPC 总承包商不仅可以依据合同规定要求工期或费用的补偿，还可以要求合理利润的补偿。而对于非业主导致的但由业主承担责任的变更，EPC 总承包商只可以依据合同规定要求工期或费用的补偿。

③索赔程序。

在项目控制部设立索赔管理小组，由具备专业知识的人员组成，且人员组成不宜经常调动，以便系统地进行索赔工作并积累经验。如果索赔数额较大，而双方对问题的认识进入僵持状态时，应考虑聘请高水平的索赔专家协助进行索赔。

在规定时限内向对方发出索赔通知，并提出书面索赔报告和索赔证据。编写索赔报告应注意事实的准确性、论述的逻辑性、善于利用案例、文字的简洁性和层次的分明性。

对索赔费用和时间的真实性、合理性和正确性进行核定。

会议协商解决，注意索赔谈判的策略和技巧，准备充分、客观冷静、以理服人、适当让步。

按最终商定或裁定的索赔结果进行处理，索赔金额可作为合同总价的增补款或扣减款。

（7）分包合同文件管理。

分包合同文件管理应纳入总承包合同文件管理系统。

（8）分包合同收尾管理。

应对分包合同约定目标进行核查和验证，当确认已完成缺陷修补并达标时，及时进行分包合同的最终结算和结束分包合同的工作。当分包合同结束后应进行总结评价工作，包括对分包合同订立、履行及其相关效果评价。

8. 工程总承包项目分包组织与实施管理

1）调度管理。

EPC 总承包商对于分包商的管理主要体现在协调监督方面，而对各分包商工作的协调管理主要通过 EPC 总承包商的中心调度室实现。一般应要求各分包商设置专门的调度机构和专职的调度人员，服从 EPC 总承包商中心调度室的领导。

2）设计分包过程管理。

设计部在设计分包工作的实施过程中，其主要管理工作为：做好开工前的准备工作；组织设计分包商按项目设计统一规定进行设计；组织各设计分包商编制采购设备、材料的技术文件，及时组织处理采购过程中出现的设计方面技术问题；协调各专业、各设计分包商之间的衔接，解决各设计专业和设计分包商之间的技术问题；收集、记录、保存对合同条款的修订信息、重大设计变更的文字资料，并负责落实新条款和变更的实施情况，为后续的合同结算工作准备可靠依据；审核设计分包商交付的设计文件与规定要求的符合性，并做好设计分包的支付结算工作；项目结束时，组织设计分包商整理项目设计阶段的所有资料，并完成立卷、归档工作。

3）设计分包现场服务管理。

督促落实设计分包商以保证其有一套能够开展现场服务的班子。

组织设计分包商做好现场设计交底工作，并协助供应商做出技术方案。

配合施工，解决与设计有关的技术问题。其中包括：提供图纸、说明书、技术规格书以及其他设计文件的解释。

协调、处理现场设计变更。

4）采购分包组织与实施管理。

（1）调度管理。

中心调度室在调度管理中的职责：根据对项目建设的全面信息汇总，对采购分包商的工作分析、总结，对下一步的工作提出建议，下达工程调度指令，并敦促执行；向采购部下达物资调拨令，总体上负责项目物资的调度；了解和掌握物资的需求情况。

（2）采购分包过程管理。

采购部在采购分包工作的实施过程中的主要管理工作如下：协调各分包商之间的进度搭接工作，协调采购分包商与供应商、施工部的工作搭接；做好采购分包的支付结算工作；依据合同要求各分包商对自购物资的质量负责。

5）施工分包组织与实施管理。

（1）调度管理。

中心调度室的职责：根据对项目建设的全面信息汇总，对施工分包商的工作分析、总结，对下一步的工作提出建议，下达工程调度指令，并敦促执行；接受施工分包商等的有关报表、申请、文件等，按相关工作程序做出处理并敦促执行。

（2）施工分包过程管理。

①施工准备。

施工部对施工分包商管理体系的建立、质量管理体系的运行情况、HSE 管理体系的运行情况、施工资源的配备情况进行一次全面的审查，并将结论意见报 PMC 监理核准后，合格的分包商由 PMC 监理签发开工令，不合格的分包商签发整改通知单。

施工经理主持召开施工前会议，与施工分包商商讨工作计划，明确工作区域、工作协调配合及合同管理规程等事宜。

②施工过程中。

施工部会同 PMC 监理对施工分包商进行报验的工作组织验收，对施工分包商的工作质量进行监控。

施工部监督施工分包商做好物资的库房管理，及时掌握施工分包商的物资需求情况，安排好物资调拨工作。

施工部审查施工分包商提交的各类进度报表，掌握项目的综合进度。确保信息的准确性、及时性，并以此作为对分包商结算的依据。

施工部建立定期和不定期的会议制度，检查施工分包商各种计划的落实程度、各施工分包商之间的工作接口处理情况、合同的履约状况，解决目前已经发生的各种问题，对后期工作做出安排。

施工部应随时注意设计变更或工程量增减等情况引起的工程变更，并采取相应的措施妥善处理变更。

③完工阶段。

审核施工分包商完成的施工和安装工作与规定要求的符合性。

审核施工分包商在所承包工程完工后提交的工程验收申请报告单。

审核各施工分包商编制的所承包工程的竣工资料，并完成立卷、归档工作。

9. 工程总承包项目分包管理业主职责范围

业主与分包商之间没有合同关系，原则上对分包商不能直接进行管理，需要将管理意见通过 EPC 总承包商反映给分包商。但为了工作的便利，在执行项目过程中可以制订相关协调程序，规定在何种情况下业主可以通过 PMC 监理向分包商发布指令，以便提高工作效率。

业主对分包工作的职责主要体现在对 EPC 总承包商分包方案的审批以及对分包商的最终确定。对于无损检测以及某类专业性的物资监造工作，业主一般会提供潜在分包商的名单，让 EPC 总承包商从名单中进行选择。

复习思考题

1. 简述工程项目的内涵及特征。
2. 简述工程项目施工管理的任务及特点。
3. EPC施工管理的特点有哪些?
4. 简述EPC工程总承包施工管理要点。
5. 简述总承包商与分包商的权利与义务。
6. 简述EPC模式下分包商的选择流程。

第七章 设计管理、采购管理、施工管理的接口总体关系与协调

本章学习目标

通过本章的学习，学生可以更加了解设计管理、采购管理、施工管理；充分了解设计管理和采购管理的接口关系，采购管理和施工管理的接口关系，设计管理与施工管理的接口关系。

重点掌握：设计管理、采购管理、施工管理两两之间的接口关系。

一般掌握：大体了解设计管理和采购管理之间的注意事项以及设计管理与施工管理的矛盾。

第一节 设计管理、采购管理、施工管理的关系

1. 设计管理概述

设计管理可以一般分为狭义设计管理和广义设计管理。狭义设计管理 DM（Design Management）即将设计活动作为企业运作中重要的一部分，在项目管理、界面管理和设计系统管理等产品系列发展的管理中，善于运用设计手段，贯彻设计导向的思维和行为，将战略或技术成果转化为产品或服务的过程。

1）EPC 总承包设计管理内容。

在 EPC 总承包工程全过程中，对于设计的管理需要贯穿始终，包括设计前期考察，方案制订，工艺谈判，设计中往来文件、设计施工图以及图纸的审查确认等内容，以及在采购、施工过程中的技术评阅，现场技术交底，设计澄清与变更，设计资料存档，竣工图的绘制等。

2）EPC 总承包设计管理的特点。

设计管理是一个贯穿于整个项目管理始终的工作，由此决定了它有以下几个特点：

（1）客观性。

客观性是设计管理能够实现的基本要求，要求设计管理必须符合事物发展的基本规律。在设计管理活动过程中，管理者应具备各方面的综合管理知识，考虑客观条件，使自己的主观判断能自觉地符合客观因素，从而达到管理工作的科学性和客观性。

（2）动态性。

由于设计管理贯穿于整个项目，可能涉及对不确定性技术的影响，为增强要素间的群体效应，应对出现的问题，需要及时做出调整，采取相应措施，以平衡外界变化过程中各种因素的变化，使管理系统的运行处于动态平衡。

（3）均衡性。

设计管理的均衡性是一种协调、平衡的状态，其管理的目的是使处于动态变化下的管理对象和资源要素之间达到平衡，只有当管理要素和资源要素达到和谐有序时，工程项目的整体管理力度和管理功能才能得到充分发挥。

（4）周密性。

设计管理的周密性是应对客观事物发展变化的必然要求。在实践过程中，主要表现在设计管理活动中留有较大的富有弹性的可休整空间，在复杂的项目管理过程中往往准备两套以上的实施方案和应急预案。

3）我国的总承包模式设计管理存在问题分析。

（1）集成能力亟待提高。

集成本质上是为达到最优的集成效果对集成单元的优化组合。在 EPC 总承包模式下，设计管理的集成能力是指运用集成理论对设计内容进行整合优化，以达到节约投资、缩短工期的目的。随着设计管理所涵盖的内容增多，周期变长（如全过程参与），对其提出了更高的要求，集成能力亟待提高。

（2）标准化过程控制还需探索。

研究认为，EPC 总承包的关键是依赖专业的分包和标准化过程控制。当前的设计流程标准化作业管理主要针对设计阶段，强调设计流程的规范化，是设计质量在制度上的保证。而 EPC 总承包设计管理标准化过程除了保证项目设计质量，还有哪些设计环节是项目成本控制的关键，哪些设计环节是项目利润来源的保证，这些涉及标准化过程控制的问题还需要进一步的探索。

（3）投资控制有待加强。

由于我国现行的"五阶段投资控制模式"，项目各阶段的投资控制任务分别由投资咨询机构、设计机构、工程造价机构、工程监理机构和建设单位承担，涉及投资控制相关的执业资格主要有四个，即注册咨询师（投资）、注册造价师、注册监理师、投资建设项目管理师执业资格等，这些执业资格的职能交叉，分别对不同的行政主管部门负责。

4）对策及建议。

（1）提高设计集成能力，加强项目经理职业资格要求。

集成能力主要包括以下几方面：组织体系的集成；设计力量的集成；分包管理的集成；外部资源整合的集成等。

EPC 总承包模式设计管理应提高系统集成能力，实现设计、采购、施工的深度交叉，合理确定交叉的深度和交叉点，在确保周期合理的前提下缩短建设工期。

EPC 总承包模式设计管理对项目经理职业资格提出了更高要求，要求项目经理不仅要熟悉工程技术，而且要熟悉国际工程公司的组织体系，要熟悉设计管理、施工管理以及有关政策法规、合同和现代项目管理技术等多方面知识，并具备很强的判断力、分析决策能力与丰富的工作经验，同时还要注重对从业人员的职业操守、道德和信誉的考核。

（2）设计流程再造，提高设计过程控制能力。

在 EPC 总承包模式下，设计管理需要重新界定和塑造设计的业务流程和管理流程，以达到通过流程来创造价值、增加价值的目的。

（3）引入全过程投资控制，保证设计经济性。

EPC总承包模式下的设计管理与传统模式下的设计管理在建设流程、设计内容、功能诉求等方面的差异，EPC总承包模式下设计管理容易受到传统模式的影响，而导致设计的主导作用不能充分发挥出来。

2. 采购管理概述

采购管理是指对采购业务过程进行组织、实施与控制的管理过程。采购子系统业务流程图通过采购申请、采购订货、进货检验、收货入库、采购退货、购货发票处理、供应商管理等功能综合运用，对采购物流和资金流全过程进行有效的控制和跟踪，实现企业完善的物资供应管理信息。该系统与库存管理、应付管理、总账管理、现金管理结合应用，能提供企业全面的销售业务信息管理。

1）采购管理的流程。

（1）采购计划。

采购计划在EPC总承包模式中的采购环节具有非常重要的地位。采购计划管理对企业的采购计划进行制定和管理，为企业提供及时准确的采购计划和执行路线。采购计划包括定期采购计划（如周、月度、季度、年度采购计划）、非定期采购任务计划（如系统根据销售和生产需求产生的采购任务计划）。

（2）采购订单。

采购订单管理以采购单为源头，对从供应商确认订单、发货、到货、检验、入库等采购订单流转的各个环节进行准确的跟踪，实现全过程管理。

（3）发票校验。

发票管理是采购结算管理中重要的内容。采购货物是否需要暂估，劳务采购的处理，非库存的消耗性采购处理，直运采购业务，受托代销业务等均在此进行处理。

2）采购管理的职能。

（1）保障供应。

采购管理最首要的职能，就是要实现对整个企业的物资供应，保障企业生产和生活的正常进行。企业生产需要原材料、零配件、机器设备和工具，施工活动只要一开动，这些东西必须样样到位，缺少任何一样，施工活动就开动不起来。

（2）供应链管理。

在市场竞争越来越激烈的当今社会，企业之间的竞争实际上就是供应链之间的竞争。企业为了有效地进行生产和销售，需要一大批供应商企业的鼎力相助和支持，相互之间最好的协调配合。

（3）信息管理。

在企业中，只有采购管理部门天天和资源市场打交道，其除了是企业和资源市场的物资输入窗口之外，同时也是企业和资源市场的信息接口。所以，采购管理除了要保障物资供应、建立起友好的供应商关系之外，还要随时掌握资源市场信息，并反馈到企业管理层，为企业的经营决策提供及时有力的支持。

3. 施工管理概述

施工管理是施工企业经营管理的一个重要组成部分。企业为了完成建筑产品的施工任务，从接受施工任务起到工程验收为止的全过程中，围绕施工对象和施工现场而进行的生产事务的组织管理工作。在 EPC 总承包模式中，施工管理贯穿于整个项目，对于整个项目来说，是非常重要的。

1）工程项目施工管理的任务。

施工方项目施工管理的主要任务如下。

（1）制订施工组织设计或质量保证计划，经监理工程师审定后组织实施。

（2）按施工计划，认真组织人力、机械、材料等资源的投入，组织施工。

（3）按施工合同要求控制好工程进度、成本、质量。

（4）对施工场地交通、施工噪声以及环境保护等方面的管理要严格遵守有关部门的规定。

（5）做好施工现场地下管线和邻近建筑物及有关文物等的保护工作。

（6）按环境卫生管理的有关规定，保证施工现场清洁。

（7）按规定程序及时主动提供业主和监理工程师需要的各种统计数据报表。

（8）及时向委托方提交竣工验收申请报告，对验收中发现的问题及时进行改进。

（9）认真做好已完工程的保护工作。

（10）完整及时地向委托方移交有关工程资料档案。

2）工程项目施工管理的特点。

（1）工程项目施工管理具有一次性管理的特点。

项目的单件性特性，决定了项目管理的一次性特点。在项目施工管理过程中一旦出现失误，很难纠正，损失严重。工程项目永久性特征及项目施工管理的一次性特征，决定了施工项目管理的一次性成功是关键。

（2）工程项目施工管理是一种施工全过程的综合性管理。

工程项目施工管理涉及施工准备、建筑安装及竣工验收等多个环节。在整个过程中同时又包含进度、质量、成本、安全等方面的管理。因此，工程项目施工管理是全过程的综合管理。

（3）工程项目施工管理是一种约束性强的控制管理。

工程项目施工管理的一次性特征，其明确的目标（如成本低、进度快、质量好等）、限定的时间和资源消耗、既定的功能要求和质量标准，决定了约束条件的约束强度比其他管理更高。因此，工程项目施工管理是约束性强的管理。项目管理者如何在一定时间内，在不超过这些条件的前提下，充分利用这些条件，去完成既定任务，达到预期目标，这是工程项目施工过程管理的重要特点。

3）EPC 施工管理的特点。

EPC 施工管理能与设计、采购密切配合确保工程项目的整体利益最大化，使项目得以顺利进行。

EPC 施工管理一个最大的特点就是程序化管理，所有施工均以程序方式进行规范化，施工程序文件是指导、监督和检测施工的最有效文件，在施工管理中，各单位都能学习程序文件，摒弃以往经验化施工管理的弊端。EPC 的程序管理贯彻于施工管理的各方面，从施工技术到施工质量，从施工安全到计划控制，从财务管理到材料发放，从设备要求到组织要求。

EPC 模式下的施工管理非常重视计划管理。一般 EPC 工程总承包单位都制订详细的一级到四级施工计划，用于指导和监控施工情况，针对施工偏差寻找原因并补救，从而修正计划，确保整体计划的实现。

EPC 管理是交钥匙施工模式，要求总承包企业拥有雄厚实力，确保设计、采购、施工一次性达到验收标准，因此对于施工管理来说，质量管理尤其重要。

4）EPC 施工管理的内容。

（1）施工进度管理。

进度控制是指在既定的工期内，由承包商编制合理的进度计划，经监理工程师审批后，承包商按照计划组织施工。在施工过程中，监理工程师要充分掌握进度计划的执行情况，若发现偏差，及时分析产生偏差的原因和对施工工期的影响，并基于分析结果，督促承包商加强进度管理或采取一定的措施，调整后续工程的进度计划。如此不断循环，以期在预定的工期内完成所有工程项目，表 7-1-1 为进度管理的主要任务。

表 7-1-1　进度管理的主要任务

1	设计准备阶段进度控制的任务	收集有关工程工期的信息，进行工期目标和进度控制决策
		编制工程项目建设总进度计划
		编制设计准备阶段详细工作计划，并控制其执行
		进行环境及施工现场条件的调查和分析
2	设计阶段进度控制的任务	编制设计阶段工作计划，并控制其执行
		编制详细的出图计划，并控制其执行
3	施工阶段进度控制的任务	编制施工总进度计划，并控制其执行
		编制单位工程施工进度计划，并控制其执行
		编制工程年、季、月实施计划，并控制其执行

（2）施工的成本管理。

EPC 工程总承包项目成本按项目实施周期可分为估算成本、计划成本和实际成本。

估算成本是以总承包合同为依据按扩大初步设计概算计算的成本，它反映了各地区工程建设行业的平均成本水平。估算成本是确定工程造价的基础，也是编制计划成本、评价实际成本的依据。

计划成本是指在 EPC 工程总承包项目实施过程中利用公司设计技术和总承包管理能力，对设计进行优化，科学合理地组织采购和施工，实现降低估算成本要求所确定的工程成本。计划成本是以施工图和工艺设备清单表为依据、厂家询价资料和施工定额为基础，并考虑降低成本的技术能力和采用技术组织措施效果后编制的根据施工预算确定的工程成本。计划成本反映的是企业的成本水平，是工程公司内部进行经济控制和考核工程活动经济效果的依据。

实际成本是项目在报告期内实际发生的各项费用的总和。把实际成本与计划成本相比较，可揭示成本的节约和超支、考核企业施工技术水平及技术组织措施的贯彻执行情况和企业的经营效果，反映工程盈亏情况。实际成本反映工程公司成本水平，它受企业本身的设计技术水平、总承包综合管理水平的制约。

（3）施工的质量管理。

质量管理是工程总承包项目管理工作的一项重要内容，总承包项目质量管理不能仅仅体现在项目施工阶段，还应体现在项目从设计到运营的整个过程中。集团公司的质量管理坚持"质量第一、用户至上、质量兴企、以质取胜"的方针，积极推行 ISO9000 质量管理体系，努力提高项目质量。

质量部岗位设置如图 7-1-1 所示。

图 7-1-1　质量部岗位设置

工程总承包项目质量管理体系分为质量管理体系的总体要求和质量管理体系的文件要求。

质量管理体系的总体要求：EPC 总承包商应建立质量管理体系，并形成文件，在项目实施过程中必须遵照执行并保持其有效性。EPC 总承包商负责其内部各个部门的协调，组织协调、督促、检查各分包商的质量管理工作。各分包商也应相应建立其质量管理体系，并接受 EPC 总承包商的审核，同时接受业主、PMC 监理的监督和审核。EPC 总承包商进行质量审核，及时发现质量管理体系的运行问题，并进行纠正、跟踪，确保质量管理能力不断提高。

质量管理体系的文件要求：

①文件要求。

项目质量管理体系文件由以下 3 个层次的文件构成：质量手册；按项目管理需要建立的程序文件；为确保项目管理体系有效运行、项目质量的有效控制所编制的质量管理作业文件，如作业指导书、图纸、标准、技术规程等。工程总承包项目质量体系文件框架如图 7-1-2 所示。

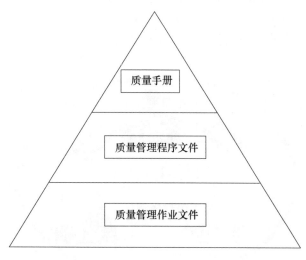

图 7-1-2　总承包项目质量体系文件框架

②文件控制。

质量部对所有与质量管理体系文件运行有关和项目质量管理有关的文件都应予以控制。

工程总承包项目信息文控管理流程如图 7-1-3 所示。

图 7-1-3　工程总承包项目信息文控管理流程

4. 设计管理、采购管理、施工管理关系概述

尽管 EPC 总承包项目中设计是龙头，但工程设计的方案和结果最终要通过采购来实现，采购过程中发生的成本、采购的设备和材料的质量最终影响设计蓝图的实现和实现程度；土建施工安装的输入主要为采购环节的输出，它需要通过采购环节获得的原材料，需要安装所采购的设备和大型机械。采购管理在工程实施中起着承上启下的核心作用。

EPC 总承包项目中的采购环节承担着整体 EPC 采购的工作，采购过程能否高效准确地进行，直接影响到项目成本和项目质量。要根据 EPC 设计环节中设计的具体方案，来进行后续的采购工作，采购应该与其他各个方面做好协调工作，采购的设备和耗材质量的过关，要在质量的基础上，尽可能地削减采购的成本。如果采购过程出现问题或者问题未能得到及时纠正，在项目到移交或试运行的时候再纠正某些错误，其代价将十分昂贵甚至无法挽回。

EPC 总承包项目中的施工环节承担着项目施工的工作，要注重施工环节中团队建设的工作，只有做好施工环节的团队建设，达到各个部门各司其职的效果，才能将施工环节的各个部位责任到人，对项目进行施工质量的把关。

但是纵观总承包项目设计、采购、施工的三大环节，各个方面是相互联系的，设计的具体内容关系到后续采购的物资种类，采购的质量也会对施工的效果产生影响，施工的具体情况也会对设计造成影响，三个方面一直在 EPC 建设的整个过程中不断发生着联系。只有将三个方面都不断完善，同时注重其各个方面的联系，才能将 EPC 项目做好如图 7-1-4 所示。

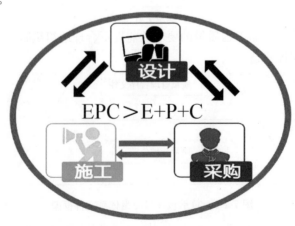

图 7-1-4　EPC 总承包项目中设计、采购、施工之间的关系

5. 设计和采购工作的关系

EPC 项目管理必须将项目采购工作纳入工程设计程序，是强化项目管理、提高工程质量、加快工程进度、控制项目投资的有效措施，是提升项目综合管理的必要步骤。把采购工作纳入工程设计程序，是要在建设项目总体统筹计划的控制下，经设计和采购的合理分工、密切配合，进行深度合理交叉，共同保证工程设计、物资采购工作的质量和进度，从而从根本上保证工程建设的进度和质量，又取得保证降低工程成本控制项目投资的效果。对于该项工作的合理推进，主要的做法有：

（1）设计参与采购工作并将其作为设计程序的组成部分。

（2）采购人员要参与设计方案的研究，在原有经过与甲方协调商量而确定的长名单为设计提供供货单位的相关资料。

（3）设计按工程进度要求、按版次设计深度给采购部门人员提供采购所需要的图纸和资料配合采购开展工作。

（4）采购部门和人员按投资概算和市场情况编制标底，按设计图纸和相关资料进行订货和验收。

6. 设计与施工工作的关系

在建筑工程之中，工程设计是建筑产品的虚拟制造者，工程施工则是建筑产品的实现者，两者存在着相互影响、相互依存的紧密联系。在 EPC 总承包模式中，设计和施工的关系显得非常密切，EPC 总承包模式就是集设计、采购、施工于一身的承包模式。

建筑产品的出现要经过决策、设计、施工、竣工、试运行等阶段。在建筑策划完成之后，建筑设计人员根据建筑策划的要求，在尽可能地符合建筑策划目标、检验决策的合理性、规避建筑策划的问题、完善策划不足的前提下，进行对建筑产品的设计。

建筑设计是设计人员通过想象将策划中的抽象概念设计成一套可执行的方案。在此过程中，设计人员将建筑产品的整体构成、结构以及各个组件通过想象的方式设计出来，使得包括梁、板、柱、墙、窗等建筑元素达到创造性地结合，通过将虚拟建筑绘制在建筑图纸上，实现建筑策划所达到的目标。

当建筑产品的设计完成之后，施工人员再熟悉建筑图纸，明晰设计人员的意图，弄清相关技术资料对建筑产品工程质量的要求的前提下合理地组织施工工序，按照建筑图纸进行建筑产品的实体建造。

设计和施工分属于建筑工程的不同阶段，同属于建筑工程管理工作中的重要组成部分。但在工程管理过程中，设计环节和施工环节之间往往处于一种相互联系、相互制约的关系，极易导致工程设计缺乏实际可行性或施工阶段的设计变更问题等，在影响工程管理效果的同时，也无法保证建筑工程施工质量和经济效益。而通过对设计和施工管理工作有机整合，能够有效解决这一问题。

1）整合设计与施工管理对于 EPC 项目管理的意义。

（1）有助于降低项目投资风险。

以往在工程项目中，部分设计人员忽视了工程前期勘测工作，没有对工程现场地质水文条件等进行全面勘察，使得工程设计与现场之间存在较大差异。因此，在具体的施工过程中往往就会出现设计变更问题，影响项目经济效益，影响项目投资收益。

（2）有助于保障项目施工质量。

在 EPC 项目管理模式下，总承包商对最后的工程项目产品负全部责任，因此其组织成员都是利益共同体，要确保施工建设质量高效率地完成工作。

（3）有助于降低业主责任风险。

EPC 项目管理模式下，业主单位的管理职责相对减少，管理工作变得简单，涉及的协调工作也不多。

2）EPC 项目中整合设计与施工管理的措施。

（1）完善项目组织管理体系。

以 EPC 总承包方项目经理为核心，在项目经理的直接领导下，负责本工程的日常管理工作。将 EPC 总承包方与设计施工分包方的管理体系进行整合、统一做到无缝对接。要求设计人员与施工人员能够积极配合项目管理工作，保证项目工程建设质量与施工进度。同时，还应落实 EPC 项目管理岗位职责，将工程的设计，招投标工作、物料采购、施工、监理、检验、验收等一系列工作纳入项目管理体系之中，完善项目施工各个环节管理责任人的岗位责任，通过全员参与项目管理来提升项目管理整体质量。

（2）严格把控初期项目设计。

①强化工程勘察设计。

传统模式下工程项目的勘察深度不足，使得后期出现施工变更等一系列问题，EPC模式下所有责任和经济输出都是联合体的，因此尽量减少在施工中出现的变更问题，所以往往重视工程勘察。工程勘察首先是全面地了解工程项目的地质条件和特点，确保勘察结果能够满足可行性工程设计需求，避免后期方案的变更。在工程勘察的基础上提出系列设计方案进行比选，确保工程设计的安全性、经济性和生态性，还应该注意就地取材及施工的便利性。

②精确工程概算统筹。

概预算涉及业主和总承包商的利益，因此需要根据初步勘察设计确定详细的概预算方案，并统筹全面考虑，特别需要考虑总承包商的利益。

③积极与施工部门沟通。

工程概算确定后，总承包商为了获得最大的利益，就需要充分利用设计与施工密切配合的优势。在初步设计阶段，就应该形成联合项目部和技术部，针对工程项目的各类问题进行协商处理，设计人员需要充分重视施工人员反馈的意见，施工人员需要按照设计意图开展工作，形成良好的施工组织计划，保证设计方案的方便性和可行性。

（3）严格把控实际项目施工。

以往设计人员大多缺乏项目管理整体意识，在施工图设计完成后，基本就算完成了自身工作，而其在施工阶段的工作任务仅限于解决工程设计缺陷而导致的实际问题。在EPC模式下，设计与施工成为有机整体，因此设计人员在施工阶段应该承担更多的工作任务与责任。

7. 采购与施工工作的关系

1) 采购管理工作。

实际操作可参考以下几个原则。

（1）业主和总承包方分别委派若干人员成立联合采购组，并指定业主代表和总承包方代表。联合采购组负责对本工程土建和安装施工分包单位的物色、推荐、资格预审等工作，并经双方指定的代表一致同意邀请对象后，通过内部招标程序最终选择合格的分包单位。

（2）联合采购组负责对工程项目的主要设备及材料进行采购，具体范围以设计院编制的主要设备及材料清册为准。

（3）根据主要设备及材料清册规定的设备及材料档次，联合采购组对各类设备及材料提出技术质量要求文件和推荐的制造厂家名单，经双方指定的代表一致同意后进行采购。

（4）对采购过程的某一环节，业主代表或总承包方代表认为不满意，均有权要求中止并重复采购过程。对设备及材料质保期内出现的质量问题，联合采购组负责落实供货方的技术服务工作。

（5）联合采购组负责设备及材料的订货、中间检查、催货、清点验收、货款支付等工作。设备和材料中间检查或清点验收过程中，如业主或总承包方代表因故不能参加，应授权另一代表全权处理，并视为对另一方的检查和验收结论不持异议。

（6）业主指定的设备或材料，若总承包方有异议，应书面向业主提出异议原因。如果业主坚持而总承包方最终不同意使用，则总承包方对该设备或材料不承担责任；否则，如总承包方最终同意使用，则不能免除总承包方对该设备或材料的责任。

（7）由业主、总承包方、监理和分包商共同对设备和材料进行中间检查或清点验收，并签字认可。验收后的材料或设备应及时移交给分包方，由分包负责管理。

（8）建立采购工作日常管理制度。

（9）制订采购工作的程序。

在采购实施时，做好合同中标的物的质量、催货、货物验收、支付、变更、担保、保险、延迟和终止等合同管理工作。

采购工作包括做好合同的收尾工作，更新所有合同记录，完成采购审计，进行采购标的物的正式验收与收尾。

2) 施工管理工作。

现场施工实施主要包括施工进度管理、成本管理、QHSE 管理和综合管理等。

（1）施工进度管理要找准定位。

工程总承包施工进度管理与施工总承包不同，前者的工作重点是管理和控制，后者往往更从经济效益出发，找出种种理由拖延承诺的进度按时完成。施工单位在施工组织方案中，为保证进度做出的劳动力等资源的安排，在实际施工中，往往是做不到的。

（2）成本管理要注意方方面面。

工程总承包中的成本管理，不能因为只要进度，就不考虑施工单位的成本。应做好市场材料设备的价格趋势分析，合情合理做好合同的价格确定工作，并在工作中进行控制。只有施工单位赚钱，双赢或多赢，他们才会按照管理的要求去做到。

（3）QHSE 管理要从"交钥匙"出发。

工程总承包施工阶段的 QHSE（质量、职业健康、安全、环境）管理，重点是对施工承包单位的质量、职业健康、安全和环境保证体系的有效监控。监理工程师虽然按规范要求，编制有《监理规划》和各专业《监理细则》等，运用旁站、巡视、检验等手段，对施工过程质量进行管理。但由于工程总承包实行的出发点是"交钥匙"工程，借鉴国外的项目管理模式，责任比监理更大。因此，具体操作时，工程总承包的管理比监理更操心，管理的力度更大，甚至要监督检查监理的工作。

（4）综合管理过程中不断完善。

工程总承包的现场综合管理工作，关键是怎样实施好项目管理规划及按规范要求的若干计划控制等工作，并注意在实施中不断完善。

3）采购和施工之间的关系。

工程总承包的采购与施工之间的关系，主要分实施阶段的监造、催货、现场验收、设备验收与施工中的投资控制。

实施阶段的投资控制，是全过程投资管理的重要组成部分。在这个阶段中，需要严把合同关，重点关注工程的变更控制。对实施过程中合同相关方提出调整方案，要求提出改动的一方必须详细说明改动原因，并执行严格的会签同意制度，然后根据同意的方案进行改动，对实施的增减工程量进行严格计量，并及时将工程转化为费用额。

施工进度与采购设备及主材的监造、催货、现场验收密不可分。如果采购的设备及主材不能及时到货、现场验收不能符合设计及合同规定的技术要求等，就不能满足施工进度要求。因此，采购工作要随时处理好与现场施工的进度关系，在安装调试阶段还要及时组织设备供应商参与调试、验收等工作。

第二节　设计与采购工作接口关系与协调

1. 设计与采购工作的接口关系

EPC 总承包项目的采购工作是一项贯穿项目全过程且工作量较大的工作。整个项目实施过程中采购部需要与设计、施工、控制、质量、财务等部门进行对接交叉作业，接口工作在采购工作中显得尤为重要，并且直接影响到项目部日常工作运行。采购工作与设计工作的接口关系主要表现在以下几方面如图 7-2-1 所示。

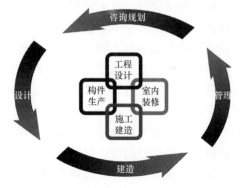

图 7-2-1　采购工作与设计工作接口关系的表现

开展初设时，采购分公司提供设备、材料的大致价格区间支持造价中心进行报价工作。

项目部成立后，设计组开展详细设计，提出设备清单；采购组进行市场调查，将选定的设备资料反馈给设计组以完成相关设计；设计进行综合计算，结合造价中心意见，适度调整设计参数。如需设备变更须通知采购组及时开展与供货商的沟通，并再次确认供货商反馈的相关设备参数。

设计部门负责整个项目的材料的汇总，按设备、散装材料编码进行分类编制设备表、散装材料表，编制出设备、散装材料请购文件，请购文件的编制需要规范，让供应商看到请购文件能够准确报价。正常情况下，合同价格一经确定，请购文件中的技术要求相应地要转为合同的技术附件，并要求技术负责人会签。

采购工作参与设计过程，尤其是设计初期和业主讨论工艺路线时，采购能够参与或者旁听，对采购对工艺的理解，供货范围的确定都很重要。在采购人员无法出席会议的情况下，最终的工艺路线需要设计部门能够给采购人员讲解培训一下。采购人员只有在理解工艺流程的情况下，执行采购才能更加明确。

采购部组织技术交流会议，所涉及的设计部门各专业均参加，与厂商确认技术规格、工作内容、工作界面等技术问题，由设计部门负责签订技术协议。

除工艺专业之外，其他专业也要对采购部门进行技术交底，让采购人员能够清楚地明白各专业的设计意图，这样采购才能把项目的采购要求准确地传达给供应商。

对采购人员进行技术培训。采购人员除了自身的业务建设，也能够参与到设计部门的业务建设，加强学习。

设计部门负责对供货厂商报价的技术部分提出评审意见，排出推荐顺序，供采购部门确定供货厂商。

设计部门派员参加由采购部门组织的厂商协调会，负责技术及图纸资料的谈判。

采购部门汇总技术评审和商务评审意见，进行综合评审，并确定出拟签订订货合同的供货厂商。当技术评审结果与商务评审结果出现较大差距时，项目采购经理应与项目设计经理进行充分的协商，争取达到一致的结果，否则可提交给项目经理裁定或提出风险备忘录。

在编制项目的进度计划时，对所有设备、散装材料的采购控制点（包括认购单提出时间，货物运到现场时间等），按项目合同的要求进行，由采购部门分类提出方案，经设计部门等部门的认可，提交项目经理的批准。

在设备制造过程中，设计部门有责任派员处理有关的设计问题和技术问题。

根据订货合同规定，需由供/需双方共同参加检验、监造环节，采购部门组织检验会议，必要时可请设计人员参加产品实验、试运转等出厂前的检验工作。

由于设计变更而引起的采购变更，均应按变更程序办理。设计部门负责设计变更而引起的散装材料变更的修改工作，项目材料控制部门负责项目的散装材料汇总工作。

厂商货物的最终文件，技术部分的内容由设计部门负责审核。如有异议，采购部门应要求厂商提交修正后的最终文件，以便重新确认。

2. 设计与采购工作在成本控制中的协调关系

设计部门在设计物料规格时，不可过分强调追求理想，忽略价格和市场因素，而采购部门也不可太强调价格因素而忽略品质要求。因此，设计部门应征询采购部门的意见，而采购部门也应根据市场情报，建议适当的规格标准。总之，两者必须密切协调，才能顺利进行采购。

采购阶段是项目成本控制的实现阶段。为有效控制成本，项目部采购部门与设计部门应紧密结合，发现工程的特点、难点及关注点。设计部门准确编制出设备、材料的技术要求和范围，采购部门合理确定询价文件中的评标标准及办法，实现合理低价中标，有效控制成本。

采购部门收到供货厂商的报价文件后，首先组织设计人员在内的技术专家进行技术部分的评审。设计人员通过认真评审后写出书面的评审意见并排出推荐顺序，参加由采购部门组织的厂商协调会，负责技术及图纸资料方面的谈判。技术评审和商务评审后，汇总技术评审和商务评审意见，进行综合评审，最终确定拟签订订货合同的供货厂商。

3. 采购管理与设计管理的信息协调关系

在集成项目团队中，采购过程与设计过程并行进行，设计与采购工作合理交叉、密切结合。在设计过程中，采购人员充分发挥自身专业特长，在材料、设备的采购方面优化设计方案，而设计人员在进行初步设计时就需要对工程项目所需采购的材料、设备的种类、数量、质量进行优化，并作为采购人员进行工作的重要依据。在 EPC 总承包项目中，采购阶段与设计阶段的信息沟通主要包括：

（1）设计人员在工作过程中，随着对工程项目理解的加深，需要分期向采购部门提交所需材料、设备的请购文件。请购文件中需要对材料、设备的相关技术参数进行详细说明，如采购人员发现请购文件中的材料、设备有超出标准等情况，应及时向设计部门反馈，经过论证后进行适当修改。同时，采购人员应密切关注相关材料、设备的更新换代情况，尽量采用技术先进、质量可靠、造价低廉的新型材料、设备。

（2）采购部门收到各供应商的报价书后，应邀请设计部门对报价书中的技术部分进行技术评审，而设计人员应从质量、工期、造价的角度对各报价书进行综合评价，为采购部门在选择供应商上提供重要参考意见。

（3）由于 EPC 项目的复杂性，有些重要设备需要定制，如水电工程中的发电机组。对于需要定制的重要设备，采购部门应将供应商提供的相关资料转交给设计部门，设计人员需要对其进行专业审查，对制造商提出修改意见并及时返回给其重要设备的先期确认图和最终确认图。采购人员应重点跟踪这些设备的制造过程，使其满足整体工期、质量要求，在跟踪过程中，应将中间检查的结果及时反馈到设计部门并形成检查报告。

（4）采购人员应密切关注设计变更的情况，与设计人员保持良好的信息沟通，一旦发生设计变更应及时调整采购计划；在与供应商签订采购合同时也应在合同中对设计变更的处理做出明确约定。通过采购阶段与设计阶段有效的信息沟通，可以确定采购计划编制的合理性，保证采购的材料、设备的数量、质量满足设计需求，使采购、施工、试运行阶段能够按照项目的整体进度计划进行实施，有效地控制项目的成本。

第三节　设计与施工工作接口关系与协调

1. 设计与施工工作的接口关系

EPC总承包模式的设计阶段主要包括4个阶段，即项目的前期阶段、投标阶段、实施阶段、后期服务阶段。最关键的阶段为实施阶段，也就是施工图设计阶段，这一阶段直接决定了实施时的困难程度，也是设计阶段和施工阶段的最薄弱的"接口"部分。如果施工图设计部分设计得非常合理，施工时既可以减少工期，又可以节约成本。

（1）项目前期。

EPC总承包商设计管理的重点是主动为业主提供前期项目可行性研究、融资贷款安排与初期方案设计等服务。该阶段设计控制的重点是倾听业主的想法，了解业主的需求，选择设计分包商，利用业内成熟的技术，满足EPC合同的要求，提供符合业主需求的产品等。

通过对特定工艺、施工方法、设备产品的统筹规划，为下一步项目投标或议标，增强自身的优势和竞争力，这个时期所做的可行性研究报告，直接说明了项目实施的可行性，为后来的施工阶段提供了借鉴。

（2）项目投标阶段。

EPC总承包商设计管理的重点是根据项目的性质和技术要求，按照业主要求，提出初步设计方案，编制工程量清单，提交项目预算书，并与采购方案、施工方案进行反复的协调、比较、调整、优化，以求取得最佳功能性、经济性、可靠性的初步设计方案，增强投标或议标的竞争力。

在激烈的市场竞争中，业主对EPC项目一般采用总价包干的形式进行招标，故投标或议标总价是决定项目成败的关键。在勘察设计深度和时间受限的前提条件下，编制合理、准确、详细、适用的工作量清单，是EPC总承包商在该阶段设计管理的核心。

在方案比较和材料设备选用上，在满足业主的基本要求下必须注意技术与经济的最佳结合。在价格上，要通过技术比较、经济分析等手段，在符合业主要求的前提下提出合理报价，这样才有可能中标，为以后的施工奠定基础。

（3）项目实施阶段。

EPC总承包商设计管理的重点是在确保设计进度、质量、控制投资的前提下，完成施工图设计，这个阶段也是设计阶段的重中之重，它的合理与否，直接决定后期的施工，所以务必要尽善尽美。

该阶段的设计一般采取限额设计，即按照批准的投资估算控制初步设计，按照批准的初步设计总概算控制施工图设计，同时各设计专业在保证达到使用功能的前提下，按照分配的投资限额控制设计，严格控制因初步设计和施工图设计不合理导致的变更，确保总投资限额不被突破。

限额设计通过投资分解和工程量控制，将审定的投资额和工程量先行分解到各个专业，然后分解到各单位工程和分部工程，实现对设计规模、设计标准、工程数量和概预算指标等各方面的控制，以达到对工程投资的控制与管理。

（4）工程后期。

EPC 总承包商设计管理的重点是完成工程竣工文件的准备和审核，操作手册编写、准备预试车和试车方案，编制备品备件清单，进行有关技术、管理、维护的人员培训，指导试车和维修工作，配合 EPC 总承包商进行工程竣工验收、结算、移交等。

2. 设计与施工的相互关系

在工程建设过程中，建筑设计师进行建筑产品的抽象设计，建筑施工者按设计方案将建筑产品实现，二者存在着相互影响、相互依存的紧密联系。

（1）建筑设计指导建筑施工的完成。

建筑设计师通过绘制建筑图纸，对建筑产品进行虚拟建设。一个完整的建筑设计方案必须包括以下 4 个方面：

①产品的初步设计。

②产品的方案设计。

③扩初设计。

④建筑施工图设计。

建筑设计师首先要进行建筑产品概念、建筑功能、建筑布局以及建筑形态的设计，此阶段称为初步设计。当初步设计完成之后，建筑产品的大体形态已经构建完成，接下来，建筑师拿出建筑方案和包括水电气暖等方面的扩初设计方案，然后设计建筑施工图，交付施工人员按照施工图进行建设。

（2）建筑设计可以预见建筑施工中的问题。

在建筑设计的过程中，建筑师通过不断地与政府部门、项目委托方、施工人员进行交流，了解建筑产品的内外部环境，因此在其设计中能够预见性地指出建设施工中可能会遇到的问题，在设计的过程中进行规避，以保证施工工作的顺利进行。

（3）建筑施工可以检验建筑设计的合理性。

在建筑设计的过程中，建筑设计师在设计中往往有一些难以实现甚至无法实现的构思和提案。由于设计师在虚拟空间构造建筑结构，因而很多时候无法全面考虑建筑施工中的实际情况。因此，在建筑施工时，施工人员能够发现在设计过程中的误差和疏漏，从而提高设计的合理性。

（4）建筑设计和建筑施工共同引领建筑的创新。

建筑产品是人类重要的艺术成果，是人类文明的重要组成部分。建筑的发展，代表着文化的流行发展趋势。因此，时代性是建筑产品的重要特点。无论建筑的设计还是施工，都是通过各种手段将创造性的产品完成，其中都体现了创新性。

3. 设计管理与施工管理的矛盾及解决措施

在工程建设中，工程设计是为实现目标而制订方案的过程，施工是为实现目标而进行具体实施的过程，二者的好坏直接影响着项目的施工质量、功能、安全性等。但是在项目实施过程中，二者经常出现这样那样的矛盾，对项目的实施造成影响。

1）解决设计与施工矛盾的重要性。

设计和施工是不能分开的。施工是将设计的图纸变为现实，为人所用，如果脱离了施工，那么再好的设计也是摆设，只能是一件艺术品。设计和施工是建筑工程中两个不可或缺的环节，设计是一个工程的灵魂，施工则是工程的血肉。换个说法，设计的目的是指导施工，施工的目的则是实现设计。

2）设计与施工的主要矛盾及其原因。

总结现在工程项目中出现的关于设计与施工的矛盾，可以归结为以下3点：①设计滞后，赶不上施工进度要求；②设计与施工有时出现互相冲突的地方，或与实际施工现场情况不符，导致施工无法实施；③设计方与施工方就某些问题相互扯皮，延误工期。造成这些问题的原因是多方面的，阐述如下。

（1）项目业主方面。

业主单位盲目提前工期，要求设计和施工加快工程进度，造成设计周期短，设计图纸细化程度不够就拿出来指导施工，施工方等来不及详细看施工图就进行施工。

业主为减少投资成本，要求设计方不断变更设计，但是在施工过程中又要求达到好的效果，使施工难度增加，施工方不愿自行承担多出的费用而与设计相互推托责任。

（2）设计方面。

有很多工程项目由于时间紧或为节省开支不进行实地勘察，采用以前较早时期的资料或其他项目的资料进行设计或修改，而在实际施工过程中发现设计与实际情况不符，要进行设计变更，这不仅给设计审查带来麻烦，而且会造成工期拖延、投资超预算甚至施工方索赔等一系列问题。

（3）施工单位方面。

有时施工单位为减小施工难度，不断要求设计变更，设计方不可能对项目做出大的改变，造成项目实施的相互扯皮现象。

一些建筑施工人员的工作不够细致，业务能力不足。不能很好的熟悉施工图纸，职业技能不够强，对于施工设计中的细节、工程设计中的关键部位和薄弱环节不够明确，从而影响了工程质量。

3）解决措施。

就上述发现的一系列造成设计与施工矛盾的问题，对工程项目顺利实施，无论从进度还是投资上来说，都造成了很大影响。要解决上述问题，大致应从以下几方面着手。

（1）作为业主单位，应正确认识该项目的重要性和对工程本身有深刻了解，不要盲目缩短工期，不要随便为减少投资而进行设计变更。

（2）设计的前期工作要做扎实，设计前对项目实地进行细致勘察，掌握准确的资料才能做符合实际的设计，减少施工中的设计变更工作量。

设计人员应多到工地去了解施工的实际情况，虚心听取相关意见和建议，在充分了解情况后，看是否应该更改设计或完善设计，这样才能做出既经济适用又方便的施工设计。

设计部门作为专业性极强的单位，要应对设计工作量的增加的情况，必须调整人员结构，充实技术力量，聘请有经验的专家做技术顾问，不断提高自身技术水平和市场竞争力。

设计各专业间必须有一个工作能力和沟通能力强的人进行协调，可避免出现设计图纸中相互矛盾和相互推诿现象。

（3）施工单位应加强自身管理水平，提高施工人员素质，增强责任心，不要出现识图错误现象，在对设计有疑问时及时提出意见，以便设计单位参考修改，当设计没问题时，不能为减小施工难度而不按图施工。

第四节　采购与施工工作接口关系与协调

1. 采购与施工工作的接口关系

项目施工经理：根据项目管理计划和总体进度要求，编制施工进度计划。

项目采购经理：根据项目管理计划和总体进度要求，编制采购进度计划。

项目施工库房管理人员：做好设备材料现场开箱检验、入库工作；管理在库的设备材料，包括安全保管及严格执行出入库规定。

项目采购人员：做好设备材料现场开箱检验、移交入库，并做好设备材料现场开箱的后续工作。

采购部门按批准的采购进度计划将材料的供货速度计划提交给施工部门，明确材料的到货时间及数量，以及进库的时间要求等。施工部门应根据供货计划，做好接货的准备，如存放场地、接货手续、建立接货台等。

根据材料的类型，要求不同等级的库房设施和临时堆场，施工部门应在材料运抵现场之前，把库房、堆场准备完毕。库房、堆场所必备的设施，如道路、照明、排水、货架以及吊车、机具等设施必须备齐。

库房管理人员必须提前准备好开箱检验用的工具、量具以及必需的仪器等。

材料运抵现场后采购人员要及时与施工部门的库房人员进行交接，按库房管理要求一起进行开箱检验，主要对数量的清点和外观检查，并详细地做好检验记录。

采用抽真空、氮封等特殊防腐包装措施的材料，开箱后要较长时间才能安装时，双方可办理先验收的备忘录，待临安装时，再开箱检验。这类材料为避免安装时因缺件而影响工期，需要在装运前做好更加细致的清点检查。

材料检验后，双方办理验收入库手续，由库房主管和验收人签字的入库单要返回一起交采购部门保管。

入库的材料，库房管理人员要做好维护、保养工作。

开箱检验出现的产品质量、缺件、缺资料等问题，应在检验记录中做详细的记载，由采购部门负责与供货厂商联系解决。进口的材料涉及外商索赔的问题，需由国家商检局出具证明，由用户或承包商组织有关人员处理。

材料在安装、试车以及质保过程中，出现与制造质量有关的问题，采购部门应及时与供货厂商联系，找出原因，采取措施，把问题处理好。

仓库管理部门，在项目完工时，要分类将库存物资清点统计清楚，并注明物资的由来（如变更遗留、设计采购余量等），提交采购部门处理。

2. 采购管理与施工管理的信息协调关系

在 EPC 总承包项目中，采购阶段与施工阶段的信息沟通主要包括：

（1）施工阶段所需要的材料、设备都需要经过采购阶段来满足，因此施工进度需要与采购进度进行有效的协调。施工计划确定后，施工部门需根据各个施工节点向采购部门报送相关材料、设备需求情况，而采购部门需对所有材料、设备进行跟踪，使材料、设备质量和运抵施工现场的时间能够满足施工人员的要求。

（2）材料、设备运抵施工现场后，采购部门组织包括施工人员在内的相关专业人员对产品进行开箱检验，而施工人员需要对材料、设备的质量进行检查，并与供应商进行交接，同时对材料、设备进行妥善保管。

（3）在施工过程中，施工人员如发现所使用的材料、设备与设计要求存在差异，应保存使用情况，并及时向采购部门反映，采购人员应立即与供应商联系，与施工人员一起寻找出现差异的原因，并积极采用补救措施，避免成本进一步浪费。

（4）由于EPC总承包项目的复杂性，施工过程中可能出现与设计考虑不符的情况，因此需要进行设计变更，而设计变更势必会使采购计划进行调整，有些设备的生产、运输周期较长，这样采购计划的调整又会影响施工过程。调整采购计划时，采购、施工人员应一起分析对材料、设备供应和运输的影响，以及对施工、安装进度的影响，积极采取措施，尽量减少干扰，从而节约成本。

采购阶段工作的质量可以说是开展施工阶段的基础，采购人员与施工人员也不仅是简单的材料、设备的交接，还有大量的信息交流。只有通过有效的信息沟通管理，才能保证采购阶段与施工阶段之间顺利地衔接，使工程项目能够按进度计划正常实施，实现项目的总体目标。

复习思考题

1. 简述EPC施工管理的特点以及和普通的承包模式的区别。
2. 简述设计管理、采购管理、施工管理两两之间的区别。
3. 简述设计管理、采购管理、施工管理两两之间的接口关系。
4. 设计管理与施工管理的矛盾是什么？有什么解决办法？

第八章　EPC 工程总承包组织关系协调措施

本章学习目标

工程项目运作过程中所涉及的利益相关者众多，成员包括业主、施工总包商、分包商、设计方、供应商、监理单位、咨询单位等。对业主或项目经理而言，针对工程项目成员间的关系进行协调管理是一个具有较高复杂性的问题。作为项目管理部应充分认识协调工作的重要性，加强管理，建立科学的管理模式，不断地从工作中汲取经验教训，使协调工作更好地实现。

重点掌握：项目组织协调原则、项目内部关系协调、项目外部关系协调、项目建设管理组织协调的方法。

一般掌握：对组织协调的认识、项目组织协调的范围及内容。

第一节　对组织协调的认识

1. 组织协调的概念

项目在运行的过程中会涉及很多方面的关系，为了处理好这些关系，保证实现项目的目标，就需要协调。所谓协调，就是以一定的组织形式、手段和方法，对项目中产生的不畅关系进行疏通，对产生的干扰和障碍予以排除的活动。协调的目的是力求得到各方面协助，促使各方协同一致，齐心协力，以实现自己的预定目标。项目的协调其实就是一种沟通，沟通提供了一个重要的在人、思想和信息之间的联络方式。项目沟通管理确保通过正式的结构和步骤，及时和适当地对项目信息进行收集、分发、储存和处理，并对非正式的沟通网络进行必要的控制，以利于项目目标的实现。

2. 协调的内涵及其发展的必然性

从管理学家对于协调内涵的解释，我们可以知道协调是组织顺畅运行的核心要素，管理的本质就是协调，而协调的产生直接缘于组织内部的分工、组织柔性与组织冲突，协调的实质也正是有效协调、促进、解决组织内部的分工、柔性和冲突。

（1）分工与协调。

通过对分工与协调关系的初步了解，可以清晰地看到分工与协调是相统一和联系的，分工并不能必然带来效率，只有通过分工与协作的相互促进才能真正提高效率，带来社会和企业财富的增值。为此，从企业分工的角度来看，协调是促进企业内部分工与外部分工相互联系的桥梁，两者之间是互为补充和互为前提的。

（2）柔性与协调。

柔性是一个与动态环境相适应的概念，出于不同的背景和目的，人们对于柔性的界定存在一定的差异。在动态权变理论中，组织柔性是被视作在组织与环境之间维持一种动态适合的组织潜力，包括被动防御或主动进攻。组织学习理论把组织柔性视作创造出使单环学习与双环学习之间求得动态平衡的过程的组织学习系统的反思能力。

协调是一项重要的管理职能，资源内部要素之间、资源之间、功能之间及企业之间都存在协调，在柔性管理中尤其如此。在柔性管理中，各功能柔性很大部分是通过资源富余获得的，如果不合理协调利用，将是巨大的浪费，企业不仅柔性没有实现，而且成本和效益也会恶化。企业的整体柔性不仅与各功能柔性有关，而且与功能柔性之间的匹配程度有关。要达到这种功能柔性的匹配性，就需要企业具有协调柔性。

（3）冲突与协调。

在社会生活中，冲突作为一种普遍现象而广泛存在，直接渗透到社会生活中的每一个角落，大到举世瞩目的国际冲突，小到家庭生活中的琐碎事情。从企业角度来看，一般面临两方面的冲突：①与外部竞争对手的冲突，企业一般都有明确的认识和行之有效的应对之策；②企业内部的冲突，由于存在大量复杂的人际和业务关系，处理起来则需要艰巨的沟通和协调工作。从宽泛的角度看，冲突是有明显抵触的社会力量之间的争夺、竞争、争执和紧张状态。

3. 协调的机制

在管理学中，管理机制一般是指系统内各子系统、各要素之间相互作用、相互联系、相互制约的形式及其运动原则和内在的、本质的工作方式。从这个意义上说，协调机制其实就是解决组织系统内各子系统和要素间相互作用、相互联系、相互制约的原则及方式。

（1）目标机制。

目标是指期望的成果，这些成果可能是个人的、小组的或整个组织努力的结果。目标为所有的管理决策指明了方向，并且作为标准可用来衡量实际的绩效。协调是组织实现既定目标的必要条件，通过建立科学的协调机制，才能确保各子系统、要素之间无间协作、高效运行、共担风险和共享利益。

（2）信任机制。

信任机制是企业组织内部单元相互合作和协调的基础。笔者可以将企业内部的信任机制概括为过程型、特征型和规范型三种机制形式。

过程型机制是指行为的连续性决定了过去的行为往往会进一步强化相互间的信任和依赖。

（3）协商机制。

协商就是找到一个折衷的解来满足各种相互矛盾的目标，协商过程是一个搜索动态问题空间的过程。

第二节 项目组织协调范围及内容

一般认为，协调的范围可以分为系统内部的协调和对系统的外层协调。系统内部的协调包括项目经理部内部协调、项目经理部与企业的协调以及项目经理部与作业层的协调。从项目组织与外部世界的联系程度看,工程项目外层协调又可以分为近外层协调和远外层协调。近外层和远外层的主要区别是,工程项目与近外层关联单位一般有合同关系,包括直接的和间接的合同关系,如与业主、监理人、设计单位、供货商、分包商和保险人等的关系;和远外层关联单位一般没有合同关系,但却有着法律、法规和社会公德等约束的关系,如与政府、项目周边居民社区组织、环保、交通、环卫、绿化、文物、消防和公安等单位的关系。

1. 项目组织内部协调

项目组织内部协调包括人际关系、组织关系的协调。项目组织内部人际关系指项目经理部各成员之间项目经理部成员与下属班组之间、班组相互之间的人员工作关系的总称。内部人际关系的协调主要是通过各种交流、活动,增进相互之间的了解和亲和力,促进相互之间的工作支持,另外还可以通过调解、互谅互让来缓和工作之间的利益冲突、化解矛盾、增强责任感、提高工作效率。组织关系协调是指项目组织内部各部门之间工作关系的协调,如项目组织内部的岗位、职能和制度的设置等。对各部门进行合理分工,使其有效协作,可提高工作效率。

2. 项目远外层组织与协调

根据我国行业管理规定及法规法律,政府的各行业主管部门均会对项目的实施行使不同的审批权或管理权,如何能与政府的各行业主管部门进行充分、有效的组织协调,将直接影响项目建设各项目标的实现。

3. 项目近外层组织与协调

(1)发包单位:业主代表项目的所有者,对项目具有特殊的权利,而项目经理为业主管理项目,最重要的职责是保证业主满意。

(2)分包单位:项目经理部与分包人关系的协调应按分包合同执行,正确处理技术关系、经济关系,正确处理项目进度控制、质量控制、安全控制、成本控制、生产要素管理和现场管理中的协作关系。

(3)监理单位:例如在施工过程中接受监理单位的检查监督,落实监理单位提出的合理要求,确保监理在工作中的权威。施工中充分考虑项目参与各方的利益,严格按图施工,履行合同和规范标准,树立监理工作的公信力。

(4)设计单位:例如结构施工前,应组织好图纸会审工作,各专业人员均需参加,特别注意管道井部位,各专业要根据实测实量的管道井平面,计算出合适的平面尺寸,保证管道安装时候有足够的有效空间,布置的时候可以让专业人员严格参照施工图来处理。

(5)供应单位:例如项目经理依据施工进度计划组织生产负责人编制材料用量计划,经项目经理或公司审核后,及时依据材料用量计划联系厂家组织材料进场,主要材料进场时,项目经理组织材料员、监理单位、建设单位等对进场材料进行现场检查(如检查材料合格证、材料规格型号、外观质量等),符合要求后及时填写材料报验单,提交现场监理验收,监理应给出答复意见。对于需要复试的及时进行现场取样送检,如有不合格材料及时联系供应单位进行更换，避免因材料不合格造成窝工现象。

通过对项目建设单位、地勘单位、设计单位、承包商、监理单位、材料和设备供应单位，以及与政府有关部门之间的协调，做好调和、联合和联结的工作，以使所有参建人员在实现工程项目总目标上做到步调一致，达到运行一体化。

4. 项目的组织协调内容

(1) 负责处理项目参建各方之间的矛盾及问题。

(2) 协助项目法人处理工程拆迁中的各种问题和矛盾。

(3) 负责向建设主管部门办理各种审批及其他手续。

(4) 负责处理与本工程有关的纠纷事宜。

在整个项目建设过程中，建设管理单位应当自始至终处于组织领导地位，对设计单位、施工单位、监理单位、材料供应商、配套设施的建设单位与施工单位等起督促、协调作用。而项目建设管理的重要工作或者说主要工作、大量工作就是组织协调，对于项目建设管理进行组织协调。

第三节　工程项目关系管理问题

在工程实践中，项目成员之间长短期目标均不一致且决策较为分散，在一定程度上会降低工程项目的管理绩效。项目成员各自负责相应的工作，看似责任清晰、制度明确，事实却并非如此。成员间存在着较为复杂的交互关系，在工程建设过程中高度关联且紧密耦合。成员均由独立的法人单位构成，具有各自的目标与决策权。在目标存在差异的情况下，项目成员间的关系如果协调不好将导致施工资源浪费、工程成本提高、工程进度延缓、工程风险增加，从而对工程建设目标产生负面影响。因此，研究者与工程实践人员越来越关注项目成员之间的关系对工程管理过程的影响，试图从多方面对成员之间的关系进行协调，以期提高工程建设绩效。目前对于工程项目成员关系的重要性已经取得了广泛共识，一些学者试图通过合同、管理制度与流程等多方面的建设与优化，达到对成员关系的有效协调。

第四节　项目组织协调原则

组织协调是指以事实为依据，以法律、法规为准绳，在与控制目标一致的前提下，组织协调项目各参与方在合理的工期内保质保量完成施工任务。施工项目组织协调的原则如下。

1. 严格按照相关法律法规施工

相关法律法规是保障施工顺利进行的根本原则，如果缺少了相关法律法规的指导，那么在具体施工过程当中就会出现许多问题，如违法扰民、突发事件频繁出现等，可见法律法规对于施工的顺利进行是一个基础的保障。

2. 了解工程概况，有备而战

要做好每项工作，就必须在工作前对这项工作进行全面了解，这样才有利于更好地开展工作。对于建筑施工工程，也要做好施工前的准备，了解工程概况。所谓"知己知彼，百战百胜"。要清楚、全面了解工程，掌握工程概况，必须亲自到现场进行勘察、了解。这样认真了解工程的基本情况，才有利于更好地实施管理，落实施工方法，更好地完善工作。

3. 实行有目标的组织协调

实行有目标的组织协调控制是基层施工技术的一项十分关键的工作。做好施工准备，向施工人员交代清楚施工任务要求和施工方法，为完成施工任务，实现建筑施工整体目标创造了良好的条件。

关键部位要组织有关人员加强检查，预防事故的发生，凡属关键部位施工的主要操作人员，必须强调其应有相应的技术操作水平。俗话说："尺有所短，寸有所长"。在一个施工班组中，人员技能有所差异是必然的，那就需要依靠施工技术员的科学合理分配。

4. 安全管理，预防为主

在建筑行业上，安全管理工作是一项重点工作，安全工作的好坏会直接影响企业的名誉及其管理工作的素质。因此，在施工管理工作上，一定要把安全教育工作放在施工管理工作中的首位。作为施工管理人员必须做足安全措施，对所有的进场人员要做好安全教育与宣传工作。要以预防为主，安全第一，让施工人员自觉遵守安全规则，执行安全措施，这样才能保障企业生存和工程的效益。

5. 强化组织管理，建立良好的人际关系

在管理某一项建筑工地时，要确保这工程能够按质、按量地安全完成，不但需要有一定的技术之长，而且还需要有科学的管理。在施工管理上，要科学管理，即注重良好集体的建设。

6. 公平、公正原则

例如，项目管理人员与分包单位人员发生争执，作为管理者，一旦发生过激的行为如打架斗殴，不管谁对谁错，一律先清出现场（一定要分析事件的严重性、发生时间、原因、影响等）。

第五节　项目内部关系协调

1. 项目内部人际关系的协调

施工项目中的人际关系必须建立在对专业技能了解熟悉的情况下才能发挥其价值，如在管理层、项目部、作业层之间，首先要搞清楚这几方面之间的业务关系、技术联

系，才能有针对性地进行人际关系的处理，否则就会浪费时间和精力，从而造成无用功。

项目部是由人员组成的工作体系，工作效率很大程度上取决于人际关系的协调程度，项目经理应首先抓好人际关系的协调，激励项目经理部成员。

2. 项目经理部内部组织关系的协调

组织关系是事关施工项目顺利完成的重要关系纽带，如在项目中期的时候，需要进行许多立体交叉施工，需要许多层面的共同协作才能完成项目工作，这时候组织关系的作用就凸显出来了，因为事关项目质量和进度，因此不可小觑。

（1）在职能划分的基础上设置组织机构，根据工程对象及委托监理合同所规定的工作内容，确定职能划分，并相应设置配套的组织机构。

（2）明确规定每个部门的目标、职责和权限，最好以规章制度的形式作出明文规定。

（3）事先约定各个部门在工作中的相互关系。在工程建设中许多工作是由多个部门共同完成的，其中有主办、牵头和协作、配合之分，事先约定，才不至于出现误事、脱节等贻误工作的现象。

（4）建立信息沟通制度，如采用工作例会、业务碰头会、发会议纪要、工作流程图或信息传递卡等方式来沟通信息，这样可使局部了解全局，服从并适应全局需要。

（5）及时消除工作中的矛盾或冲突。项目经理应采用民主的作风，注意从心理学、行为科学的角度激励各个成员的工作积极性；采用公开的信息政策，让大家了解建设工程实施情况、遇到的问题；经常性地指导工作，和成员一起商讨遇到的问题，多倾听他们的意见、建议，鼓励大家同舟共济。

3. 项目经理部内部需求关系的协调

（1）对管理设备、材料的平衡。建设管理开始时，要做好管理规划的编写工作，提出合理的建设管理资源配置，要注意抓住期限上的及时性、规格上的明确性、数量上的准确性、质量上的规定性。

（2）对项目管理人员的平衡。要抓住调度环节，注意各专业管理人员的配合。一个工程包括多个分部分项工程，复杂性和技术要求各不相同，这就存在管理人员配备、衔接和调度问题。

第六节　项目外部关系协调

EPC总承包项目对工程中的设计、采购、施工等工作过程进行了整合，增强了各个环节的紧密性，较之其他工程承包模式拥有更好的协调控制效果，在提高工作效率、保证工程质量方面具有无可比拟的优势。尤其是通过总承包的管理真正体现总承包为业主分担现场总体协调、管理的作用，为业主提供了更加优质的工程服务和产品。

1. 与业主方的协调

项目建设总承包单位是接受项目业主的指令、指导和监督并对其负责，积极协调参建各方和建设项目所在地周边的关系，协助业主与政府相关经理部门及时联络、沟通，并办理相关管理手续。因此，项目管理人员必须与业主保持良好的沟通，积极地向业主汇报工作情况，让业主及时了解整个工程项目的进展，确保业主建设意图的实现。

（1）项目管理人员首先要理解建设工程总目标，理解业主的意图。对于未能参加项目决策过程的项目管理人员，必须了解项目构思的基础、起因、出发点，否则可能对建设管理目标及完成任务有不完整的理解，会给他的工作造成很大的困难。

（2）利用工作之便做好建设管理宣传工作，增进业主对建设管理工作的理解，特别是对建设工程管理各方职责及监理程序的理解；主动帮助业主处理建设工程中的事务性工作，以自己规范化、标准化、制度化的工作去影响和促进双方工作的协调一致。

（3）尊重业主，让业主一起投入建设工程全过程。尽管有预定的目标，但建设工程实施必须执行业主的指令，使业主满意。

2. 与设计单位的协调

（1）项目经理部应与设计院联系，进一步了解设计意图及工程要求，根据设计意图，完善施工方案，并协助设计院完善施工图设计。

（2）向设计院提交根据施工总进度计划而编制的设计出图计划书，积极参与设计的深化工作。

（3）主持施工图审查，协助业主会同设计师、供应商（制造商）提出建议，完善设计内容和设备物资选型。

（4）对施工中出现的情况，除按建筑师、监理的要求及时处理外，还应积极修正可能出现的设计错误，并会同业主、建筑师、监理及分包方按照总进度与整体效果要求，验收小样板间，进行部位验收、中间质量验收和竣工验收等。

（5）根据业主指令，组织设计方参加机电设备、装饰材料、卫生洁具的选型、选材和定货，参加新材料的定样采购。

（6）协调各施工分包单位在施工中需与建筑师协商解决的问题，协助建筑师解决诸如多管道并列等原因引起的标高、几何尺寸的平衡协调工作，协助建筑师解决不可预测因素引起的地质沉降、裂缝等变化。

3. 与政府及有关职能部门的协调

必须加强与政府各职能部门的联系，了解政府的有关政策，及时办理相关手续，绝不违章作业，确保工程严格按国家规定的基本建设程序顺利进行。在工程建设过程中，建设管理单位应主动要求有关管理部门到现场检查和指导工作，对管理部门提出的有关整改问题应积极、及时进行改正和处理，并不断完善和提高现场建设管理水平。

4. 与设计单位的协调

在施工过程中，常会遇到因设计单位对原设计存在的缺陷提出的工程变更，项目管理人员在本项目合同期内，按总承包商与设计单位之间签订的设计合同在授权范围内积极与设计单位进行协调，使设计变更引起的价款变化为最小，尽可能不影响总的投资限额，既要满足工程项目的功能和使用要求，又要力求使费用的增加不超过限量的投资额。因此，项目经理部必须协调与设计单位的工作，以加快工程进度，确保质量，降低消耗。

（1）真诚尊重设计单位的意见。

（2）施工中发现设计问题，应及时向设计单位提出，以免造成更大的直接损失。

（3）注意信息传递的及时性和程序性。

5. 与监理单位的协调

聘请项目监理的目的在于为项目建设提供技术和智力服务，要做好组织协调工作，必须调动监理的协调积极性，充分发挥现场监理的协调能力和作用。让监理单位一起参与项目建设全过程。项目建设管理人员必须做好与监理人员的协调沟通工作。

（1）让监理人员理解项目、项目过程和业主的意向，减少项目监人员非程序的干预和越级指挥。

（2）尊重项目监理机构的现场监督管理和协调组织的职权。

（3）在做决策时，做好与监理单位的沟通与协调，以获取监理人员提供的更加充分的信息，从而清楚了解项目的全貌、项目实施状况、方案的利弊得失及对目标的影响。

（4）尊重监理人员，随时与项目监理机构之间互相通报情况以及及早通知监理机构做好应由监理人员完成的工作。

6. 与承包商的协调

建设管理人员对质量、进度和投资的控制都是通过承包商的工作来实现的，所以做好与承包商的协调工作是建设管理组织协调工作的重要内容。项目建设管理人员与承包商的协调应坚持原则，实事求是，严格按规范、规程办事，讲究科学态度；应力求注意语言艺术的应用，感情交流和用权适度的问题。

（1）与承包商项目经理关系的协调。从承包商项目经理及现场技术负责人的角度来说，他们最希望项目建设管理人员是公正、通情达理并容易理解别人的；希望从建设管理人员处得到明确而不是含糊的指示，并且能够对他们所询问的问题给予及时的答复。

（2）进度问题的协调。由于影响进度的因素错综复杂，因而进度问题的协调工作也十分复杂。

（3）质量问题的协调。在质量控制方面应实行监理工程师质量签字认可制度。对没有出厂证明、不符合使用要求的原材料、设备和构件，不准使用，但在建设工程实施过程中，设计变更或工程内容的增减是经常出现的，有些是合同签订时无法预料和明确规定的。

（4）对承包商违约行为的处理。当发现承包商采用一种不适当的方法进行施工，或是用了不符合合同规定的材料时，项目建设管理人员应根据业主授予的权利及时处理承包商违约行为。

（5）合同争议的协调。对于工程中的合同争议，项目建设管理人员首先应建议采用协商解决的方式，协商不成时才由当事人向合同管理机关申请调解。

（6）对分包单位的管理。主要是对分包单位明确合同管理范围，分层次管理。将总包合同作为一个独立的合同单元进行投资、进度、质量控制和合同管理，不直接和分包合同发生关系。对分包合同中的工程质量、进度进行直接跟踪监控，通过总承包商进行调控、纠偏。分包商在施工中发生的问题，由总包商负责协调处理，必要时，监理工程师帮助协调。

（7）处理好人际关系。在施工过程中，项目建设管理人员处于一种十分特殊的位置。因此，项目建设管理人员必须善于处理各种人际关系，既要严格遵守职业道德，礼貌而坚决地拒收任何礼物，以保证行为的公正性，也要利用各种机会增进与各方面人员的友谊与合作，以利于工程的进展。否则，便有可能引起业主或承包商对其可信赖程度的怀疑。

7. 与材料供应商间的协调

对一些重要材料、设备，建设管理单位将通过招标方式确定供应商，并负责供应到现场，由施工、监理负责检查验收。一般材料、设备由施工单位通过市场调查后报建设管理单位核准认价，材料工程师和监理检查验收。

对业主招标提供的材料设备，应严格按照业主在《材料采购授权书》中确定的材料要求向供应商提出供货计划，订立供货协议，协调、督促供货商按合同供货，并由合同管理工程师负责全部供货合同的管理工作。

在监理合同中明确承建单位与供应商间的协调为监理单位的监理职责范围，建设管理单位随时了解相互间的进度情况，依据合同和国家相关法规维护双方的利益，共同确保工程建设的顺利进行。

8. 前期工作协调

在与业主签订合同后，项目管理单位即安排专人（由长期从事项目管理并熟悉前期手续办理程序的项目经验负责）开始办理相关前期手续。一切前期工作的目的要以确保工程的顺利实施为目标，前期规划设计、红线控制、现场勘察、摸底及其他影响后续工作的工作应及早安排进行。

在正式开工前，项目部还应对现场的施工用水、用电接入点向施工单位明确，提前进行现场三通一平，提供地勘报告和现有地下、周边有管网管线等原始资料，明确临时设施搭设的范围和要求，施工区域的范围及防护要求。必须完全具备开工条件后才允许开工。

9. 拆迁安置协调

拆迁安置将是影响工程开工条件的一个重要因素，因此，建设管理单位应密切协助业主搞好拆迁安置工作。项目部应及时根据规划红线、设计图及时向业主提供有关拆迁的范围和要求，协助业主确定或选择拆迁单位并提出拆迁安置计划方案。

10. 设计与施工间的协调

施工单位应对设计施工图熟悉，了解设计的意图，对设计不明确或有误或对施工质量、进度有影响的应及早提出由设计解决。建设管理单位组织设计、监理、施工及相关部门进行图纸会审，设计应向建设管理、监理、施工进行设计交底。工程建设过程中，设计应及时解决施工提出的有关设计问题。施工中的任何技术经济变更必须经建设管理单位和设计单位的双重认可方可实施。

11. 进度计划与质量控制间的协调

当进度与质量出现冲突时，以质量为中心。

12. 变更与投资、质量、进度的协调

任何变更均须建设管理单位的认可，技术变更必须在经设计认可后由建设管理单位认可。变更的原则为在保证质量的前提下，力争投资节约、工期合理。所有变更的发生应为工程建设必要性变更或设计错、漏、缺变更，或工程技术原因变更。

13. 与配套专业管线施工单位的协调

若项目涉及总图给水管网、煤气管网、通信管沟、电力管沟、市政排水等配套建设，即在进行设计时应作一并考虑，同时将工程实施计划向设计及上述管线相关部门提供，要求配合。

建设管理单位必须加强与各专业管线部门和施工单位的联系，随时了解工程进度情况，要求各专业管线单位与总包单位密切配合，同时要求总包单位应保证为各专业管线施工单位提供必要的施工条件。专业管线施工单位与总包单位的目标应统一，彼此之间的工作均是为政府工程服务，在工作中发生矛盾或发生冲突时，应由建设管理单位现场人员和监理工程师进行协调处理。

14. 交通与施工运输协调

建设管理单位在工程开工前必须与公安交通管理部门联系协调，对施工范围及周边的公共交通做出合理布置并公告，规定施工运输线路，施工单位应保证按公安交通部门的要求进行组织施工线路。在施工现场及周边，建设管理单位应监督和检查施工单位是否派有专职人负责维持秩序和指挥交通，协调施工及施工运输与交通间的矛盾，以确保秩序良好。

15. 与现场周边单位、居民等的协调

在开工前，项目部应熟悉现场周边单位、居民等周边环境情况，对交通和施工应做到合理组织并解决好周边单位、居民的出行问题，加强同周边单位的联系，通过向他们宣传建设工程的重要性和社会公益性，协调好与周边单位及居民的关系，争取他们对工程建设的支持和理解。在工程建设过程中对周边可能造成的影响，建设管理单位应提前告之对方并在媒体和现场同时公告，同时要求施工单位做好人流导向通道和标志措施，加强施工管理和采取有效的施工方法与措施，尽量做到"便民不扰民"，以保证工程顺利实施。

16. 施工单位交叉作业间的协调

项目中各参建施工单位、不同工种施工单位间应加强协调联系，由建设管理单位在合同中明确彼此的职责范围，合同未明确的由现场代表指令明确，施工单位应执行。前期工

作施工单位应为后期工作创造条件，后期工作施工单位应确保前期施工单位的成品保护。

17. 建设管理的内外综合协调

项目部内既要分工职责责任到位，同时应相互密切配合协作。外部综合协调由项目部将指定一个专人以保证工作上的联系，各分工职责负责人应主动与相关部门和人员联系，保证工作的顺利进行。内部协调主要是通过有关规章制度约束机制和加强管理人员的学习交流方式，既各岗其责，又配合协作。外部协调主要通过加强联系和彼此沟通方式，并以主人翁的思想对待项目的建设管理工作和项目各参建方。

第七节 项目建设管理组织协调的方法

由于人为的和技术上、管理上的因素，各专业之间存在的问题和矛盾非常突出且非常琐碎，究竟应该如何处理和解决这些问题呢？

1. 充分认识协调工作的重要性

作为工程的建设者、管理者，从设计、监理到施工的各专业班主首先要从对业主、用户负责的角度认识问题，要从履行合同中自己的责任义务的角度，认真对待协调问题。同时，从提高行业标准，做好各专业的协调工作是十分重要的。

2. 加强管理，建立科学的管理模式

加强管理，是指在现有管理水平的基础上，针对影响工程质量品质的一些关键问题，从技术上、人事制度上建立更有效的、更加科学的管理体制，明确每一个施工人员的目标责任，从而达到进一步提高管理水平的目的。

为了在工程建设过程中实现较好的经济效益与社会效益，需要面向工程全生命周期协调主体之间的目标冲突。承包商的目标为压缩工期所获得的施工期收益，而业主所关注的是压缩工期的成本、保证施工质量和施工进度等多目标。

3. 加强组织协调

（1）技术协调。

提高设计图纸的质量，减少因技术错误带来的协调问题。设计图纸质量的好坏直接关系到工程质量的优劣。图纸会签又关系到各专业的协调，设计人员对自己设计的部分，一般都较为严密和完整，但与其他工种的工作就不一定能够一致。这就需要在图纸会签时找出问题，并认真落实，从图纸上加以解决。

（2）管理协调。

协调工作不仅要从技术下功夫，更要建立一整套健全的管理制度。通过管理以减少施工中各专业的配合问题，建立以业主、监理为主的统一领导，由专人统一指挥，解决各施工单位的协调工作。作为业主管理人员、监理人员，首先要全面了解、掌握各专业的工序和设计的要求，这样才有可能统筹各专业的施工队伍，保证施工的每一个环节有序到位。

（3）组织协调。

建立专门的协调会议制度，施工中业主、监理人员应定期组织各专业施工单位举行协调会议，解决施工中的协调问题。对于较复杂的部位，在施工前应组织专门的协调会，使各专业队进一步明确施工顺序和责任。这里要强调的一点是，对于会签、会审还是隐蔽验收，所制定的制度决不能是一个形式，而应是实实在在的。所有的技术管理人员对自己的工作承担相关责任。

4. 发现问题，总结经验

施工中会出现各种各样的问题，协调管理也不例外。作为技术管理人员，要善于不断地总结前人的或者是以前工作中的经验教训。施工中协调部分的常见问题包括如下方面。

（1）电气部分与土建的协调：各种电气开关与门开启方向之间的关系，暗埋线管过密对结构的影响，线管在施工中的堵塞等。

（2）给排水与建筑结构的协调：卫生间等地方给排水管线预留空洞与施工后卫生洁具之间的位置，以及管线标高，部分穿楼板水管的防渗漏。

（3）建筑的外表、功能与结构的关系：各种预制件、顶埋件、装饰与结构的关系，施工的特点、要求。

（4）各辅助专业之间的协调：各种消防、通风管线穿梁时，楼面净空是否影响结构与使用，大型设备的安装通道，附件的预埋深度，以及弱电系统、控制系统等。

5. 提高施工管理人员的业务水平、综合素质

建筑产品质量的好坏与管理人员的水平素质不可分，在做好管理的同时，应加强施工管理人员的技术培训，专业水平的提高，以及对新技术、新产品的了解掌握。要培养施工人员的敬业精神与细致的工作作风，在施工中不遗琐碎、不留后患。

6. 树立全员协调共赢意识

既然沟通协调是总承包管理中一项全方位的工作，总承包商就要在内部加强纪要，使全体员工树立沟通意识，明确总承包商的协调管理是以业主服务为主体，以项目为服务目标，在政府相关法规下，有多方参与，需要相互信任、相互尊重和相互合作的全方位全过程的综合管理工作，在此基础上才能保证承包商的利益，以达到各方利益的共赢。

7. 利用信息技术

尽量利用计算机网络技术建立资源共享的信息平台，能够实现对项目实行动态综合协调管理，并通过网络技术实现网上信息查询、交流办公，提高工作效率。

复习思考题

1. 简述组织协调的概念。

2. 简述项目组织协调的原则。

3. 项目部与业主方进行协调时应注意什么？

4. 简述项目建设管理组织协调的方法。

第九章　EPC 工程总承包安全及文明施工控制措施

本章学习目标

通过本章的学习，学生可以初步掌握 EPC 工程总承包安全及文明施工控制措施的相关内容，包括安全管理控制体系、安全管理控制措施、文明施工控制措施、突发事件应急救援预案等内容。

重点掌握：安全管理控制体系、安全管理控制措施、文明施工控制措施。

一般掌握：安全及文明施工概述。

第一节　安全及文明施工概述

1. 安全施工

为确保工程在施工过程中的安全，减少轻伤事故，杜绝发生重大事故，需要建立健全各级安全生产责任制，切实分解、落实安全生产责任制，明确各级人员在安全生产方面的职责，并认真严格执行，确保工程安全生产目标的实现。

2. 安全制度

建立安全责任制，落实责任人。安全措施是对施工项目安全生产进行计划、组织、指挥、协调或监控的一系列活动，它可以保证施工中的人身安全、设备安全、结构安全、财产安全并创造适宜的施工环境。在施工中要坚持"安全第一，预防为主"的方针。项目负责人是该项目的责任人，控制的重点是施工中人员的不安全行为、设备设施的不安全状态、作业环境的不安全因素以及管理上的不安全缺陷。责任人在施工前要进行安全检查，把不安全因素消灭在萌芽状态。

应设专职安全员，全面负责施工工程的安全，统筹工程安全生产工作，保证并监督各项措施的实施。应加强安全教育和宣传工作，使安全意识得到进一步提高。

加强施工现场管理。坚持"三不放过""工前交底和工后讲评"的制度，加强施工现场用电安全管理，严格按照《施工现场用电安全技术规范》及其他有关规定执行。

3. 安全规则

凡进入工地人员必须戴安全帽，严禁喝酒上班，或带其他非工地工作人员进入工地。

使用梯子不能缺挡，不可垫高使用，梯脚要有防滑措施，超过 2m 以上梯子要有监护人，严禁 2 人以上同在梯子上作业，人字梯中间要有绳子扣牢。

使用移动电动工具者必须穿绝缘鞋、戴绝缘手套，金属外壳必须接地保护或接零保护。高空作业时要系安全带、戴安全帽，脚手架外挂安全网封闭施工。

现场临时用电，电箱要保持完好无损，损伤的电气元器件必须及时更换。照明动力要分开，并有二级保护，用电设备一机一闸，严禁乱接乱拖，一闸多机。

现场临时电源线应采用橡皮电缆线，禁止使用塑料花线，禁止使用电线直接插入插座内。设备的防护装置要完好，尤其是砂轮切割机，设备外壳要有完好的接地或接零保护。施工设备要加强现场的维护保养，保持完好率，禁止带病运转和超负荷作业。施工现场材料设备要堆放整齐，不得存放在主要通道上。应服从工地的安全管理，遵守工地的安全管理的规章制度。特殊工种需持证上岗。

4. 文明施工

文明施工是指在建设工程和房屋拆除等活动中，按照规定采取措施，保障施工现场作业环境、改善市容环境卫生和维护施工人员身体健康，并有效减少对周边环境影响的施工活动。施工现场文明施工的管理范围既包括施工作业区的管理，也包括办公区和生活区的管理。做到文明施工，主要包括以下几方面。

（1）安全警示标志牌。

在易发伤亡事故（或危险）处设置明显的、符合国家标准要求的安全警示标志牌，如图 9-1-1 所示。

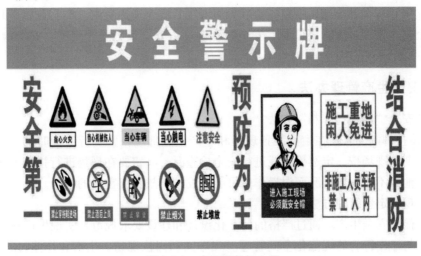

图 9-1-1　安全警示标志牌

（2）现场围挡。

现场采用封闭围挡，高度不小于 1.8m，围挡材料可采用彩色、定型钢板，砖、混凝土砌块等墙体。

（3）牌图。

在进门处悬挂工程概况、管理人员名单及监督电话、安全生产、文明施工、消防保卫的信息及施工现场总平面图。

（4）场容场貌。

道路畅通，排水沟、排水设施通畅，工地地面硬化处理，绿化。

（5）材料堆放。

材料、构件、料具等堆放时，悬挂有名称、品种、规格等标牌，水泥和其他易飞扬细颗粒建筑材料应密闭存放或采取覆盖等措施，易燃、易爆和有毒有害物品分类存放。

（6）现场防火。

消防器材配置合理，符合消防要求。

（7）垃圾清运。

施工现场应设置密闭式垃圾站，施工垃圾、生活垃圾应分类存放。

（8）现场办公生活设施。

施工现场办公、生活区与作业区分开设置，保持安全距离，工地办公室、现场宿舍、食堂、厕所、饮水、休息场所符合卫生和安全要求。

（9）施工现场临时用电。

按要求架设临时用电线路的电杆等，或电缆埋地的地沟；对靠近施工现场的外电线路，设置木质、塑料等绝缘体的防护设施；施工现场保护零钱的重复接地应不少于 3 处。

第二节　安全管理控制体系

1. 安全生产管理体系

建立项目安全领导组，项目安全领导组对项目安全全面负责，实行分级管理，建立健全四个安全制度：安全责任制、安全教育制度、安全设施验收制度、安全检查制度，如图 9-2-1 所示。

2. 安全生产管理办法

（1）安全"巡检挂牌制"方法。

"巡检挂牌制"是指在生产装置现场和生产重点部位，要实行巡检时的"挂牌制"。操作工定期到现场按一定巡检路线进行安全检查时，一定要在现场进行挂牌警示，这对于防止因他人不明现场情况而误操作所可能引发的事故具有重要的作用。

（2）现场定置管理方法。

为了保障安全生产，通过严格的标准化设计和建设要求规范，实现生产资料物态和职工生产与操作行为的规范化空间管理。在车间和岗位现场，生产和作业过程的工具、设备、材料、工件等的位置要规范，要符合标准和功效学的要求，要文明管理，要进行科学物流设计。现场定置管理可以创造良好的生产物态环境，使物态环境的隐患得以消除；也可以控制工人作业操作过程的空间行为状态，使行为失误减少和消除。定置管理由车间生产管理人员和班组长组织实施。

（3）现场"三点控制"方法。

对生产现场的"危险点、危害点、事故多发点"进行强化的控制管理，进行挂牌制，标明其危险或危害的性质、类型、标准定量、注意事项等内容，以警示现场人员。

（4）防电气误操作"五步操作方法"。

防电气误操作"五步操作方法"是指周密检查、认真填票、实行双监、模拟操作、

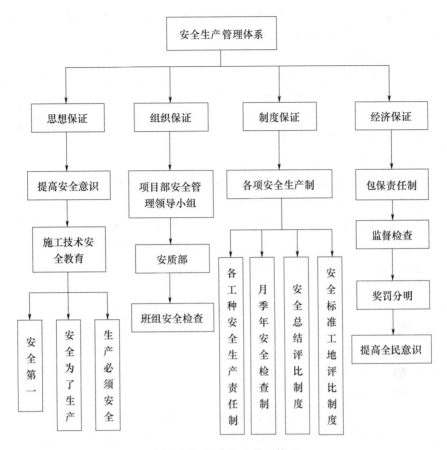

图 9-2-1　安全生产管理体系

口令操作。这种方法既可以从管理上层层把关，堵塞漏洞，消除思想上的误差，同时又可以在开动机器时要求作业人员按规范和程序操作，消除行为上的错误。

（5）风险抵押制。

采取安全生产风险抵押制方式，进行事故指标或安全措施目标控制的管理（包括责任书、承包目标、考核内容、奖惩办法等），称为风险抵押制。这种管理方式可以强化安全意识和安全管理的力度，使安全管理落实到实处，严格安全管理。

（6）危险工作申请、审批制度。

易燃易爆场所的焊接、动火，进入有毒或缺氧的容器、坑道工作，非建筑行业的高空作业，以及其他容易发生危险的作业，都必须在工作前制订可靠的安全措施，包括应急后备措施，向安技部门或专业机构提出申请，经审查批准方可作业，必要时设专人监护。

（7）全面管理方法。

全面管理方法是指企业应用各种法规、条例、规范等，通过安全生产责任制建设，建立安全文件系统，定员、定责，进行全面安全管理。全面管理的目的是明确安全目标、强化安全责任、落实安技措施，做到横向管理到边（各职能部门）、纵向管理到底（班组岗位）。

（8）安全目标管理方法。

安全目标管理方法就是企业在安全制度建设、安全措施改造、安全技术应用、安全教育等方面制订出各个工作阶段的目标，从而实现目标化的管理。目标管理可以使安全管理更加科学化、系统化，避免盲目性。

（9）"四全"管理法。

"四全"管理的内容是：全员管理、全面管理、全过程管理、全天候管理。管理的目的是使人人、处处、事事、时时把安全放在首位。这种管理方法的对象包括：人员——全体职工；全面——各管理部门和各班组；全过程——设计、采购、施工等生产环节；全天候——全年、全月、全天。

（10）"三群"管理法。

"三群"管理法的内容是：推行群策、群力、群管的管理方法：群策——人人献计献策；群力——人人遵章守纪，为做好安全管理工作出力；群管——人人参与监督检查。管理目的：创造全方位的科学管理、严格管理的群众氛围，使安全责任得以贯彻、安全规章得以遵守、事故预防对策得以落实。这种管理方法需要全体员工的参与，一般由各级管理人员和安全部门共同组织实施。

（11）"三负责"制。

"三负责"制管理的内容是：从文化精神的角度激励情感、从行政与法律的角度明确"三负责"，即向职工负责、向家人负责、向自己负责。采用这种管理方法的目的是通过各种教育的手段，学习规程、制度，明确责任、落实"安全生产，人人有责"的原则，激发安全生产的责任心与责任感。

（12）无隐患管理法。

无隐患管理法是通过对生产过程中的隐患进行辨识、分析、管理和控制，以达到消除事故隐患、实现本质安全化与超前预防事故的目的。管理中要随时对隐患当前的信息进行反馈，以便与隐患整治工程动态对应。

（13）"绿色岗位"建设。

"绿色岗位"建设是指针对特殊危险及有害岗位进行全方位（包括人、机、环境）的安全建设。建设方式：制订方案、实施措施，进行工程技术的全面改造。其目的是提高特殊危险作业岗位事故防范的能力。

第三节　安全管理控制措施

1. 建设单位在项目建设管理中的安全控制措施

在施工招标阶段，应将安全生产管理体系、安全生产管理制度和施工中安全技术措施以及安全生产组织机构作为选择监理单位与施工承包商的一个评标标准。

2. 建设单位对监理方面的安全控制措施

将监理对安全施工的监管签订在委托监理合同工作职责范围内，以便明确监理单位在安全监理方面的责任。

要求项目监理机构配备安全控制专业监理工程师，并要求监理规划中有专项的安全控制监理措施。

督促监理单位对承包商的安全管理体系、安全管理组织机构、安全管理制度及专项安全管理人员进行检查并监督执行。

督促监理单位检查、审查承包商对基坑、护壁、脚手架搭拆、基坑降水等涉及安全生产的技术措施；了解监理单位对安全防范措施的审查意见，及时审批有关单位报送的安全施工措施方案。

督促监理单位检查承包商进场设备、机具的工作状态，对塔吊安装、设备、材料、构件吊装等专项工艺编制专项施工方案，并对施工中的技术措施进行审批。

督促监理单位检查电工、焊工吊装工等特种作业人员的上岗证，督促其在施工中遵守有关法律、法规和建筑行业安全规章、规程，不得违章指挥和违章作业。

检查落实监理单位对施工安全监控点的到位情况，检查承包商的安全生产管理体系和安全机构设置，人员配备及安全监控设备、仪器情况，检查承建单位的安全责任人是否到位。

3. 工程总承包单位的安全控制措施

项目经理、生产和质量副经理、安全监督员、各专业工长、安全员必须按照各自的安全技术管理职责，进行层层安全意识教育和安全技术交底。实行安全工作纵向到底，横向到边，责任到人，目标到岗，专兼职检查结合，杜绝重大事故发生。

所有施工人员必须认真贯彻执行国家和行业的安全方针、政策法规和法令，严格实行分公司制订的现场安全生产奖惩办法。

施工项目经理每半月组织一次安全检查和安全评议活动，对检查中发现的问题，要进行批评教育，并下发整改通知书，及时整改。对安全工作执行好的班组和个人，要给予表扬和奖励。

4. 检查重点部位的安全技术措施

脚手架搭设必须符合安全操作规范的规定，所使用的脚手架、跳板必须牢固可靠，不得有探头板。

现场临时设施用电必须由电工按规范敷设，手持电动工具必须设置漏电开关。用电设备必须一闸一机、一箱一锁，并定期对用电线路及用电设备进行检查维修。

做好施工现场通道口、作业界面的防护措施，设置防护栏和警示牌。

施工现场应配备足够的消防器材，易燃、易爆、有毒的危险物品，设专人专库保管，建立严格的保管领用制度。库房应有明显的警示标志，做好安全防火工作。

施工现场应有足够的照明，若使用移动照明，应有36V以下安全行灯。

进入施工现场必须正确穿戴好个人安全防护用品。

工长和安全员应结合不同的工作对象和施工环境，进行日常安全交底，同时，根据不同季节和节假日前后实行安全教育。

施工现场要经常保持整洁，物料摆放整齐有序，做到文明施工。

5. 检查常用电气设备的性能状态

采用的电气设备应符合现行国家标准的规定，并应有合格证件，设备应有铭牌。

使用中的电气设备应保持完好的工作状态，严禁带故障运行。

熔断器的规格应满足被保护线路和设备的要求，严禁用金属线代替熔丝。

插销和插座必须配套使用，电气设备应选用可连接保护线的三孔插座，其保护端子应与保护地线或保护零线连接。

6. 检查常用工具的使用情况

移动式电动工具及手持电动工的使用、检查和维护，应符合现行国家标准的规定。

长期使用或新领用的移动式电动工具和手持式电动工具在使用前应进行检查，并应测绝缘。

移动式电动工具和手持式电动工具需要移动时，不得手提电源线或转动，使用完毕后，必须将电源断开。

7. 检查电焊机部分的使用情况

根据施工需要，电焊机宜按区域或标高层集中设置，并应编号。

电焊机的外壳应可靠接地，不得多台串联接地。

电焊机的裸露导电部分和转动部分应安装保护罩，直流电焊机的调节器被拆下后，机壳上露出的孔洞应加设保护罩。

8. 安全技术管理

供用电设施投入运行前，用电单位应建立、健全用电管理机构，组织好运行维护，明确管理机构与专业班组的职责。施工区域应派人佩章值班，并挂警示牌或警示灯。

施工现场动火的场所和存放可燃物的地方，应有明显的防火标志和防火制度牌，配备足够的消防器材，防火疏散道路畅通，现场动火应有审批手续。

第四节　文明施工控制措施

1. 文明施工控制措施

（1）建设管理单位对文明施工的控制措施。

项目经理部要认真贯彻执行国家、省市有关环境保护、劳动保护的政策、法规和通知精神、对防尘、防噪和保障施工现场整洁、环境卫生进行有效的管理。

在招标时，将文明施工、施工中对环境卫生的保护措施作为选择承包商和分包单位的一个评标标准。

检查落实承建单位是否按安全文明施工合同要求进行的施工临时设施搭设、施工现场围护、工地硬化处理，并要求监理单位进行检查落实。

检查承建单位的环境卫生保护管理制度是否齐全和挂牌上墙，措施是否到位。

承建单位施工现场必须有顺畅的排水系统。

严格要求对承建单位施工产生的泥浆未经沉淀处理不准排入市政管网，废浆和渣土必须严格执行市泥渣土的有关管理规定，采用封闭式运输工具运到指定的地点排放，严禁污染城市道路和周围环境。

要求现场整洁，检查承建单位的材料是否按批准的施工组织设计要求进行分类，分别堆放整齐，并悬挂标识，严禁乱放。

检查现场各出入口是否设置洗车槽，工地内车辆必须在出入口冲洗干净才允许上路，避免污染城市道路。

项目经理部将通过合同形式明确违反规定的有关处罚决定来建立约束机制，以保障建设管理的顺利进行。

（2）建设管理单位和监理单位对施工承包商文明施工控制措施。

施工现场的"六牌二图"齐全，工程概况牌、管理人员名单和监督电话牌、消防保卫牌、安全生产牌、文明施工牌、施工现场平面图、工程立面图，各种标牌应悬挂在门前或场地的明显位置。

严格遵守社会公德，职业道德、职业纪律、妥善处理施工现场周围的公共关系，争取有关单位和群众的谅解和支持，对可能发出噪声的施工作业，要采取隔声措施，尽量做到施工不扰民。

（3）施工现场大气污染控制措施。

高层或多层建筑清理施工垃圾，应使用封闭的专用垃圾道或采用容器吊运，严禁随意凌空抛撒，以免造成污染。施工垃圾要随时清运，清运时，随时洒水减少扬尘。

建设工程在施工准备工作中要做好施工道路堆场的规划和设置，并进行硬化处理。可利用设计中的永久性道路，也可设置临时施工道路，基层要坚实，面层要硬化，以减少扬尘。使用中要随时洒水，损坏的面层要随时修复，保持完好，以防止浮土产生。

（4）施工现场水污染控制措施。

搅拌设备废水排放要实行控制。凡在施工现场进行搅拌作业的，必须在搅拌机前台及运输车辆清洗处设置沉淀池。排放的废水要排入沉淀池内，经二次沉淀后，方可排入市政污水管线或回收用于洒水降尘，未经处理的泥浆水严禁直接排入市政污水管线。

施工现场水石作业产生的污水，禁止随地排放。作业时要严格控制污水流向，排入在合理位置设置的沉淀池，经沉淀后方可排入市政污水管线。

（5）施工现场噪声污染控制措施。

施工现场应遵守建筑施工场界限值规定的降噪限值，制定降噪制度和措施，以防扰民。

提倡文明施工，施工和生活中不准大声喧哗，增强全体施工人员防噪声扰民的自觉意识。

施工操作过程中要尽量减少因人为因素产生的噪声，如易发强噪声的材料装卸，应采用人扛和吊运，堆放不发出大的声响；工地机械的鸣笛装置，换用低音喇叭；禁止人为有意敲打钢铁制品等。

生产加工过程产生强噪声的成品、半成品的制作加工作业，应尽量放在工厂、车间中完成，减少现场加工制作产生的噪声。

施工过程中应尽量选用低噪声的或有消声降噪装置的施工机械，施工现场的强噪声机械（如搅拌机、电锯、电锤、砂轮机等）要设置封闭的机械棚，隔声和防止强噪声扩散。

（6）施工现场固体物污染控制措施。

施工现场运输车辆不得超量运载。要采取有效措施封挡严密，杜绝漏撒污染道路。

施工现场应设专人管理出入车辆的物料运输，防止漏撒。土方开挖过程中的运土车驶出现场前必须将土方拍实，将车轮冲洗干净，严防泥土上路污染正式道路和漏撒现象发生。

施工现场清运建筑渣土或其他散装材料时，装车不得过满，防止上路运输中产生扬尘或造成漏撒污染。

（7）施工现场治安保卫管理控制措施。

健全组织机构，形成系统化管理体系。

在全面掌握施工现场情况的基础上制订保卫工作方案建立健全出入、治安及防盗等各项规章制度。

严格执行护卫制度措施，组织定期检查，消除安全隐患。

及时处理现场治安问题，坚持保卫工作的奖励与处罚制度。

（8）施工现场消防安全管理控制措施。

成立防火领导小组、义务消防队，制订施工现场防火工作预案。

申办消防安全施工许可证，布设消防设备，配足灭火器材。加强防火宣传教育，积极培训义务消防队，落实制度措施，加强动态管理。

（9）施工现场交通安全管理控制措施。

总承包的施工现场要成立交通安全管理机构。

制订该工程施工现场交通安全管理制度，制订相应的安全措施。

开展交通安全法规教育，加强对施工现场全部的车辆管理。

加强对机动车辆、驾驶员的管理，签订交通安全责任书，齐抓共管，责任到人。

（10）施工现场环境卫生管理控制措施。

施工现场要设医务室或专职卫生管理人员，负责卫生防疫工作，进行卫生责任区划分，设立标志牌，注明负责人。

施工现场建筑垃圾要分类堆放于指定堆场或容器内，每天清运。

施工现场办公室内要做到窗明地净，办公台文具摆放整齐。

施工现场食堂必须办理卫生许可证。

施工现场厕所要做到有顶，门窗齐全并有纱，每天清理干净。

2. 突发事件应急救援预案

（1）突发事件应急救援管理组织机构。

建立以项目经理为组长，项目副经理、技术负责人为副组长，各施工队队长为组员的突发事件应急救援管理领导小组，成立突发事件应急救援队伍，在项目中形成纵横网络的应急救援管理组织机构。

（2）突发事件应急救援培训制度。

组织所有人员学习并掌握在突发事件下的自救方法，以减少伤亡。学习并掌握简易条件下救护伤员的急救措施。

工人在上岗前，进行突发事件救援教育，针对本工程的特点，定期进行培训和演练，培养自救及救援必备的基本知识和技能。有计划地对生产知识、安全操作规程、施工纪律、救护方法进行培训和考核。

（3）日常检查和演习。

为了确保应急救助的快速反应能力和效果，还必须研究和制订安全排险救助的技术措施，做到统一指挥、分工明确、各尽其责，搞好协作和配合。同时，对整个系统的各个环节进行经常性的检查并实战演习，当突如其来的险情发生时，能够指挥得当，应对自如，真正发挥其抢险救助的作用，达到减轻或避免损失的目的。

（4）救援物资的准备。

材料及设备的配置：配备担架、绷带等急救医疗设备。起重机、吊车和类似设备均应装有超载报警装置。在办公区、生活区、仓库设置足够数量的灭火器材，并经消防部门的检查认可，同时经常抽查，保证性能完好。现场配备抽水机和发电设备以备抢险应急时用水用电的需要。

建立材料及设备的安全管理制度：所有机械设备进场前必须验收，并记录在案，保证其安全使用。对进场的起重设备进行验收，操作人员必须持证上岗。安全环保部门每月对设备进行安全检查，并保存记录，一旦发现故障，及时排除。出现事故立即向领导报告。组长立即组织抢险队伍，进入应急状态，控制事故蔓延发展。联络组及时联络救援队伍、车辆和物资。救援、运输队及时、稳妥地疏散现场人员，正确快速地引导救援、救护车辆。救护队对伤员正确施救，保护事故现场。

（5）突发事件应急救援处置。

①触电事故的应急处理：当发现有人触电，不要惊慌，首先要尽快切断电源。

②伤员脱离电源后的处理：触电伤员如神志清醒者，应使其就地躺开，严密监视，暂时不要站立或走动；触电者如神志不清，应就地仰面躺开，确保气道通畅，并用5s的时间间隔呼叫伤员或轻拍其肩部，以判断伤员是否意识丧失。禁止摆动伤员头部呼叫伤员。坚持就地正确抢救，并尽快联系医院进行抢救。

（6）火灾应急预案处置。

当工人驻地、办公区及库房发生火灾时，在场人员及相关人员应按照以下步骤进行处置：

初起火灾，现场人员应就近取材，进行现场自救、扑救，控制火势蔓延。必要时，应切断电源，防止触电。自救、扑救火灾时，应区别不同情况、场所，使用不同的灭火器材。扑灭电器火灾时，应使用干粉灭火器、二氧化碳灭火器，严禁用水或泡沫灭火器，防止触电。扑灭油类火灾时，应使用干粉灭火器、二氧化碳灭火器或泡沫灭火器。

遇有火势较大或人员受伤时，现场人员在组织自救的同时，应通过各种通信工具向项目部应急指挥中心办公室报告。及时拨打火警电话"119"、急救中心电话"120"或公安指挥中心电话"110"求得外部支援；求援时必须讲明地点、火势大小、起火物资、联系电话等详细情况，并派人到路上接警。

（7）机械人员伤亡事故预案处置。

施工现场发生机械人员伤亡事故时，在场人员及相关人员应按照以下步骤进行：

发生机械人员伤亡时，现场人员应立即对人员进行固定、包扎、止血、紧急救护等。同时，通过各种通信工具向项目部安全负责人、项目部应急指挥中心办公室报告。事故报告内容应包括事故发生的时间、地点、部位（单位）、简要经过、伤亡人数和已采取的应急措施等。

项目部安全部门、应急指挥中心办公室接到电话通知后立即根据报告情况启动应急响应，并在第一时间赶到事故现场，并通知项目部应急车辆及各现场专业救援组赶到事故现场做好应急准备。必要时，应立即同急救中心取得联系，求得外部支援。

（8）食物中毒事故应急预案处置。

当项目部和各施工队员工发生食物中毒事件时，在场人员及相关人员应按照以下步骤进行处置：

通过各种通信工具向项目部安全负责人、项目部应急指挥中心办公室报告，并自觉维护现场次序。项目部应急指挥中心办公室接到电话通知后立即根据报告情况启动应急响应，并在第一时间赶到事故现场，并通知项目部应急车辆及各现场专业救援组赶到事故现场做好应急准备。

现场救援和抢救组立即组织现场车辆送食物中毒人员到附近医院抢救，并电话通知医院做好抢救人员的准备。

应急指挥中心的善后处理组对中毒人员进行妥善安排后，应立即对食物中毒原因进行调查并记录存档。现场保护组如发现食物中毒原因可疑时，应立即保护好现场并上报当地派出所、公安局介入调查食物中毒原因。

善后处理组如有人员死亡时应立即作书面报告，上报当地安全生产监督局，并积极配合、协助调查及处理好死亡人员的善后事宜。

应急指挥中心根据事故原因采取相应的防制措施，督促食堂每天进行卫生检查，凡是不符合卫生条件和来历不明的食物，一律严禁食用。

（9）压力容器发生爆炸事故应急预案。

当施工现场、职工食堂用压力容器发生爆炸时，在场人员及相关人员应按照以下步骤进行处置：

通过各种通信工具向项目部安全负责人、应急指挥中心办公室报告，并自觉维护现场秩序。

项目部应急指挥中心办公室接到电话通知立即根据报告情况启动应急响应，并在第一时间赶到事故现场，并通知项目部应急车辆及各现场专业救援组赶到事故现场做好应急准备。

现场抢救组和救援组立即组织现场车辆送受伤人员到附近医院抢救，并电话通知医院做好抢救人员的准备。

善后处理组组织人力、物力调查事故原因并进行记录，如有人员死亡时应作书面报告，上报当地安全生产监督局，并积极配合、协助调查及处理好死亡人员的善后事直。

项目部安全部门根据事故发生的原因制定针对性强的纠正预防措施，并督促相关人员落实整改。

（10）坍塌事故应急预案处置。

当施工现场发生边坡坍塌、架子垮塌等各种坍塌事故时，在场人员及相关人员应按照以下步骤进行处置：

应立即通过有线或无线电话紧急通知项目部安全负责人、项目部应急指挥中心办公室，施工班组长要立即清点人员，明确是否有人被压在坍塌物下，并立即组织人员进行现场维护。

应急指挥中心、项目部安全管理人员在接到通知后立即根据报告情况启动应急响应，在第一时间赶到事故现场，并通知项目部应急车辆及各现场专业救援组赶到事故现场做好应急准备。

应急指挥中心根据现场情况，安排各应急组根据自己的职责对现场进行抢救。现场抢救组安排受伤人员到医院抢救，同时查明是否有人埋在坍塌物下，如有，应立即安排目击人员指示位置，组织人力进行抢救。现场保护组组织到场人员设立警戒线和安全标志，在抢救的同时必须指派安全巡查员进行警戒，密切注意周围边坡、架子的情况，如有继续坍塌的危险，应及时发出警报以防止事态扩大。

抢险完成后，善后处理组及相关人员调查事故原因并进行记录，根据事故严重程度分别上报当地派出所、公安局、安全生产监督局和总公司。

指挥中心根据调查结果，明确责任，对违规操作的施工班组和施工队处罚，坚决杜绝不按施工规范进行施工的任何行为。

项目部应急指挥中心根据事故原因制定纠正预防措施并督促相关人员进行落实整改。

（11）急性传染病事故应急预案处置。

当工地现场发生急性传染病时，项目部安全负责人、项目部应急指挥中心应立即启动应急响应，组织各专业救援组人员对已被传染人员进行隔离，控制人员流动，并立即通知附近医院。

现场救援组和抢救组在医生的指导下采取必要的消毒措施，禁止无关人员接触传染病人，听候医院的统一安排。

现场保护组应检查所有过往车辆，任何车辆在未经医务人员消毒和允许的情况下，严禁载送病人，防止传染源扩大。

善后处理组在应急指挥中心的指导下，调查发生传染病的起因，向指挥中心提交书面报告。指挥中心根据事故的情况，明确责任并采取纠正和预防措施。

（12）高处坠落及高处落物伤人事故应急预案处置。

当施工现场发生高出坠落、高处落物伤人事故时，在场人员及相关人员应按照以下步骤进行处置：

对当事人进行伤势判断，如果是一般轻微的高出坠落、落物伤人，当事人头脑清醒，没有伤及要害，在场人员通过各种通信工具通知项目部安全负责人安排车辆送当事人到附近医院治疗，事后项目部用书面报告说明事故发生的原因，并在项目部应急指挥中心办公室备案，并做好纠正和预防措施。

如果受伤人员众多并且产生严重的高空坠落、落物伤人、伤及要害或已有人员死亡时，在场人员应立即通过各种通信工具通知项目部安全负责人、项目部应急指挥中心办公室。

项目部应急指挥中心接到电话通知后立即根据报告情况启动应急响应，并在第一时间赶到事故现场，并通知项目部应急车辆及各现场专业救援组赶到事故现场做好应急准备。

现场抢救组和救援组立即组织现场车辆送伤员到附近医院抢救，并电话通知医院做好抢救人员的准备。

善后处理组组织人力、物力调查事故原因并进行记录，如果有人员死亡时应作书面报告，上报当地安全生产监督局，并积极配合、协助调查及处理好死亡人员的善后事宜。

指挥中心应督促施工队检查各种高空作业的设施、设备以及防护装置是否安全可靠，对高处作业人员进行培训和安全规程教育，对有安全隐患的高空作业设备、防护装置及个人安全设备应立即更换，对不按有关安全规程作业的施工班组和工人进行惩罚。

应急信息的对外传递由办公室按照规定的上报程序执行。

复习思考题

1. 简述安全生产管理体系的相关内容。
2. 简述安全生产管理办法有哪些。
3. 简述安全管理控制的措施有哪些。
4. 简述文明施工控制的措施有哪些。

第十章　EPC 工程总承包风险管理

本章学习目标

通过本章的学习，学生可以初步掌握风险管理概述、风险管理目标及方法、风险管理的工作内容、设计阶段风险管理措施、采购阶段风险管理措施、施工阶段风险管理措施、项目总体风险管理的相关内容。

重点掌握：风险管理目标及方法、风险管理的工作内容、设计阶段风险管理措施、采购阶段风险管理措施、施工阶段风险管理措施。

一般掌握：风险管理概述、项目总体风险管理。

第一节　风险管理概述

1. 风险的含义与特点

风险是指某一事件发生后组织承受损失的可能性，或者用于描述与预期状况产生偏离的程度。企业如果能够全面、及时地掌握风险的特点，就可以对症下药地构建或调整企业的风险控制体系，来提升管理效率，将风险可能带来的不利影响降到最低程度。掌握并控制风险，与企业经济效益的增长有着紧密的联系。

2. 工程风险管理的含义

风险管理是是指如何在项目或者企业一个肯定有风险的工程环境里把风险减至最低的管理过程。工程项目的风险管理者采用多种方式，通过对风险进行识别、分析、评估、实施、预防等手段，预防和化解风险的手段及措施，进而减少风险所带来的经济损失和工期损失。

工程项目风险是和目标计划紧密相关的，工程项目风险管理就是以完成项目目标为目的，对项目过程中的风险进行识别和控制，及早防范、规避、消除或把风险的影响程度降到最低，保证项目的进度、费用和质量，使管理者对项目整个过程中可能遇到的各种不利的因素做到心中有数，防止危机的发生或者控制风险后果的蔓延。

3. EPC 工程总承包项目的风险划分

EPC 工程总承包项目的风险，是指在 EPC 工程总承包项目的实施过程中，由于受一些不确定性因素的影响，使项目的实际收益与预期收益发生一定的偏差，从而有蒙受损失的可能性。按照风险大小强弱程度的不同，大致可以将项目风险划分为以下 3 个层次。

（1）致命的项目风险。

致命的项目风险是指损失很大、后果特别严重的风险，这类风险导致重大损失的直接后果往往会威胁经营主体的生存。

（2）风险造成的损失明显但不构成对企业的致命性威胁。

这类风险的直接后果使经营主体遭受一定的损失，并对其生产经营管理某些方面带来较大的不利影响或留有一些后遗症。

（3）轻微企业风险。

轻微企业风险是指损失较小、后果不甚明显，如某项目在执行过程中出现事故，造成几十万元人民币损失，导致对经营主体生产经营不构成重要影响的风险，这类风险一般情况下无碍大局，仅对经营主体形成局部和微小的伤害。

4. EPC 工程总承包项目风险的主要特征

（1）EPC 项目涉及面广。

（2）工期长。

（3）合同金额高。

EPC 工程总承包项目是机遇和挑战并存，只要成功地预防和控制了 EPC 工程总承包项目中的风险，就能够为企业赚取较大的利润，提高企业工程总承包能力。

第二节　风险管理目标及方法

1. 风险管理的目标

风险管理的目标在于风险管理者通过控制意外事故风险损失，达到最佳风险控制效果和减少风险带来的最小损失，以最小成本获取最大安全保障和盈利，通过项目实施创造较高的社会与经济效益。

2. 风险管理的原则

（1）量力而行原则。

确定哪些风险需要特殊的防范措施，最重要的是看哪些因素会引起最大的潜在损失。有一些损失会导致财务上的灾难，逐步侵蚀企业的资产；另一些损失就只产生一些轻微的财务后果。如果一个风险的最大潜在损失的程度达到企业无法承受的地步，那么，风险留存是不可行的。

（2）与企业战略相一致原则。

风险管理作为企业全部管理活动的一部分，其原则的制定应该而且必须符合企业发展战略的需要。

（3）低成本高效益原则。

要使风险管理见效，必须采取低成本的策略，因为有时风险的发生会给企业带来灾难性的后果。如果一味地用企业的自有资金进行补偿，有时会发现其结果是难以想象的。花钱就要把风险管理好，并从风险管理中使企业受益。

（4）考虑损失可能性原则。

在确定型风险决策中，各种损失发生的概率是可以知道的，而在不确定型的风险决策中是没有这些信息的，决策中信息越充分，决策的准确程度就越高。

3. 风险识别方法

对风险做出识别是进行风险控制的第一步。若能够系统地掌握潜在的风险，就可以去评估风险有可能带来的损失，并根据企业自身需要，选择适宜的方法应对风险。

从风险识别方法上来看，使用单一的方法是远远不够的，因为各种方法的侧重不同，仅使用一种方法对风险的分析都较为片面，必须将多种风险识别方法相互融通、综合运用。

第三节　风险管理的工作内容

1. 风险管理的基本流程

风险管理的基本流程如图 10-3-1 所示。

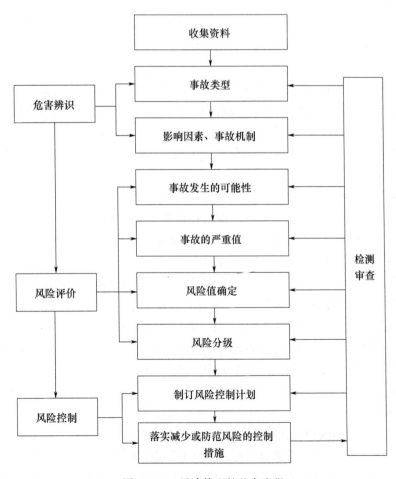

图 10-3-1　风险管理的基本流程

2. EPC 总承包工程项目的风险管理

总承包项目管理过程是一个不断优化的风险管理过程。其中风险有大有小，小的风险也可以酿成大的风险，只有把风险管理好、控制好，才能保证项目的目标完成。总承包项目的风险管理可以分成 5 个阶段：风险管理规划、风险识别、风险评价、风险应对、风险监控。

1）风险管理规划。

风险管理规划是项目执行过程中风险管理的指南性和纲领性文件，它主要包括：风险管理的主要目标、风险管理的组织机构、风险识别的主要方法、风险判断和识别的依据、风险等级的划分、风险报告的编制方式，以及风险应对措施和策略等。

2）风险识别。

根据风险管理规划中风险识别的具体方法，找出潜在的风险因素，识别风险可能的来源，对风险产生的条件、风险的特征进行描述。风险识别时要尽可能详细地找出所有的风险因素，将其逐一地罗列出来，为下一阶段的风险评价做准备。

3）风险评价。

风险评价是指对已经识别出来的风险因素进行定性和定量的分析和研究，对风险发生的概率，风险危害的程度作出判断，对风险按危害程度进行排序。

4）风险应对。

风险应对是指根据已经完成的评价结果，找出风险应对的方案和措施。该措施必须是综合及多角度考虑的，在项目执行过程中针对一个风险因素采取的应对措施可能是单方面的，但是这项措施本身也会导致其他的风险产生，因此就必须综合研究，真正找出切合实际的措施。通常的风险应对措施有减少风险、回避风险、转移风险和接受风险。

5）风险监控。

工程实施中的风险控制的应对措施主要贯穿于项目的进度控制、成本控制、质量控制、合同控制等过程中，通过采取及时的监控预警、风险回避、损失控制、风险转移以及加强风险教育来加强 EPC 工程总承包项目的风险管理。

（1）监控和预警。

建立风险监控和预警系统，及早地发现项目风险并及早地做出防范反应。在工程中不断地收集和分析各种信息，捕捉风险前奏的信号，例如在工程中要通过天气预测警报、各种市场行情及价格动态等情况，对工程项目工期和进度的跟踪、成本的跟踪分析，并通过合同监督、各种质量监控报告、现场情况报告等手段来了解工程风险。在阶段性计划的调整过程中，需加强对近期风险的预测并纳入近期计划中，同时考虑到计划的调整和修改可能带来的新的问题和风险。

（2）风险回避。

风险回避是以一定的方式中断风险源，使其不发生或不再发展，从而避免可能产生的潜在损失。采用风险回避对策时需要注意以下几点：回避一种风险可能产生另一种新的风险，回避风险的同时也失去了从风险中获益的可能性，回避风险可能不实际或不可能，不可能回避所有的风险。

（3）损失控制。

制订损失控制方案并积极采取措施控制风险造成的损失，即损失控制。采用损失控制对策时需要注意以下几点：

①制订损失控制措施必须以定量风险评价的结果为依据，还必须考虑其付出的代价。

②制订预防计划必须内容全面、措施具体。

③制订灾难计划应具有针对性，其内容应满足如下要求：安全撤离现场人员，援救及处理伤亡人员，控制事故的进一步发展，最大限度地减少资产和环境损害，保证受影响区域的安全，尽快恢复正常。

④制订应急计划时应重点考虑因严重风险事故而中断的工程实施过程尽快全面恢复，并使其影响程度减至最小，其内容应包括：调整整个建设工程的施工进度计划，并要求各承包商相应调整各自的施工进度计划；调整材料、设备的采购计划，并及时与材料、设备供应商联系，必要时可能要签订补充协议；准备保险索赔依据，确定保险索赔的额度，起草保险索赔报告；全面审查可使用的资金情况，必要时需调整筹资计划等。

（4）风险转移。

风险转移就是建设工程的风险应由有关各方分担，而风险分担的原则：任何一种风险都应由最适宜承担该风险或最有能力进行损失控制的一方承担。如项目决策风险应由业主承担，设计风险应由设计方承担，而施工技术风险应由承包商承担。

①非保险转移。

非保险转移即在签订合同过程中将工程风险转移给非保险人的对方当事人。建设工程风险非保险转移有三种：业主将合同责任和风险转移给对方当事人；承包商进行合同转让或工程分包；第三方担保。

②保险转移。

对于建设工程风险来说，保险转移是通过购买工程保险，建设工程业主或承包商作为投保人将本应由自己承担的工程风险（包括第三方责任）转移给保险公司，从而使自己免受风险损失。

（5）加强风险意识的教育。

工程项目的环境变化、项目的实施有一定的规律性，所以风险的发生和影响也具有一定的规律性，是可以预测的。重要的是要在项目实施过程中，各参与者要有风险意识，重视风险的存在，从建设、设计、监理和施工等方面对风险进行全面的控制。

3. EPC项目风险管理规划的主要依据

EPC项目合同的签订标志着总承包商开始履行合同规定的约定和义务，从合同签订的那一刻起，项目管理的工作正式开始。而作为项目管理的一个重要工作环节——风险管理也随即展开。为了保证项目风险管理的有效性和实用性，必须收集和整理以下相关文件作为项目风险规划的依据。

（1）项目签订的合同及项目的开工报告。

合同是业主和承包商共同遵守，履行双方责任和义务的规范性文件。在合同条款中明确地规定了项目规模、项目进度、项目目标、项目费用、项目质量及考核指标，以及细节方面，如详细的技术要求、材料的运用规定、设计执行的标准规范、制造的技术标准、施工技术要求、检验技术要求等。

（2）WBS 工作分解结构。

WBS 工作分解结构是项目管理的一个工具，WBS 的分解越详细，即工作分解越细，管理工作就容易做到很细，相应的工作量的检测、进度和费用的检测将会更准确。因此，WBS 工作分解结构为项目风险管理奠定了基础。

（3）进度计划。

根据合同的工期要求，基于 WBS 工作分解结构编制的进度计划是项目执行的标准和依据。其详细的程度有助于分析和判断风险可能发生的阶段和时间，为风险的提前应对提供了帮助，因此进度计划要求越详细越好。

（4）项目费用预算。

项目费用预算是基于报价和澄清阶段的费用预算数据，同时根据 WBS 工作分解结构而得出的费用预算报告。在采购方面，费用预算可以落实到单台设备和材料的预算价格；在施工方面，可以落实到施工的综合单价，特殊的施工材料费用，消耗材料费用，等等。费用预算做得越细，对以后判定风险因素对费用的影响就越准确可靠。

（5）同类项目的总结报告。

以往，同类型项目的总结报告会有很多的经验和教训，其中特别是教训方面值得吸取和借鉴。要避免在同类型工程中犯同样的错误。

4. EPC 风险管理规划的主要内容

（1）建立风险管理的组织机构。

风险管理组织机构应该和项目组织机构完全重合，项目组织机构中的责任人就是风险管理组织机构里的责任人。在风险管理规划中需要明确各职能负责人在风险管理过程中承担的责任和义务，目的是让各职能负责人自己进行风险的识别、分析和管理，让所有的风险了然于胸，便于风险的管理和应对。但当有些风险在项目经理一级都难以处理和应对时，必须将风险上报，由上一级领导组织专家进行讨论和研究。

（2）明确风险识别的方法和步骤。

在风险管理规划中要明确风险识别的具体办法。风险识别一般采用定性识别的方法，目前总承包类型的工程项目比较行之有效的方法是头脑风暴法、对比法、专家个人判断法等。风险识别的主要目的是找出风险因素以及产生风险因素的风险源。

在采用头脑风暴法时，参与者应尽可能地将自己所想到的风险因素在会上全部提出来，组织者需要注意的是在这个会上不要做任何的决策，也不要对提出者说"不"，或者说你这个根本就不是什么风险之类的话，开会的目的是让参与者集思广益，多提问题，多发言。实际上，很多的风险因素或许在刚开始就容易被忽视。头脑风暴会需要召开多次，会后将所有的风险因素归纳整理出来，形成风险识别表，见表 10-3-1。

表 10-3-1　风险识别表

序号	一级风险因素	二级风险因素	三级风险因素	主要风险源描述
1	EPC项目风险	外部风险	政治环境风险	项目所在地政局的稳定状况，当地政府对项目的认知程度
2			自然环境风险	当地的地理、生态、大气环境条件及状况
3			市场环境风险	物价指数、工资水平、通货膨胀、汇率变化等状况
4			社会环境风险	当地人文环境，普遍的文化程度
5		内部风险	组织管理风险	项目组织机构健全程度，管理人员水平、责任心和工作态度等
6			技术风险	新技术、新工艺等
7			设备材料采购风险	供应商的选择问题，技术要求错误，设备制造缺陷，采购人员的责任心
8			施工风险	施工单位技术水平、管理水平，施工人员数量、熟练程度等
9			安全风险	施工人员素质，受培训教育程度，安全规章制度是否健全
10			质量风险	检验标准是否齐全，检验过程是否严格，质量控制体系是否完备
11			进度风险	进度计划合理性
12			费用风险	预算费用的准确性

因此，在风险管理规划中需要明确风险识别的方法，进行的时间，组织者参与者的要求，风险识别的效果等。尤其值得一提的是，对于风险识别过程中由于信息不足，或者有些假设条件的因素必须引起足够的重视，当这些因素直接影响项目的目标时，必须进行调研，收集足够的数据和资料，进行反复论证，排除风险产生的可能。

（3）建立工作分解结构（WBS）和风险分解结构（RBS）的矩阵结构。

RBS（Risk Breakdown Structure）实际上就是将风险识别表中已经识别的风险因素按从高到低的层次建立的一种梯形结构。项目最初的风险分解结构可能只有三级或者四级。当把 RBS 和 WBS 相关联，形成一个矩阵的结构时，通过 WBS 工作分解结构下详细的工作子项划分并与 RBS 中的风险因素一一对应，就能比较容易地发现 WBS 中某种工作子项容易出现某种类型的风险。

通过 WBS-RBS 的矩阵结构分析过程，可以识别更深层次的具体风险因素。从表 10-3-1 中可以可到，在第三级风险因素中的某一个风险因数并不一定适合整个所有的工作子项，如技术风险，实际上是一个笼统的概念，并不是工作分解结构 WBS 下面所有的工作都牵涉到技术风险。因此，通过建立这样的矩阵结构，可以识别出具体某一个工作子项具有技术风险，从而找出技术风险因素下面更深层次的风险因素。

（4）风险评价。

风险评价是继风险识别后的第二步工作，是风险管理的重要环节。风险评价主要是对风险识别出来的单个风险因素进行定性和定量的分析和评价，通过风险发生的概率（可能性程度）以及风险发生对目标影响的程度形成风险后果严重性分级，并对所有的风险按大小进行排序，最终对项目的总体风险水平进行评价。风险评价常用的定性和定量的方法包括：主观评分法、层次分析法、模糊综合评价法、事件树法等。

　　在总承包项目风险管理过程中，刚开始一般采用定性的方法对风险进行评价，目的是尽快把所有识别出来的风险因素分级、排序，把风险及早地排出或者将风险纳入可接受和控制的范围。风险评价矩阵就是比较常用和快速简便的方法。风险评价矩阵见表 10-3-2，它将风险的严重性和可能性分别为横轴和纵轴，并最后得出风险等级和排序。

表 10-3-2　风险评价矩阵

可能性分级	后果严重性分级				
	Ⅰ（灾难）	Ⅱ（严重）	Ⅲ（中度）	Ⅳ（轻度）	Ⅴ（轻微）
A（肯定）	重大风险	重大风险	重大风险	高风险	高风险
B（很可能）	重大风险	重大风险	重大风险	高风险	中等风险
C（中等）	重大风险	重大风险	高风险	中等风险	低风险
D（很少）	重大风险	高风险	中等风险	低风险	低风险
E（极少发生）	高风险	高风险	中等风险	低风险	低风险

　　①风险的可能性分级。风险的可能性代表风险发生的概率（可能程度），应该明确定级为：肯定（A）、很可能（B）、中等（C）、很少（D）、极少发生（E）。

　　②风险的后果严重性分级。风险的后果严重性等级给出了风险严重性程度的定性度量，分为：灾难的、严重的、中度的、轻度的和轻微的。"灾难的"是指会完全导致项目的失败和重大损失，会出现特大的安全事故，导致人员的伤亡。

　　"严重的"是指项目的目标完全无法达到，会给项目带来较大的损失。

　　"中度的"是指会造成项目工期的延迟，费用会增加。

　　"轻度的"是指进度、费用都会有影响，但进度仍然在可控范围以内，费用的变化也是在预算范围以内，属于可接受的范畴。

　　"轻微的"是指完全可以接纳的风险。

　　③风险控制建议方案。风险评价矩阵中凡是属于重大风险的，是不可以接受的，应该立即采取行动，制订解决方案；属于高风险的，也不可以接受，应该采取措施，解决可能出现的问题；对于中等风险和低风险的，属于可以承受的范围，但需要随时跟踪，掌握风险的动态，避免风险的扩大。

　　当通过风险评价矩阵把所有的风险因素及其等级划分出来以后，需要编制风险等级排序表，见表 10-3-3。

表 10-3-3　风险等级排序表

风险编号	风险来源	发生概率	严重程度	风险级别	责任人	预计发生期间	发生征兆	应对措施	风险监控	结果	备注

因此，在编制风险管理规划的风险评价中，需要明确定义风险的可能性等级、风险的后果严重性分级和风险等级，这样可以指导相关责任人比较准确地判断风险的后果和严重程度，为判断项目总体风险打下基础。最后的成果是风险等级排序表。

（5）最坏结果分析。

前文所述的风险识别和评价都是具有前瞻性的分析，主要是为了在风险可能发生的前期做好准备和应对措施，避免风险的发生。但在EPC项目的执行过程中经常会碰到已经出现了风险的情况，如一台正在运转的设备出现了小的故障或毛病，但由于没有备件或其他原因无法停车检修，这时候就需要对其故障进行评判，连同可能发生的连带问题一起进行最坏结果预测和分析，通过最坏结果预测，寻求解决的途径。

这种方法是常用的风险评价方式，可以帮助管理者对风险发生后的最坏情况进行了解，从而积极地寻求解决的办法，避免小的风险酿成大的事故。

（6）风险应对。

风险应对是在风险识别、评价以后，找出符合实际的风险应对措施。针对不同的风险，研究找出相应的风险应对方案及备选方案，由于一些风险有多种解决方案，需要对多种方案进行研究和比较，找出一种和目标方向最接近的方案。风险应对主要有下面几种主要的方法。

①回避。风险回避就是指主动改变项目计划或者项目方案以消除风险和风险条件以保证项目目标的实现。风险回避是总承包项目中经常使用的一种风险规避方式。

②减轻。风险减轻是一种积极和主动的风险处理方式，通过各种技术方法和手段来减轻风险发生带来的损失，它是风险无法回避的情况下所采取的积极的手段。

③转移。风险转移是将项目已知的风险或承担的责任转移给第三方的方式。风险转移以后也可能将风险减轻或者回避，也可能将风险损失的部分转移到第三方或共同承担风险。

④接受。接受是指一些风险如果发生或肯定发生，其后果是在项目承受的范围以内，这主要指那些风险发生的概率很低或者风险发生的后果影响程度不严重。接受风险的结果往往会导致项目成本上升，因此项目必须建立风险基金，做好预防准备。

（7）风险监控。

风险监控是指对风险规划、识别、评价、应对的全过程的监督和控制，跟踪已经识别的风险的发展变化情况。

第四节　设计阶段风险管理措施

1. EPC工程总承包设计风险

对建筑工程而言，其设计风险与设计方和咨询方有着密切的关系，具体包括识别风险、评估风险、对风险进行控制等，上述过程持续不断。工程设计风险主要特点是：来源性更多、可预见性更弱以及可变性更大。

相较其他工程项目而言，建筑工程更为系统且复杂，随着项目开展，风险也会不断变化，在管理建筑工程项目风险时，必须遵循下列原则。

风险因素主要以防范为主，一经发现，应当在第一时间内采取有效的措施进行控制，避免因风险扩大而给承包企业造成更大损失。

若识别出的风险因素确实无法规避，就必须考虑采取转移风险的途径。

有资料表明，民用建筑工程事故的发生有 40.1% 源于设计的失误，由此可见，对建设工程项目而言，设计十分重要，各因素对工程事故的影响见表 10-4-1。

表 10-4-1　质量事故原因表

质量事故原因	设计引起	施工责任	材料原因	使用责任	其他
所占比例（%）	40.1	29.3	14.5	9.0	7.1

由表中数据可知，项目质量事故减少的关键在于在施工前的筹划阶段和在设计阶段就将风险因素进行有效控制。

EPC 工程中的设计阶段是 EPC 项目的龙头，对采购（P）、施工（C）提供技术支持，是决定项目成败关键的第一步，设计的好坏直接关系到项目目标的实现，是实施项目进度控制、费用控制、质量控制的基础。

在 EPC 工程中，设计主要分成两个阶段，一个是基础设计（Basic Engineering Design），也是国内通常的初步设计；另一个就是详细设计（Detail Engineering Design）。

2. EPC 工程总承包设计风险的识别工作

企业的风险管理体系需要有一定的系统性和逻辑性，根据项目管理手册中有关风险管理的指导内容，首先要进行风险的识别工作。开展风险识别工作，能够为相关方及时地提供关键信息，为风险评估提供更有力的依据，确保风险评估质量。毋庸置疑的是，如果不能准确理解风险的定义，就会导致风险进一步增加。EPC 技术风险分类见表 10-4-2。

表 10-4-2　EPC 技术风险分类表

风险分类	风险名称	风险影响	风险大小	对策/措施	风险管理部门
技术风险	设计风险	设计方案不满足业主及合同要求；设计错误；设计工作不精细、不及时、不到位等影响工程建设	中	严格执行相关设计管理规定；加强设计与工程建设管理的融合	设计部
	采购风险	采购产品的性能指标不能达到技术要求或质量不合格	低	严格按照设计的技术要求进行采购，加强监造及验收工作管理	采购部
	施工风险	施工技术方案不合理，导致不满足工程技术指标及质量要求	中	严格审查施工技术方案，严格执行施工技术要求及相关规程、规范	施工部

EPC 工程总承包企业设计风险识别的主要内容有：找到风险因素和风险形成的前提；表达风险的特征并评估其后果；完成已识别风险的分类。风险识别的过程可以多次进行，以确保识别出的风险因素的即时性、全面性。

（1）EPC 设计风险识别原则。

①全面性。在进行风险识别时，要尽量地将项目的所有环节以及项目包括的所有要

素都考虑进来。

②针对性。类别不同的项目风险，识别的过程应有针对性。

③借鉴性。相同环境、同等类别、同等规模的项目，其风险因素有着很大程度上的可借鉴部分。

（2）EPC 设计风险识别依据。

以下列举了一些主要的识别 EPC 设计风险的依据：

①项目的前提、假设以及限制性因素。对于 EPC 项目而言，有很多文件都是在一定的假设性前提下拟定的，如建议书、可行性报告、设计文件等，既然是假设性的，因此在工程建设过程中这些前提有可能是不成立的。也就是说，EPC 项目的前提中蕴含一定的风险。

②项目开展过程中的各项计划和方案，以及业主、总承包企业和别的利益相关者等的期望。所有项目包括 EPC 工程总承包项目中都会有一些常见熟知的多发性风险类型，或许会给项目带来消极作用，因此在进行风险识别时，也要考虑到这些依据不同的工程总承包企业所从事的核心领域有所不同。研究某一领域相类似的工程越多，越容易找到一些多发性的风险。

③过去的资料。EPC 项目过去的资料能够使设计风险管理更具说服力，EPC 过去的资料所代表的是经验，或者是其他人在项目建设过程中总结的教训和成功之处。以往项目的设计修改单、设计联络函、深化设计确认函、材料进场检测报告、验收资料、事故处理记录、项目总结以及项目主要角色的口述心得等，都是获取风险因素最直接、最可靠的因素。

（3）EPC 工程总承包企业设计风险识别方法选择。

具体的风险识别方法见表 10-4-3。

表 10-4-3　风险识别方法

方法	基本描述
专家调查法	从专家处进行咨询，逐一寻找项目中存在的风险，针对风险可能造成的后果进行分析和预估。这种方法的优势主要体现在无须统计数据就能进行定量的预估，其缺陷为过于主观
初始清单法	全面拟定初始的风险清单，尽量避免遗漏的方面。拟定这一清单后，根据工程各方面的情况开展风险识别工作，在这一过程中排除清单中错误的风险，并对已有的风险进行改正
风险调查法	这种方法的主要内容是提供详尽确定的风险清单。在建设工程中展开风险识别工作，通常要将两种或更多的方法结合在一起使用，而风险调查方法是必须采用的。同时，按照工程的进度，持续进行新风险的识别
故障树分析法	故障树分析法通过图例对大的故障进行分解，从而得到各式各样的小故障，或者针对导致故障的所有因素展开分析。一般情况下，当项目方经验比较欠缺时可以采用这种方法，针对投资风险进行逐一的分解，如果应用对象为大系统的话，采用这种方法极有可能会出现错误
流程图法	流程图法将项目完整的过程罗列出来，综合考虑工程项目本身的情况，逐步排查每项流程中存在的风险因素，以识别出项目所面临的所有风险
情景分析法	该方法假设某一现象在长时间内不会消失，构建出一个虚拟的未来环境，接着对可能发生的各种关联情况及趋势展开预测

（4）识别 EPC 工程总承包企业设计风险的流程。

在具体进行风险识别工作时，由于必须针对全部潜在风险来源以及结果展开客观的调查，所以要从系统、持续、分类的角度出发，对风险后果程度进行客观的评价。风险识别的流程如图 10-4-1 所示。

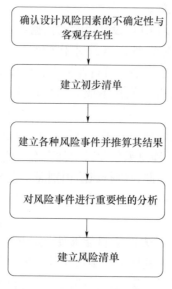

图 10-4-1　风险识别流程

3. 风险评价指标体系建立的原则

在拟定 EPC 工程总承包企业风险评价指标体系的过程中，考虑到设计管理的风险评价十分复杂，构成该系统的不同指标彼此间存在广泛且深入的联系。所以，为了确保最终的指标是充分客观和准确的，同时让项目设计风险管理更为客观，指标要具有一定的综合性，能反映和度量被评价对象优劣程度，指标内容明确、重点突出表意精准，同时要避免重复性的指标，指标评价所需数据要方便采集，要同时满足精简和目的性的目标，指标要尽可能是量化的，如果是定性指标，必须选择有效的算法和工具进行处理，方便指标的评价。

4. EPC 工程总承包设计风险管理措施

1）技术措施。

（1）全面的准备工作。

完整、准确地理解业主的需求，对项目进行现场考察，了解实际情况，是设计风险管理以及整个项目管理的首要任务。EPC 项目的设计人员不仅要充分掌握项目所在地的地质、气候、相似项目等状况，也必须全面了解所在地的相关法规政策、行业规范、建筑设计惯例、通用的标准等。

因此，EPC 总承包企业和所选定的设计分包单位（或设计团队）首先要做的是对招标文件和业主的需求进行分解，逐条核对予以消化，需要深入项目现场，全面掌握工程背景与形势条件，及时和业主进行交流沟通，把握业主对工程的实际想法与潜在期望，为后续的实施工程设计提供有效、充分的依据。总承包合同所约定的设计规范和标准和项目当地的地质、气候、文化因素、人员素质、经济发展水平、工业化程度以及施工工艺水平，对采购的确定、施工方案都产生一定影响。设计、采购、施工部门也要对规范和标准熟悉吃透，并结合项目管理和组织施工的特点，才能为后续推进工作铺平道路。

（2）注重设计技术审查工作。

在现今的环境下，EPC工程通常有着规模大、合同额高、技术性强的特点，在项目正式施工之前必须组织专门人员认真做好设计文件审核工作，这样既可以降低施工进程中的返工率，节省时间，也降低了材料浪费率，节约了项目成本，这一点符合我国的工程惯例，并且在我国项目建设有关的法律法规中有着确切的规定，也获得了项目管理各个方面的普遍认同。

在EPC模式下，承包方有条件对EPC工程展开全程监控，对设计材料展开审核的条件更加充足，设计材料审核并优化所带来的经济收益也是EPC工程项目利润的一个最为有效的组成部分。所以，EPC承包单位应该给予设计材料审核工作足够的关注，既要审核设计技术的可行性，也要审核材料选择是否经济以及施工方式是否恰当，必要时引入经验丰富的设计监理严格把关。审核设计材料时必须注重与设计审批的相统一，注重对设计的全程审核。

2）组织措施。

（1）完善专业设计间的接口处理。

在大型的EPC项目中，设计工作除了主要设计单位进行外，经常存在众多专项深化设计单位后续参与的情况，于是EPC工程通常存在着不同设计单位之间的配合与衔接的问题。在EPC总承包模式下，总承包企业必须发挥出EPC总承包模式组在统筹管理上的优势，确保前后设计接口在主要技术参数、方案形式、主材选取上的一致性，并协调好各设计交接周期与施工进度之间互相耦合的问题，保证施工进行的流畅性，避免由设计接口的疏漏、延迟而造成的工程进度上的延误或者返工。

（2）加强设计过程中的协调工作。

在设计过程中，设计部门与其他参与方的良好的沟通与实时协调是非常重要的。EPC总承包企业应委派专人负责，在设计实施过程中做好以下几点沟通协调工作：

①真诚尊重设计单位的意见。

认真听取设计单位介绍工程概况、设计意图、技术要求、施工难点等，把标准过高、设计遗漏、图纸差错等问题解决在施工之前；施工阶段，严格按图施工；结构工程验收、专业工程验收、竣工验收等工作，约请设计代表参加；若发生质量事故，认真听取设计单位的处理意见等。

②施工中发现设计问题及时与设计单位沟通。

在施工中发现设计问题，应及时向设计单位提出，以免造成大的直接损失；若监理单位掌握比原设计更先进的新技术、新工艺、新材料、新结构、新设备时，可主动向设计单位推荐。为使设计单位有修改设计的余地而不影响施工进度，可与设计单位达成协议，限定一个期限，争取设计单位的理解和配合。

3) 合同措施。

（1）强化设计分包合同约束能力。

对备选设计分包单位有充分的了解，不能仅靠投标报价的高低简单地确定设计分包单位。对于涉外项目，EPC 总承包企业应优先考虑工程所在国当地的设计单位，如果选择了对当地的设计理念、设计习惯以及当地规范标准不熟悉的单位，会增加设计图纸不能在施工中实现、经济性差并且不能顺利通过当地政府相关部门审批的风险。

设计分包合同的签署工作尤为重要。需要在签署的协议或合约中明确双方的权责与义务，确定工作范围、设计标准、进度节点，明确违约的责任，明确索赔的原则，明确利益改变的配比原则，建立起风险同担、效益同享的协作制度。对于关键性的设计规范及标准，在协议中要以科学、明晰的形式确立下来，如可将有关我国标准制作成表达性较强的示意图或者参数表当作附件签订，如此可规避以后发生的技术矛盾。

（2）按期执行物资采购合同。

采购部门需要及早介入到设计工作之中，要求设计部门尽早提出工程的装修档次、品牌选择范围清单、产品技术参数、特殊物资订货要求等内容，同时重新核对项目的总体成本控制以及进度计划，并告知上级。在此基础上，项目采购部门依据设计提供的文件尽早地展开市场调查和产品询价，将得出的结果反馈给相关设计者，在保证工程物资的功能性、合规性的基础上，在满足业主要求的基础上，选取最具经济性、适用性的产品材料，有效降低采购成本、工程成本。

第五节　采购阶段风险管理措施

1. EPC 工程总承包采购风险

如果把 EPC 建设工作比成一支龙，E（设计）和 C（施工）分别是龙的头和尾，那么 P（采购）就是龙的身骨。在建设项目中，设备和材料占总投资的比例占 60% 左右，而且采购设备的质量、交货的及时程度都直接影响到项目能否顺利地进行，对项目的最后成功起到至关重要的作用。从所占投资比例看，好的设备采购管理，会给总承包项目带来可观的经济效益。因此，采购管理，特别是采购过程中的风险管理在采购管理中扮演着重要的角色。

2. 工程采购风险的分类

工程采购风险一般划分为外因风险和内因风险两大类。

1) 外因风险。

外因风险是工程采购施行中工程采购主体自身无法避免的工程采购过程以外因素造成的风险。其一般包括：

（1）质量风险。

（2）交期延误风险。

（3）价格风险。

（4）意外风险。

（5）合同风险。

2）内因风险。

内因风险是指工程采购主体自身因素和工程采购管理内部因素所引发的风险，一般包括：

（1）工程采购计划风险。

（2）工程采购责任风险。

（3）运输风险。

（4）存货风险。

3. EPC 工程总承包采购风险识别

EPC 工程总承包采购的四级风险因素如下所述。

（1）采购进度计划合理性风险。

采购进度计划是项目总体进度计划的一部分，是引领采购工作、监督采购进程的重要文件，它必须和设计进度计划、施工进度计划完全衔接起来。

（2）合格供应厂商风险。

合格供应厂商的选取是保证产品质量关键一步，它的选择也是一个综合分析判断决策的结果，如有的制造厂商各方面都很好，唯独在交货期上不能满足，这时候也必须结合项目的目标工期慎重考虑。

（3）设备检验监造风险。

合同签订以后，制造过程中的中间检验、出厂检验以及过程的监造是保证设备产品质量的第二步。

（4）货物运输风险。

对于国外总承包工程，大量的货物要在一到两年的时间全部运输到国外，高峰期的时候，每月的船只多达 3 条，对货代的组织和管理能力都将是全面的考验。

第六节　施工阶段风险管理措施

1. EPC 工程总承包施工阶段风险

一个项目的成功与否，不在于签约过程中的预期盈利与否，而在于项目履约过程中的完美与否，因此为完成预期目标，除对设计与采购过程加强风险管控外，更需要加强对项目施工阶段过程中的风险防控。

（1）项目管控模式的选择风险。

就承担 EPC 总包业主的承包商而言，其自身即具备 EPC 项目所需要的一个或几方面，如设计院承担总承包业务过程中的设计能力、主设备供应商的设备制造能力等。

（2）成本控制风险。

EPC 项目涉及的知识、能力方面较多，各类分包商、供应商较多，如何更好地控制成本的支出关系到项目后期结算过程的预期目标的实现。总承包商需要有一个清晰完整的成本控制措施或制度，通过对总承包合同的认真分析、逐条研究，找出其中的风险并研究对策。

（3）过程进度控制风险。

EPC 总承包合同一般只规定了一个最终的试运营及最终交付时间并对此设定严格的违约责任条款，对过程中的进度采取重大节点控制，这就考验一个总承包商的过程进度控制能力，过程中的进度控制直接关系到最终交验时间的实现及违约情况是否出现。

（4）风险转移措施风险。

在 EPC 总承包合同中，业主方为控制风险的产生，一般会要求总承包商为预付款及合同履约出具相应的担保或保证，常见的有工程保险、预付款保函及履约保函。

2. 施工阶段的风险管理

（1）合同风险管理。

EPC 总承包商如何有效管理和规避施工阶段合同风险是该阶段合同管理的核心。施工阶段总承包商的合同风险管理的目的之一是避免由于总承包商自身违约而产生各种风险的可能性，只有正确理解并执行合同条款要求，才能减少甚至避免失误和经济损失。

施工阶段合同管理最可能出现的风险就是由于项目变更导致合同总价发生变化，但 EPC 总承包合同一般为固定总价合同，总价变化的风险一般是由总承包商来承担的。

（2）分包风险管理。

EPC 总承包项目具有规模大、建设周期长、施工难度大等特点，依靠总承包商完成整个项目的建设实施存在很大难度。因此，项目分包也就比较常见。

3. 施工过程风险识别及应对

施工阶段是 EPC 工程总承包项目建设过程当中最为关键的阶段之一。总承包商将大量的财力、人力、物力投入其中，施工阶段的能否顺利实施将会影响到整个 EPC 工程总承包项目的完成与获利情况。

对 EPC 工程总承包商而言，施工阶段主要需要特别关注的风险是由意外事件引起的工程设备损坏或者人员伤亡风险，以及承包商可能不能合理解释的相关数据核实风险与一些突发的不具有预见性的风险。

1）EPC 项目施工阶段风险源分析。

（1）工期延误风险。

由于自然条件恶劣、社会经济因素、项目团队管理问题、设计方案频繁更改、采购原料有缺陷、安全事故突发等各种各样的原因，可能会造成整个 EPC 工程总承包项目的工期延误。

（2）质量或功能风险。

同样，由于上述各种因素可能会给 EPC 工程总承包项目带来各种质量或功能风险。

（3）成本剧增风险。

由于 EPC 工程总承包项目的各种外部因素，如人工费、材料费等上涨；总承包商项目管理能力有限，如资金管理不当、设计方案不合理、变更频繁等，都可能引起成本剧增风险。

（4）安全风险。

由自然环境因素如地质条件、气候等各种不可抗力因素，现场条件如安全防卫不合理、操作不当，设备存在缺陷，管理因素风险如现场管理混乱等都可能会引起 EPC 工程总承包项目的安全风险加大。

2）EPC 项目施工阶段风险应对措施。

该阶段的风险应对策略必须积极协调各方参与者的关系，尤其要加强供货方与各分包商之间的沟通交流，合理安排项目资金运转，及时跟进项目实施进度，落实各项具体责任到有关方；在施工现场应派驻专业的监管安全、环境负责人，并切实做好关于此阶段可能存在的工程索赔工作证据收集工作，避免不必要的损失。

选派有经验、善经营、精管理、通商务、懂法律、懂技术的经验丰富的管理人才出任项目经理，这样才能实现项目目标。

4. 项目交验风险管理

对于 EPC 总承包项目，其最终的目的是满足业主方在总承包合同中的建设项目性能参数、使用目的的满足，并在总承包合同中对此约定了幅度最大、责任最为严格的违约责任条款，项目的最终交验能否成功成为项目成功与否的最后也是最为关键的环节。

第七节　EPC 工程总承包项目总体风险管理

EPC 工程总承包项目风险管理是 EPC 项目管理的一部分，是 EPC 工程总承包全过程组织与实施必须充分考虑的一环。EPC 项目管理是一项综合管理，主要涉及项目的质量、进度和费用的管理。

在决策投标以及投标的过程中，总承包商必须重视现场实地考察和市场调查，除了了解建设所在地的政治、经济、社会、自然环境以外，还要特别了解当地的原材料行情、劳动力市场行情、当地的用工制度、机具设备市场行情。同时，还要分析未来项目建设期间通货膨胀水平，物价上涨水平等，保证在施工建设期间不会因为市场的波动对项目造成影响。在合同谈判阶段，一定要注意澄清业主的技术要求，对于不能满足的技术要求必须给予解决。对于技术上有偏离的地方必须在合同中明确，防止在后期业主不予认可和拒绝接受的情况。

EPC 项目的总体风险管理是每一个具体风险管理的集合。每一个小的风险因素的识别、应对和监控构成了项目总体风险管理，认真处理每一个细小的风险因素是项目总体风险管理的根本。

复习思考题

1. 简述风险管理目标及方法。
2. 简述风险管理的工作内容。
3. 简述设计阶段风险管理措施。
4. 简述采购阶段风险管理措施。
5. 简述施工阶段风险管理措施。
6. 简述项目总体风险管理的相关内容。

第十一章　EPC工程总承包案例分析

本章学习目标

通过本章学习，学生了解EPC工程总承包模式的具体实施过程和方法，对比其他承包模式，对EPC工程总承包模式的优势有更深一步的了解。

重点掌握：EPC工程总承包模式的设计、采购、施工之间的联系。

一般掌握：EPC工程总承包模式的组织结构设置。

第一节　工程概况

1. 项目概况

某河道完善工程，工程主要内容包括：整治河道4.8km，改造防汛墙5.65km，新建护岸1.26km、防汛通道2.37万平方米、泵闸（双向、水泵流量 $3 \times 10^3/s$ 、闸孔净宽12m）1座、桥梁1座，改造桥梁1座，绿化种植2.76万平方米及景观工程等。

2. 项目范围及内容

完成该河道完善工程的设计、勘察、采购、施工，乃至技术图纸审批、工程竣工验收、备案、移交，完成并配合相关部门结（决）算、审计、工程保修等工作。工程总承包企业应当按照工程总承包合同的约定，对总承包工程范围内的工程设计、施工质量、施工现场安全生产和工程进度等负总责。配合发包人在项目实施过程完成各项涉及政府、有关职能部门的协调工作。

具体招标范围：基本工程（含护岸工程、防汛通道工程、绿化工程、桥梁、泵闸工程、防汛墙内退改造）；景观工程（含景观、防汛墙改造、水文化宣传科普工程）。

1）设计：

（1）完成方案设计及方案深化设计、初步设计、施工图设计，提供全貌和局部效果图。

（2）限额投资内足额完成设计任务，设计需满足相应的国家规范和行业标准要求。

（3）完成初设报审、施工图送审、设计服务、备案等。

2）勘察：

本项目的全部勘察工作，包括详勘及设计要求的补勘等工作。

3）施工：

（1）严格按照设计施工图及规范要求组织施工。

（2）施工承包范围内的施工总体协调和管理。

（3）施工过程中因承包人原因所发生的一切安全事故由承包人负责。

（4）以上施工还包含竣工验收、竣工备案、移交，还包括负责建设报建服务、规划许可证、施工许可证办理、竣工备案、建设档案存档备案移交等。

4）工期要求：

总工期510日历天，其中设计周期20日历天，勘察周期20日历天，施工工期470日历天（2019.1.20～2020.05.03）。

5）建设项目管理服务方案编制依据。

该项目的建设管理服务方案主要依据以下文件、资料进行编制：

（1）该河道完善工程招标公告。

（2）《建设工程项目管理规范》（GB/T 50326—2006）。

（3）国家有关基本建设程序的规定。

第二节　项目的管理组织结构

为提高工程的科学管理水平，保证工程的顺利建设，建立总承包项目经理部。其管理组织机构、岗位设置和管理人员完全独立并授权管理包括该单位自行施工的以及各专项发包单位。在此模式下，总承包项目经理部可集中精力进行各项总体管理和目标控制，并为各单位做好服务工作，确保工程的顺利进行，如图11-2-1所示。

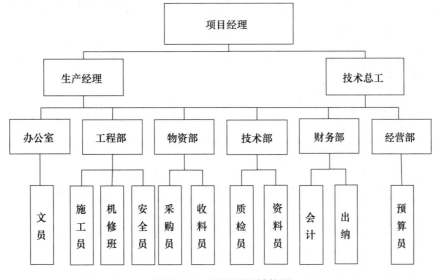

图 11-2-1　项目组织结构图

1. 组织机构岗位设置

总承包项目管理机构部的决策层由一名项目经理，一名生产经理、项目总工和商务经理、经营计划组成，管理层由专业职能部门组成，见表11-2-1。

表 11-2-1　组织机构岗位设置

部门岗位	部门岗位职责
技术质量部	负责技术部日常技术管理工作的全面实施工作； 负责组织项目科技工作规划和年度科技工作计划的编制并指导实施； 负责项目科技创新与推广运用工作； 负责贯彻执行国家及上级有关技术政策、技术标准以及技术管理制度； 负责编制工程项目施工组织设计，以及特殊分部分项工程方案，运用全面质量管理、网络计划管理等先进管理方法，科学地组织各项技术措施的实施； 具体负责工程项目的设计交底、图纸会审，并向项目工程技术和管理人员进行技术交底； 具体负责指导按设计图纸、技术标准、施工组织设计、技术措施进行施工，发现问题及时处理解决并上报； 参加隐蔽验收、质量评定、质量事故的处理等工作； 负责组织与复查工程测量工作、组织原材料、半成品的鉴定、检验工作，以及配合焊接等的技术控制和计量工作； 协助项目领导贯彻实施 ISO 9001 标准； 配合项目总工程师组织竣工图的绘制以及工程档案技术资料的收集、整理、上报工作，主持工程项目的技术总结、工法编制以及其他技术管理工作
工程部	协助项目领导班子对项目施工生产进行全过程的组织和管理； 具体参与生产计划的编制和实施，组建监理各部门的管理体系并维持其正常有效地进行； 具体参与施工组织设计和施工方案的编制，并参加图纸会审和设计交底，组织好施工生产前的准备活动； 深入施工现场，掌握、了解结构施工的进度、质量及其他情况，做好现场施工目标的过程控制，现场各部门、各工种、工序间的接口和交叉作业； 合理利用资源，优化配置，严格控制成本； 参加项目生产调度会、质量分析会，汇报施工生产情况，并解决施工生产中的各种矛盾和具体问题，布置生产任务，落实和会议决定事宜； 负责对指定分包单位的各项协调、配合、管理工作的组织实施
经营部	贯彻执行公司质量方针和项目规划，熟悉合同中业主对产品的质量要求，并传达至项目相关职能部门； 负责组织项目人员对项目学习和交底工作； 主持项目各类经济合同的起草、确定、评审； 负责项目经营报价、进度款结算及工程决算，负责专业队伍的结算； 负责专业施工队伍、材料供应商的报价审核
物资部	负责现场的材料改备的计划、采购、收发、库存、文明施工的管理； 制订物资设备管理制度，组织制度的评审，检查制度的执行情况，收集制度执行过程中的反馈信息并不断完善； 组织大宗物资设备的采购招投标工作； 监督检查在施工生产中的物资设备消耗情况，做好物资设备的消耗统计工作，收集整理物资设备消耗资料，统计分析各类物资设备的消耗定额； 加强计算机在物资设备管理中的应用，推动物资管理的信息化建设
综合办公室	负责项目经理部的后勤供应、来访接待工作； 负责项目经理部的公文管理、印信管理、会务管理、日常行政事务管理、现场企业形象管理工作、宣传工作、消防保卫工作等； 负责与卫生防疫站、定点医院等单位联系与沟通，预防和处理突发性公共卫生事件； 负责项目联合工会的建立和日常管理，牵头建立突发公共卫生事件预防和处理联动机制； 负责协调解决施工现场扰民问题，保持与四周居民的联系，做好沟通工作

续表

部门岗位	部门岗位职责
安全环境部	在主管副经理的领导下，全面控制整个工程的安全文明施工，确保实现安全文明施工目标； 建立安全管理网络和安全生产岗位责任制； 坚持按照"安全第一，预防为主"的原则，健全安全预控措施； 定期组织各分包商进行安全教育和安全文明施工检查，并及时公布检查结果； 督促各分包商按总承包管理要求执行安全文明施工的奖罚制度，确保安全生产、文明施工
专业工程师	负责向专业施工队伍进行技术交底，审核专业施工班组的交底，且各项交底必须以书面形式进行，手续齐全； 参与技术方案的编制，加强预控和过程中的质量控制把关，严格按照项目质量计划和质量评定标准、国家规范进行监督、检查； 负责现场文明施工管理，落实各施工部位责任人，进行现场达标管理； 负责现场劳动力、材料、机具协调工作； 严格工序的检查，组织专业施工单位做好工序、分项工程的检查验收工作； 对工程进展情况实施动态管理、分析预测可能影响工程进度的质量、安全隐患，提出预防措施或纠正意见； 协助安全部门对现场人员定期进行安全教育，并随时对现场的安全设施及防护进行检查，加强现场文明施工的管理； 协助材料设备部对进场材料及构配件进行检查、验收及保护； 在施工管理过程中负责配合部门经理具体落实对指定分包工程及其他分包单位的各项协调、配合工作

2. 项目管理的实施程序

目前从事 EPC 服务的公司绝大多采取矩阵式组织结构。矩阵型组织结构的特点是：既有按部门的垂直行政管理体系，也有按照项目合同组建的横向运行管理结构。

其最大的优点就是把公司优秀的人员组织起来，形成一个工作团队（Work Team），为完成项目而一起工作，工作团队的领导核心是项目经理，项目经理直接向公司高级领导层负责。

EPC 项目管理的内容与程序必须体现承包商企业的决策层、管理层（职能部门）参与的由项目经理部实施的项目管理活动。项目管理的每一过程，都应体现计划、实施、检查、处理（PDCA）的持续改进过程。

EPC 项目部的管理内容应由承包商法定代表人向项目经理下达的"项目管理目标责任书"确定，并应由项目经理负责组织实施。在项目管理期间，由雇主方以变更令形式下达的工程变更指令或承包商管理层按规定程序提出的导致的额外项目任务或工作，均应列入项目管理范围。

项目管理应体现管理的规律，承包商将按照制度保证项目管理按规定程序运行。如果承包商指定工程咨询公司进行项目管理时，工程咨询公司成立的项目经理部应按承包商批准的"咨询工作计划"和咨询公司提供的相关实施细则的要求开展工作，接受并配合承包商代表的检查和监督如图 11-2-2 所示。

3. EPC 项目的矩阵式组织管理

矩阵式项目组织结构是当前工程项目公司最为常见的组织管理结构，它与职能式组织结构、项目式组织结构并列为国际通行的三大项目组织结构，矩阵式项目组织结构发挥了后两者的长处，随着工程项目公司规模的扩大和竞争的升级，在全球化趋势和行业降本增效的政策引领下，研究矩阵式管理如何构建以及有效实施显得尤为重要。

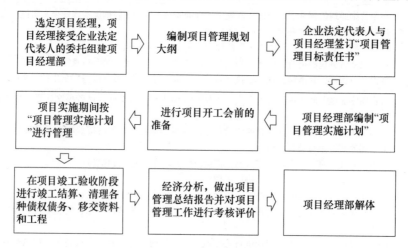

图 11-2-2　项目管理程序图

矩阵式介于职能式和项目式两者之间，其优缺点如下：

优点：

（1）团队的工作目标与任务比较明确。

（2）团队成员无后顾之忧。

（3）各职能部门能灵活调整，安排资源力量，提高资源利用率。

（4）提高了工作效率与反应速度，一定程度上减少了工作层次与决策环节。

（5）在一定程度上避免了资源的囤积与浪费。

（6）强矩阵模式中，项目运行符合公司相关规定，不易出现矛盾。

缺点：

（1）项目管理权力平衡困难。

（2）信息回路比较复杂。

（3）项目成员处于多头领导状态。

矩阵式项目组织结构又可以详细分为以下 3 种：弱矩阵式结构、强矩阵式结构和平衡矩阵式结构，其各自特点见表 11-2-2。

表 11-2-2　特点分析表

比较因素	职能式	矩阵式			项目式
		弱矩阵式	平衡矩阵式	强矩阵式	
项目经理的权限	很少或没有	有限	小到中等	中等到大	达到最大
全职人员在项目团队中的比例	几乎没有	0 至 25%	15% 至 60%	50% 至 95%	85% 至 100%
项目经理的责任	兼职	兼职	专职	专职	专职
项目负责人实际扮演的角色	项目协调员	项目协调员	项目经理	项目经理	项目经理
项目行政人员	兼职	兼职	兼职	专职	专职

矩阵式组织结构同时具备常设型组织和临时型组织，常设型组织是传统的职能部门

及专业部室，负责日常工作运行和项目的宏观管理与服务，具有相对固定性；临时型组织是为了项目的需要组建的临时项目组，项目组成员可由项目经理从各专业室抽调人员组成，为了完成项目任务而共同努力，直至项目结束，项目组解散并回到原来的专业部门，具有周期性和临时性。

常设型组织与临时型组织相互协调和共同管理，具有很大的灵活性，也能资源共享，降低重复成本，同时也有利于人心安定，目标统一。为了避免矩阵式管理的缺陷，也需要根据实际情况进行资源、权责、信息的平衡分配，根据项目经理的权责从大到小划分为三种矩阵式结构，对于不同的项目特点和规模适用的矩阵式管理类型也不同。

第三节　项目的质量控制要点

1. 工程质量管理体系

该单位在总包项目经理部下设工程部、技术部、质量管理部和材料设备部，全面负责改工程的质量管理工作。分包单位成立相应的质量机构，协助总包搞好该分包单位的质量控制。在施工过程中，定期开展全面质量检查和质量问题分析会，各分包定期向总包提交质量月报表，掌握工程质量动态，应用科学的数理统计方法，分析工程质量发展趋势，通过利用组织、技术、合同、经济的措施，达到"人、机、料、法、环"五大要素的有效控制，保证工程的整体质量。

2. 工程质量控制管理机构

施工项目的质量控制管理机构作为工程质量创优的组织机构，其设置合理与否，将直接关系到整个质量保证体系能否顺利运转。

该机构是由项目经理领导，项目总工负责，以质量管理部为主体，工程部技术部、材料设备部参加的质量责任落实的质量管理体系，整个体系协调运作，从而使工程质量始终处于受控状态，形成项目经理为首，项目总工和项目副经理监控，职能部执行监督，专业分包严格实施的网络化质量体系。

3. 工程质量控制方法

根据该单位《质量保证手册》，并结合工程的实际情况，编制施工组织设计及施工的专项施工方案，编写作业指导书和质量检验计划，编制项目《质量保证计划》，明确质量职责，确定项目创优计划，制定相应的质量制度。

（1）质量控制管理方法。

应用"全面质量管理"的原理，全员参与质量控制管理，对各专业分包单位施工质量作全过程、全方位监控。

将各专业分包工程按"施工准备阶段、施工阶段、竣工验收阶段"划分，对各阶段制定相应的管理目标和流程图，在各阶段对分解目标按计划执行、检查、处理4个过程进行循环操作（即PDCA循环）。分包施工过程中收集、整理质量记录的原始记录，应用数理统计方法，分析质量状况和发展趋势，有针对性地提出改进措施，对各工序施工质量做持续改进，通过工序施工质量控制整体质量。

（2）总承包质量控制流程。

总承包质量控制流程图是总包质量保证体系中的一个重要组成部分，是规范中总、分包之间质量管理行为的重要方式。

（3）施工准备阶段的总包质量控制。

①目标：对尚未进行招标的分包工程，择优选取分包单位；对通过招标确定的分包单位指导和帮助其建立完善的质量管理体系和机构，督促分包单位配备的人员、设备、材料等满足质量技术要求，使各项技术文件、资料及施工现场正常交接，以便分包单位能迅速有效地开展工作。

②措施：参与业主组织的分包招标，优选技术、管理先进的分包单位；组织召开各分包单位参加的技术交底会，将有关设计文件、总包管理依据和程序、工艺要求、质量标准向分包做详细的书面交底；组织有关单位对施工现场的主要坐标、轴线、标高、施工环境及相关技术资料进行交接，确保分包能及时、正确、有序地开展工作；对分包单位的进场报告、开工报告进行审查，确保其质量保证体系、组织机构、人力资源、机械设备、施工方案等满足工程质量要求。

③其他配套措施：改善外部配合条件，积极主动与业主、监理、政府主管部门等有关单位协调改善劳动环境和条件。必要时使用行政手段，实施强制性的调度。

（4）施工阶段的总承包质量控制。

①总承包质量控制目标。

敦促各分包单位严格按设计图纸、施工规范、质量标准等组织施工，确保各分项、分部工程达到合格。

②施工阶段质量控制措施。

每周定期由总承包召集各分包单位，对最近过去的一周工程质量状况进行全面大检查，并组织各分包单位召开质量问题分析会，就最近过去的一周会议提出问题的各种情况进行检查通报，对未能落实整改的责任分包单位进行经济处罚；所有用于工程的原材料、半成品、设备等进场后，必须由分包自检后报总包进行质量验收，需试验检验的由总包通知监理公司进行见证取样送检，检验或试验合格的材料方能签证同意使用；总包配备相应的质量检测设备，对各分包的各施工序质量全面跟踪检查，对检查出的质量问题向责任分包发出整改通知；各工序严格执行"三检"，"交接检"环节必须通知总包参加，由总包核验后，报监理公司验收，验收合格后方可转入下道工序施工；实行工程隐蔽验收预约制，分包单位提前 24h 将预约申请报总包，自检记录资料须在验收前半小时提交总包，若第一次验收不合格，第二次预约验收时间不超过 4h，第二次验收仍不合格，分包单位须重新填写预约申请。

（5）工程质量检测。

①为更好地做好该工程的质量检测管理，该单位拟设质量检测机构如下。在总承包项目经理部下设质量管理部和材料设备部，在质量管理部中设有专门的试验检测人员，专职负责本项目的质量检测工作。另外，加强与质监站和监理的联系，通过这些部门来加强项目的质量控制管理。

②为加强该工程的质量管理，该单位在施工过程中对分部分项和单位工程设立质量

管理点，并对其质量标准、对策和检测方法进行明确。

在施工过程中，依据设立的质量控制目标，采用相应的质量检测控制方法，对工程施工质量进行检控，以确保各分部、分项和单位工程质量目标的顺利实现。

整个工程的质量检测将分两条途径进行：首先是施工单位的自行检测；其次是具有相应资质检测的单位的见证送检。对于质监站检测中心和具有相应资质检测单位的检测，该单位将按质监站和监理的要求进行送检。

第四节　项目的进度控制要点

1. 进度控制管理总目标及网络计划

进度控制总目标：确保按合同工期 510 日历天完成工程，按期通过竣工验收。

2. 工程进度控制计划

（1）进度控制流程。

工程部对工程进度进行总控制，在工程部安排工程师专职负责进度计划的管理和协调工作。各分包单位也应安排专人协助总包管理该分包单位的进度计划。由于工程头绪繁多，各单项工程及工种多有穿插，安排合理则相互促进，反之则相互制约。因此，要使总目标与分目标明确，长目标与短目标结合，以控制性计划为龙头，支持性计划为补充，为控制提供标准。

该工程主要由总控制计划，工程各阶段计划，月计划、周计划、专项工程计划、资源控制计划和专业控制计划（包括月计划、双周计划）等多种计划组成的计划体系。

（2）健全计划制度。

根据合同工期和阶段目标由总包经理部编制总控制计划和"阶段"计划，计划上报业主、监理和设计方，同时转送经理部有关部门及各分包单位。

各分包单位根据总控制计划编制本单位控制计划和更为详细的月计划。各分包单位根据月进度进一步细化成包括本周及下周的双周计划，每月上报总包，由总包审查汇总后报业主方、监理并转发给各配合分包单位。进入机电安装阶段后，总承包经理部的工程部根据总控制计划和月计划督促机电分包单位编制机电计划，汇总后报总包经理部工程部和业主机电部。为做到计划编制标准化、正规化，要求各分包单位的月度、周等计划格式，包括纸张、字型大小，计划内容和粗细程度按总包规定的样本统一。

（3）计划分级管理。

该工程计划采用分级管理，形式如下：

①工程的计划管理采取总进度计划控制、工程各阶段计划控制、各专业分包和专项发包单位计划控制、月度计划以及周计划控制等五个级别的多级管理方式，以土建为主，机电为辅，专业分包及专项发包为补充互相配合。

②总承包单位负责制定计划管理制度，根据合同和业主的要求制订总控制计划和阶段计划。督促、检查分承包单位按总控制计划和"战役性"计划的要求编制自己的计划，并将分承包单位计划收集审查。对各分承包计划有矛盾或不符合总计划之处协调修改，汇总后报送业主、监理、上级和各有关部门。通过周计划、月度计划的跟踪，在每

周调度会上对计划执行情况进行监控。

③分承包单位负责根据总承包单位制订的总控制计划和阶段计划编制自己的周、月计划，并将周、月计划细化成短期计划。根据计划进行人员、机械、材料的组织调整，保证周、月计划的实现。

（4）按阶段组织进度控制的"战役"性计划。

为对进度计划全过程进行有效控制，项目将制订若干阶段性计划，由对分段计划的控制达到对全过程进行控制的目的。用"战役"性的形式组织分段计划的实施，使总承包单位各部门和各分包单位进入临战状态，激发各参加单位的竞争意识，使其高度重视该计划的"关门"时间，目标明确，保证周、月计划的实现。

3. 进度保证措施

（1）"战役"性计划的控制措施。

"战役"性计划按动员、实施、总结 3 阶段进行控制。动员阶段主要是制订计划，和各参加单位签订责任状，责任状中有对本"战役"的总工期要求，还有根据业主合同工期提出的分项工程工期要求。通过责任状的签订，落实合同工期及质量和安全的各项要求。实施阶段通过对月计划和周计划与战役计划的对比及时发现计划是否有拖期现象，通过调度会和现场巡察排除影响进度的障碍。

（2）技术措施。

①组织流水施工，保证作业连续、均衡、有节奏。

②缩短作业时间，减少技术间隔的技术措施。

③采用先进的施工方法、工艺和高效的机械设备。

④用计算机编制网络计划，可用控制计划经细化生成月计划，用月计划细化生成周计划，各参建单位可通过计算机网络或 U 盘来交换、修改、合并或拆分计划，可以很方便地对计划进行修改、计算和优化。

（3）经济措施。

①合同中明确规定，工期提前给予奖励。

②合同中明确规定，对拖延工期给予罚款，收赔偿金，直至终止合同等处罚。

③提供资金、设备、材料、加工订货等供应时间保证措施。

④及时办理工程预付款和进度款支付手续。

⑤加强索赔及反索赔管理。

（4）合同措施。

①加强合同管理，加强组织、指挥、协调，以保证合同进度目标的实现。

②严格控制合同变更，对各分包方提出的工程变更和设计变更，总承包单位应配合工程师严格审查，而后补进合同文件或协议中。

③加强风险管理，在合同中充分考虑风险因素及其对进度的影响处理办法等，尽可能采取预控措施，减少风险对进度的影响。

4. 进度协调管理

该工程各专业施工队伍多，在计划的实施过程中，由于多种因素影响，将会产生不协调的活动。为此，总承包单位必须协调各分包施工队伍进度之间的关系和矛盾，确保进度全部目标的实现。

进度控制的协调管理：

（1）计划、统计人员密切协作，通过现场统计日报和周报，将实际进度与计划进度相比较，在结构施工阶段每月进行一次进度跟踪分析，并把跟踪结果通报各有关单位。

（2）每个调度人员都有明确的岗位，对自己管片内发生的问题全面负责，发现问题及时处理。

（3）通过总体调度会、专业调度会、与业主方及监理的协调会协调各方面的关系，通过会议纪要确定由何人何时解决何问题，并在下次会议中检查落实情况。

（4）编制计划（特别是总控制计划）时必须对施工方案有所了解，对各专业的施工计划进行综合协调。计划人员与技术、机电及专业分包单位协商。

5. 施工进度计划的调整

通过检查分析，如果发现原进度计划已不能适应实际情况时，为了确保进度控制目标的实现，就必须对原进度计划进行动态调整。

1）调整的方法。

（1）组织搭接作业或平行作业。

（2）压缩关键工作的持续时间。这一方法不改变工作之间的先后顺序关系，通过缩短关键线路上工作的持续时间来缩短工期。

2）组织措施。

（1）增加施工工作面，组织更多的施工队伍。

（2）增加每天的施工工作时间，必要时采用三班制。

（3）增加机械设备、物质的投入。

3）技术措施。

（1）改进施工工艺和施工技术，缩短工艺技术间隔时间。

（2）采用更先进的施工方法或方案。

（3）采用更先进的施工机械设备，提高劳动生产效率。

4）经济措施。

实行包干奖励，完善激励机制。

5）进度控制的具体方法。

在施工过程中，总承包将对分包单位采用目标管理方法和网络计划技术控制方法，实现进度控制。

（1）目标管理方法。

①根据确定的总进度目标、阶段性目标，采取有效的措施，确保进度目标的实现。

②进度目标的实现，需要业主、监理单位、设计单位、总承包单位、各分包单位、当地建设主管部门等多家单位互相配合、协调，做到全员参与，人人有责。

③对工程的现场条件、周围环境调查和考察，编制工程项目总进度计划，报监理单位和业主审批。

④通过设计图纸协调组，与设计单位建立合作监督工作关系，确保设计进度能满足施工要求。

⑤审核各分包单位及供应单位的进度控制计划，并在其实施过程中，通过履行总承包职责，监督、检查、控制、协调各项进度计划的实施。

⑥采用实际进度与计划进度对比的方法，以定期检查为主，应急检查为辅，对进度实施跟踪控制，动态调整。

⑦通过对各分包单位工程进度款申请签署意见反馈给合约财务部，对分包单位实行动态间接控制。

⑧对阶段性进度控制目标的完成情况，进度控制中的经验做出总结分析，积累进度控制信息，使进度控制水平不断提高。接受监理单位、业主的施工进度控制管理。

（2）网络计划技术控制方法。

网络计划技术控制方法是以编制的网络计划为基础，通过与实际进展情况的对比，以及有关的计算、定量和定性分析，确定计划完成的影响程度，预测进度计划出现偏差的发展趋势，从而达到控制的目的。

第五节　项目的投资控制要点

1. 设计阶段

采用适当的设计标准，优化设计方案设计阶段是总承包项目的龙头，精心优化的设计方案可以节约投资额，是费用控制的最有效手段。在总承包合同中已经明确了各专业的设计标准。在施工图设计过程中，一定要严格执行总承包合同中约定的设计标准。在设计过程中，要注意各专业之间设计标准的统一和匹配，若一个专业设计标准再高，与其他专业标准不匹配，也会造成投资浪费。同时，要拟订多种设计方案，由设计人员提出满足业主要求的多种设计思路，由费用控制人员进行经济比较，在满足设计要求的前提下选择投资额最低的方案，为总包商争取最大的利润。

限额设计，科学决策。限额设计是按照批准的投资估算控制初步设计，按照批准的初步设计总概算控制施工图设计，同时各专业设计在保证达到使用功能的前提下，按照分配的投资限额控制设计，严格控制初步设计和施工图设计的不合理变更，保证总投资限额不被突破，从而达到控制工程投资的目的。在必须满足安全规范所要求的条件下，原则上对整个工程实施费用或成本限额设计，并对重大项目（包括变更）进行价值工程分析，进行多方案比较和分析，实施科学决策。已批准的初步设计概算，结合项目实际情况，将初步设计概算进行费用分解，形成工程项目执行和控制费用目标，通过控制程序有效地控制工程投资。

2. 采购阶段

设备、材料费用占总承包合同价格比重比较大，具有类别品种多、技术性强、涉及面广、工作量大等特点。做好设备、材料采购阶段的控制工作是实现总承包商利润的主要环节。

（1）确定供货商名单范围。

总承包项目要想在物资采购上获得利润就必须采用招标的方式。因此，需根据总承包合同中明确的供货商或质量标准，尽量选择同一档次的供货商。选择同一档次的供货商一方面可以初步确定设备、材料的质量水平；另一方面可以获得尽可能低的采购价格。总承包商可以与设备、材料供应商建立长期合作关系，缩短采购周期，扩大项目利润。

（2）明确采购范围。

在总承包合同签订时必须明确备品、备件品种及数量。在采购过程中，要严格按照合同要求一次性购买，避免多采购造成费用增加或少采购以后再追加造成的成本加大。总承包项目中材料的数量往往不像设备数量那么准确，经常出现或多或少的现象，采购人员要根据完成的施工图所需的准确材料量，考虑设计可能发生的变化，以及施工、安装、运输过程中的损耗来确定采购数量。材料余量的大小直接影响成本，过分加大余量只能造成浪费。

（3）实行限额采购。

限额采购就是对拟采购设备设定限制额度，每一台设备都有相应的限制额度，多台同类设备同时采购时，不应以单台限额为限，而应以同类设备合计限额为控制目标。同类设备集中采购有利于供货商制造成本的降低，有利于合同谈判节省设备采购费用。对同时开工的不同项目中同类设备进行集中采购，对降低设备费用会有更好的效果。对超出限额较大的情况，应认真分析原因，找出解决办法。

3. 建筑安装施工阶段

建筑安装施工阶段时间周期长，是 EPC 总承包项目实现的主要阶段，也是费用控制的关键环节。

（1）实施竞争招标，确定施工分包商。在保证工程项目质量和进度前提下，充分利用市场机制实施竞争招标、比质比价选取最有利的承包商为本工程服务。在评标过程中，不仅要审查工程总报价，还要对其分部分项工程量、综合单价、措施费项目总价、其他项目总价、主要材料价格（包括规格、质量标准等）逐一审查，选择合理低价的施工分包商。

（2）重视质量、进度、安全控制，优化资金、时间成本。时间是项目建设中的一种不可重复利用的资源，EPC 总承包项目必须无形地支付资金的时间成本，因此，充分合理利用这种资源是费用控制工作的又一个重要组成部分，是费用控制的基础和手段。要有效地控制工程项目投资，必须处理好投资控制与质量和进度、安全控制之间的关系。

第六节　项目的安全管理要点

1. 安全生产管理的目标

确保整个工程顺利而安全地完成，工程施工达到无重大伤亡事故发生，且月轻伤频率控制在 0.3‰以内。

2. 安全组织措施

1）组织措施。

设立安全管理组织机构，在总包项目经理部下设安全管理部，拟安排一名安全部经理专职负责整个项目的安全工作，另外在安全小组中配置一名安全员，各分包单位相应成立安全生产管理部门，管理该单位的安全工作。在此机构中，项目经理为安全第一责任人，项目副经理、项目总工为主要管理责任者，各级管理人员及班组为主要执行者，安全总监、安全员为主要监督者。

安全生产小组每周进行一次全面的安全检查，对检查的情况予以通报，严格奖罚，对发现的问题，落实到人，限期整改，并在现场设立违章专栏，对违章者予以曝光。

2）安全管理难点。

（1）设计：由于设计人员的资历和阅历的限制，原可以通过设计来消除的大量危险源将会在项目投入使用后凸显；设计图纸的多次变更，可能由于项目各方交接不清或手续不全，往往导致施工人员使用的不是最新版本。

（2）招标：由于招标文件缺少部分要求或审查不严，可能导致施工单位的施工能力没能达到预期的效果，对项目建设将产生很大影响。

（3）采购：因采购需求标的不清，导致设备、材料不符合要求，特别是特种设备、消防设备等资料不全。

（4）施工：施工安全是建设项目安全管理的重点和难点，也是事故高发的阶段，具体表现在施工单位资质不全（违法发包）、作业人员混乱、装备简陋不符合安全要求、危险性较大分部分项工程施工方案、安全交底等。

3）安全设计要求。

（1）设计必须严格执行有关安全的法律、法规和工程建设强制性标准，防止因设计不当导致建设和生产安全事故的发生。

①设计应充分考虑不安全因素，安全措施（如防火、防爆、防污染等）应严格按照有关法律、法规、标准、规范进行，并配合业主报请当地安全、消防等机构的专项审查，确保项目实施及运行使用过程中的安全。

②设计应考虑施工安全操作和防护的需要，对涉及施工安全的重点部位和环节在设计文件中注明，并对防范安全事故提出指导意见。

③采用新结构、新材料、新工艺的建设工程和特殊结构、特种设备的项目，应在设计中提出保障施工作业人员安全和预防安全事故的措施建议。

（2）设计人员应在施工图方案设计的适当阶段，由政府主管部门、顾客或第三方组织的外部评审对设计成果进行评审确认。

（3）设计人员对相关变更应获取经有关单位书面确认的文件。

（4）设计技术交底由设计经理负责与施工方或顾客具体落实。按交底要求向施工或制造单位介绍设计内容，提出施工、制造、安装的要求，接受施工或制造单位对施工图设计或设备设计的质疑，协调解决交底中提出的有关设计技术问题。

（5）当建筑工程施工质量达不到设计的安全要求时，设计人员应对加固补强措施进行确认，或者根据实际情况对结构进行核算，确保满足原设计要求。

4）招标安全管理。

（1）招标工作人员应查验投标单位的资质文件、营业执照、安全生产许可证、注册建造师（项目经理）、外地入当地投标备案通知材料、项目负责人及五大员等证书原件（包括项目经理、安全管理人员的安全管理岗位资质证书）。

（2）要格外重视对投标单位技术力量、拥有机具设备的考察。招标文件应要求投标单位在投标书中对项目需投入的安全管理及技术人员的素质、数量进行描述，防止投标单位委派不懂安全技术、施工技术的管理人员负责该工程而导致的安全、质量不合格的建筑产品。

（3）要求投标单位在投标文件中承诺其项目经理、施工经理及安全经理每周在施工现场的实际工作时间，并要求投标单位对其承担的施工任务区域内的安全生产承担总责。

（4）招标文件应对投标单位提出建立项目安全、健康与环境保护管理体系要求。

（5）招标文件应要求投标单位的施工组织设计必须考虑施工方法及工艺、施工机械设备及劳动力的配置、施工进度、安全文明施工保证措施、临时设施以及工期保证措施等，制定关键阶段及区域的安全技术措施；对专业性较强或危险性较大的工程项目，编制专项安全施工方案，确定施工组织设计与工程成本和报价的逻辑关系。

（6）招标文件应要求投标单位明确其总包与分包的规定，以防范其自身施工能力不足时寻求实施不规范的分包及协作。

（7）招标文件必须对项目施工安全技术措施费、安全管理协议、安全风险抵押金等相关事项提出明确的要求，并在评标阶段、合同订立阶段严格落实到相应的条款。

5）合同签约安全管理。

（1）要重视合同文本分析。

①合法性分析。即当事人（发包人和承包人）是否具备相应资质；工程项目是否已具备招标投标、签订合同的一切条件；招标投标过程是否符合法定的程序；合同内容是否符合合同法和其他各种法律的要求。

②完备性分析。即构成合同文件的各种文件是否齐全；合同条款是否齐全，对各种问题的规定是否严谨；合同用词是否准确，有无模棱两可或含义不清处；对工程中可能出现的不利情况是否有足够的预见性。

（2）要重视合同变更管理。合同变更在工程实践中是非常频繁的，变更意味着索赔的机会，所以在工程实施中必须加强管理。

（3）项目部应加强和介入施工总承包单位的分包合同管理。在订立分包合同时要充分考虑工程的实际情况，划清合同界面，明确双方各自的权利和义务。

（4）合同中必须明确约定在合同期内，施工企业对其施工任务区域内的生产安全（包括消防、治安、交通等）承担总责。

6）采购安全管理。

（1）工程项目的设备、材料供应商必须具备与其提供产品相适应的能力和资质证明文件，证明文件应在有效期限内。

（2）必须依据设计人员编制的设备、材料采购文件要求实施采购任务。采购特种设备、消防设备、防爆电气设备，应符合合同中约定的检验要求并提供设备安装结束后的验收、办证资料。

（3）采购进口设备必须在合同中约定提供证明其制造厂（地）的文件资料（如出厂证明、报关材料等），在设备验收时应同时查验合同约定的证明文件。

（4）采购超大、超重、异形等超过道路通行规定的产品，应按照设计文件的提示要求，与供应商约定运输方式和安全防范措施。

（5）如需设备、材料供应商提供现场服务，应与供应商签订现场服务安全协议。进入现场服务的人员必须经过相应的安全教育。

7）施工安全管理。

（1）编制现场施工安全管理实施方案。

建筑工程施工是一项复杂的生产过程，施工现场需要组织多工种、多单位协同施工，需要严密的计划组织和控制，针对工程施工中存在的不安全因素进行分析，从技术上和管理上采取措施，因此要求项目部在施工前编制现场施工安全管理实施方案。

（2）施工单位（包括分包单位）资质审查。

审查建设工程施工中标通知书、企业法人营业执照、资质证书、安全生产许可证、企业法人委托书、项目经理岗位证书、项目经理任命书、技术负责人任命书、三类人员安全生产考核合格证书、企业的安全管理网络。

（3）施工人员资格审查。

审查施工总承包、专业分包或劳务分包单位与施工人员签订的劳动合同。分包企业从进入工地之日起必须向政府部门为其施工人员办理工伤保险或综合保险、从事高处作业的施工人员健康证、特种作业操作证。

（4）特种设备进场审核。

审核制造许可证及产品合格证、设备监管卡和属地建设机械编号牌或属地建设工程施工现场机械安装验收合格证、建筑机械安装质量检测报告（确认检验单位资质）、建筑机械安装质量检测报告中不合格项的整改合格资料。

（5）危险性较大的分部分项工程安全管理。

危险性较大的分部分项工程专项方案、超过一定规模的危险性较大的分部分项工程需经过专家论证、专项方案需经过审批、作业前编制人员或项目技术负责人向现场管理人员和作业人员进行安全技术交底、施工单位应当指定专人对专项方案实施情况进行现场监督和按规定进行监测、施工单位技术负责人应巡查专项方案实施情况、对于按规定需要验收的危险性较大的分部分项工程必须组织有关人员进行验收。

8）试运行安全管理。

（1）编制项目试运行工作计划，明确试运行阶段的内容、组织、工作原则和程序。

（2）制订试运行安全技术措施，确保试运行过程的安全。

（3）组织业主、施工分包商、供货商从试运行角度来检查施工安装质量，核查在试车、操作、停车、安全和紧急事故处理方面是否符合设计要求，对发现的问题列出清单并进行修改，最终达到设计要求。

（4）组织协调各参加调试人员，明确调试区域及范围，做好调试期间发生电气设备着火、突发意外停电、功能性误操作、防爆、防中毒及其应对措施等方面的安全教育工作。

（5）检查建设项目的安全生产"三同时"制度的落实，必须按照国家有关建设项目职业安全卫生验收规定进行，对不符合职业安全卫生规程和行业技术规范的，不得验收和投产使用。验收合格正式投入运行后，不得将职业安全卫生设施闲置不用，生产设施和职业安全卫生设施必须同时使用。

（6）与业主方共同审查和签署试运行及考核情况报告，明确建设项目的工艺性能、保证指标、经济指标达到合同要求的情况。

3. 安全管理制度

建筑施工企业的生产过程具有流动性大、劳动力密集度大、多工种交叉流水作业和劳动强度大、露天及高处作业多、环境复杂多变等特点。这些特点决定了建筑施工的安全难度大，潜在的不安全因素多，因此，必须建立严格有效的管理制度。

在本工程的施工中，建立了以下安全生产制度：安全教育制度、班前安全活动制度、安全技术交底制度、安全检查制度、安全警示制度、安全管理制度、安全防护措施（包括"三宝""四口""五临边"）、现场安全防火制度（如动火审批、易燃易爆品的管理等）。

在工程项目建设上建立以总包项目经理为首、项目副经理、各分包项目经理、安全总监、专职安全员、工长、班组长、生产工人组成的安全管理网络。每个人在网络中都有明确的职责，总承包项目经理是项目安全生产的第一责任人，项目副经理分管安全，每位工长既是安全监督，也是其所负责的分项工程施工的安全第一责任人，各班组长负责该班的安全工作，专职安全员协助安全总监工作，这样就形成了人人注意安全、人人管安全的齐抓共管的局面。

加强安全宣传和教育是防止职工产生不安全行为，减少人为失误的重要途径，为此，根据实际情况制定安全宣传制度和安全教育制度，以增强职工的安全知识和技能，尽量避免安全事故的发生。

消除安全隐患是保证安全生产的关键，而安全检查是消除安全隐患的有力手段之一。在工程施工中，总包单位将组织自营施工单位和各分包单位进行"日常检、定期检、综合检、专业检"等四种形式的检查。安全检查坚持领导与群众相结合、综合检查与专业检查相结合、检查与整改相结合的原则。检查内容包括：查思想、查制度、查安全教育培训、查安全设施、查机械设备、查安全纪律以及劳保用品的使用。

4. 安全防护措施

该工程专业工种繁多，其安全防护范围有：建筑物周边防护，建筑物临边防护，建筑物预留洞口防护，现场施工用电安全防护，现场机械设备安全防护，施工人员安全防护，现场防火、防毒、防尘、防噪声、防强风措施等。所有措施将针对各分包单位和自行施工单位，其中各分包单位必须无条件配合总包单位做好安全防护工作。

1）建筑物周边防护。

脚手架使用前必须经总承包安全环境部、技术质量部、监理、分包相关负责人共同验收，合格、签字、挂合格牌后方可投入使用，其检验标准为《建筑施工安全检查标准》。凡保证项目中某一条达不到标准均不得验收签字，必须经整改达到合格标准后重新验收签字，然后才能使用。

2）"临边"防护。

建筑物基坑周边、楼层楼面周边、楼梯口和梯段边、井架与施工电梯、脚手架、建筑物通道的两侧边以及各种垂直运输接料平台等必须设置防护，防护采用钢管栏杆，栏杆由立杆及两道横杆组成，上横杆离地高度1.2m，下横杆离地高度为0.5~0.6m，立杆间距为 1.5m，并加挂安全网，设踢脚板，做警戒色标记，加挂警示牌，施工过程中如需拆除防护设施，必须经安全主管同意，施工过程中安全员监督指导，施工完立即恢复。

3）"三宝"防护。

所有施工现场所使用的个人防护用品等必须有产品生产许可证、合格证、准用证，确保施工现场不存在因伪劣产品所引起的安全隐患；施工人员进入施工现场必须正确佩戴安全帽，其佩戴方法要求合格，并佩戴胸卡，工人在临边高处作业、进入 2m 以上架体或施工作业层时必须系安全带，整个外架用密目式安全网全部封闭。

4）"四口"防护。

楼层平面预留洞口防护以及电梯井口、通道口、楼梯口的防护必须按《建筑施工高处作业安全技术规范》和《建筑施工安全检查标准》要求进行防护。洞口的防护应视尺寸大小，用不同的方法进行防护。如边长小于 25cm 但大于 2.5cm 的洞口，可用坚实的盖板封盖，达到钉平钉牢不易拉动，并在板上标识"不准拉动"的警示牌；边长为 25～50cm 的洞口用木板作盖板，盖住洞口并固定其位置；边长为 50～160cm 的洞口以扣件接钢管而成的网格，上面铺脚手板；大于 160cm 的洞口，洞边设钢管栏杆 1.2m 高，四角立杆要固定，水平杆不少于两根，然后在立杆下脚捆绑安全水平网二道（层）。栏杆挂密眼立网密绑牢。其他竖向洞口如电梯井门洞、楼梯平台洞、通道口洞均用钢管或钢筋设门或栏杆，方法同临边。

5）雨季施工阶段的防护措施。

（1）下雨尽量不安排在外架上作业，如因工程需要必须施工，则应采取防滑措施，并系好安全带。

（2）装修时，如遇雨天，在上班时应做好防雨措施。

（3）拆除外架时，应在天气晴好时间，不得在下雨的时间进行。

（4）暴雨季节，应经常检查临边及上下坡道，做好防滑处理。

6）底层安全防护。

在建筑物底层人员来往频繁的地区，如果其上部有立体交叉作业，那么对底层的安全防护工作要求更高，为此在建筑底层的主要出入口将搭设双层防护棚及安全通道，并设警示牌。

7）现场安全用电。

现场设配电房，主线执行三相五线制，供电系统采用 TN-S 系统，其具体措施如下：

（1）现场设总配电间。

（2）现场塔吊、钢筋加工车间、楼层施工各设分配电箱。

（3）施工现场临时用电线路主线走向原则：接近负荷中心，进出线方便，接近电源，接近大容量用点设备，运输方便。不设在剧烈振动场所，不设在可触及的地方，不设在有腐蚀介质场所，不设在低注和积水、溅水场所，不设在有火灾隐患的场所。进入建筑物的主线原则上设在预留管线井内，做到有架子和绝缘设施。

（4）现场施工用电原则执行一箱一机、一闸、一漏电保护的"三级"保护措施。其配电箱设门、设锁、编号，注明责任人。

（5）机械设备必须执行工作接地和重复接地的保护措施。

（6）照明使用单相联 220V 工作电压，楼梯灯照明电用 36V 安全电压。室内照明主线使用单芯 2.5mm² 铜芯线，分线使用 1.5mm² 铜芯线，灯距离地面高度不低于 2.5m，每间（室）设漏电开关和电闸各一只。

（7）电箱内所配置的电闸、漏电、熔丝荷载必须与设备额定电流相架都将高于建筑物，很容易受到雷击破坏。因此，这类装置必须设置避雷装置，其设备顶端焊接 2m 长、φ20mm 镀锌圆钢作避雷器，用不小于 35mm 的铜芯线作引下线与地连接。

（8）现场电工必须经过培训，考核合格后持证上岗。

8）机械设备安全防护。

（1）塔吊的基础必须牢固。塔身必须按设备说明预埋拉接件，设防雷装置。设备应配件齐全，型号相符，其防冲、防坠联锁装置要灵敏可靠，钢丝绳、制动设备要完整无缺。设备安装完后要进行试运行，必须待几大指标达到要求后，才能进行验收签证，挂牌准予使用。

（2）钢筋机械、木工机械、移动式机械，除机械本身护罩完好、电机无病外，还要求机械有接零和重复接地装置，接地电阻值不大于 4Ω。

（3）机械操作人员必须经过培训考核，合格后持证上岗。

（4）各种机械要定机、定人维修保养，做到自检、自修，并做好记录。

（5）施工现场各种机械要挂安全技术操作规程牌。

（6）各种起重机械和垂直运输机械在吊运物料时，现场要设人值班和指挥。

（7）所有机械都不许带病作业。

9）施工人员安全防护。

（1）进场施工人员必须经过安全培训教育，考核合格，持证上岗。

（2）施工人员必须遵守现场纪律和国家法令、法规、规定的要求，必须服从项目经理部的综合管理。

（3）施工人员进入施工现场严禁打赤脚、穿拖鞋、穿硬底鞋和打赤膊施工。

（4）施工人员工作前不许饮酒，进入施工现场不准嬉笑打闹。

（5）施工人员应立足本职工作，不得动用不属于本职工作范围内的机电设备。

（6）夏天酷热天气，现场为工人备足清凉解毒茶或盐开水。

（7）搞好食堂饮食卫生，不出售腐烂食物给工人餐饮。

（8）各分包商施工现场设医务室，派驻医生若干名，对员工进行疾病预防和医治。

（9）夜间施工时在塔身上安装两盏镝灯，局部安装碘钨灯，在上下通道处安装足够的电灯，确保夜间施工和施工人员上下安全。

10）施工现场防火措施。

（1）项目建立防火责任制，职责明确。

（2）按规定建立义务消防队，由专人负责，制订出教育训练计划和管理办法。

（3）重点部位（危险的仓库、油漆间、木工车间等）必须建立有关规定，由专人管理，落实责任，设置警告标志，配置相应的消防器材。

（4）建立动用火审批制度，按规定划分级别，明确审批手续，并有监护措施。

（5）各楼层、仓库及宿舍、食堂等处设置消防器材。

（6）焊割作业应严格执行"十不烧"及压力容器使用规定。

（7）危险品押运人员、仓库管理人员和特殊工种必须经过培训和审证，持证上岗。

11）风灾、水灾、雷灾的防护。

（1）气象部门发布暴雨、强风警报后，值班人员及有关单位应随时注意收听报告强风动向的广播，并转告项目经理或生产主管。

（2）强风接近本地区之前，应采取下列预防措施。

①关闭门窗，如有特殊防范设备，亦应装上。

②熄灭炉火，关闭不必要的电源或煤气。

③门窗有损坏应紧急修缮，并加固房屋面及危墙。

④指定必要人员集中待命，准备抢救灾情。

⑤准备必要的药品及干粮。

（3）强风袭击时，应采取下列措施：

①关闭电源或煤气来源。

②非绝对必要，不可生火。生火时应严格戒备。

③重要文件或物品应有专人看管。

④门窗破坏时，警戒人员应采取紧急措施。

（4）为防止雷灾，易燃物品不应放在高处，以免落地造成灾害。

（5）为防止被洪水冲击之灾，应采取紧急预防措施。

5. 安全检查

（1）每天进行班前活动，由班长或安全员传达工长安全技术交底，并做好当天工作环境的检查，做到当时检查当日记录。

（2）总承包项目经理组织对项目进行一月一次的安全大检查。发现问题，提出整改意见，发出整改通知单，由各分包项目经理签收，并布置落实整改人、措施、时间。如经复查未完成整改，分包项目经理将受纪律和经济处罚。

（3）对单位各部门到项目随即抽查发现的问题，由项目安全组主任监督落实整改，对不执行整改的人和事，主任有权发出罚款通知单或向总包项目经理反映，对责任人进行处罚。

（4）总承包安全部门行使有关权利，对分包单位施工管理人员（包括分包项目经理）的安全管理业绩进行记录，工程完工后向主管部门提供依据，列入当事人档案之中。

（5）总承包管理人员要立场坚定，对于违反规定的分包单位要做到有错必罚。

第七节　项目的风险管理要点

1. EPC 合同概念

所谓 EPC 合同，即设计—采购—施工合同，是一种包括设计、设备采购、施工、安装和调试，直至竣工移交的总承包模式。这种合同模式起源于 20 世纪 60 年代。在传统承包模式中，材料与工程设备通常是由项目总承包单位采购，但业主可保留对部分重要工程设备和特殊材料的采购权。在 EPC 合同模式下，承包商的工作范围包括设计（Engineering），工程材料和设备的采购（Procurement）以及工程施工（Construction）直至最后竣工，并在交付业主时能够立即运行。

从 EPC 的实践看，即使业主付出的合同价格要高一些，甚至高出很多，他们仍愿意采用这种由承包商承担大部分风险的做法。对承包商来说，虽然这种合同模式的风险较大，只要有足够的实力和高水平的管理，就有机会获得较高的利润。

虽然使用 EPC 合同承包商可以获得更大的利润，但是承包商不得不面对比传统承包合同下大得多的风险，分析清楚 EPC 工程总承包项目风险的成因，采用何种策略化解这些风险就成了承包商不得不认真思考的问题。

2. EPC 项目的风险成因

总体来说，EPC 项目风险的成因也可分为 4 类：客观风险成因，道德风险成因，技术能力不足风险成因和心理风险成因。

1）客观风险成因。

（1）自然灾害成因。EPC 工程工期长，遭遇各种自然灾害的机会极大。

（2）社会政治成因。

①战争和内乱。这可能使建设项目终止或毁约，或者建设现场直接遭受战争的破获，而使承包商和业主都遭受损失。

②国有化、征用、没收外资。这往往使项目的外方业主蒙受重大损失。

③EPC 工程总承包项目合同履行过程中，项目所在国法律、政策发生变化，可能使承包商承担额外的责任，造成较大的履约风险。

（3）经济成因。

①汇率浮动。业主对承包商的付款都是承包商所在国以外的货币，这就使承包商不得不承担国际市场汇率波动的风险。

②通货膨胀。通货膨胀使工程造价大幅度提高，承包商承包合同多数都为固定总价条款，必然使承包商不得不承担国际市场汇率波动的风险。

③衡平所有权。承包商在自己国家以外的国家承包 EPC 项目，必须了解和熟悉各个不同国家"衡平法"原则保护其所有权的规定。

2）道德风险成因。

（1）业主不付款或拖延付款。某些国家在财力枯竭的情况下，对政府的工程项目简单地废弃合同并宣布拒付债务。一些 EPC 工程项目的业主可以采取多种方法来故意推迟已完工工程付款。拖延支付和扣留最后一笔工程质量保证金，也是承包工程中经常碰到的事情。

（2）分包商故意违约。有的分包商，在项目分包阶段，故意报出低价，一旦授标给他，他则利用各种可能的手段寻求涨价，甚至以工程质量或工期作为要挟承包商的手段，承包商一旦处理不当，就使承包商面临工程质量不合格或工期拖延从而招致对业主承担违约或支付额外费用的风险。

（3）承包商参与工程的各级管理人员有不诚实或违法行为。这必然对工程的质量、进度、成本等造成不良影响，使承包商面临支付额外费用或承担违约责任的风险。

3）技术能力不足或心理因素的风险成因。

由于承包商技术能力薄弱，缺乏管理人才和经验或者筹集资金的能力不足，或者承包商和其分包商都具备履行合同的技术、财务、认知和管理能力。但由于其主管重视不够或其他原因，而对工程中的任何一部分疏忽大意、过失或不够谨慎小心等行为，也是给承包商增加风险发生的概率或扩大发生风险事件的损失程度的因素。

3. EPC 项目可能产生的风险损失

1）经济损失。

（1）承包商因履行了合同责任范围外的责任义务或为避免非承包商所应承担的风险而导致的额外成本支出。

（2）业主付款拖延或拒付部分或全部合同款：

①由于承包商违约导致的业主不付款或迟付款；

②由于业主的原因而由承包商承担其不付款或迟付款；

③由于合同意外第三者的影响而导致业主对承包商的不付款或迟付款，如分包商违约等；承包商与业主都无法预见和控制意外事件的发生而导致的业主不付款或迟付款。

2）企业信誉、信用损失。

如由于某种原因导致公司信誉受损，如被业主、金融机构列入黑名单等。这种风险给承包商的经营管理工作带来了极大的负面影响，甚至使其面临破产的危险。

4. EPC 项目的风险管理

一般来说，承包商企业对 EPC 工程总承包项目管理程序分为三个阶段：风险识别、风险分析、风险控制和风险处理。

1）风险识别。

风险识别是指承包商企业对所承包的 EPC 工程项目可能遇到的各种风险的类型和产生原因进行判断分析，以便承包商对风险进行分析、控制和处理。这个阶段的风险管理的主要任务，①判断承包商在 EPC 工程总承包项目中存在着什么风险；②找出风险的成因。承包商对每个具体项目所要面临的风险及其成因的分析应分 3 步进行：

（1）了解项目本身的一些情况，如项目来源、项目资金来源、项目技术水平、有关标准要求、工期、承包商的工作范围和业主的风险承担范围等资料，同时更重要的还应了解项目的背景资料、业主的资信情况等。通过对上述材料的分析，可以发现很多具体的风险成因。

（2）风险的形式估计。风险的形式估计就是要明确项目的目标，采用的策略、方法及实现项目目标的手段和资源以确定是否适应项目及其环境的变化。

（3）风险识别的结果。风险识别之后要把结果整理出来，写成书面报告，为风险分析、风险控制和处理做准备。风险识别的结果应至少包括下列内容：风险来源、风险的分类或分组、风险特征、对项目管理的要求。

在对风险的识别技术方面，主要有德尔菲法又叫专家意见法、专家会议法（和前一种统称集体经验法)、故障树法和"筛选—监测—诊断"法等方法。

2）风险分析。

EPC工程承包中对于风险分析评价主要从以下几方面进行：

（1）政治。考察工程所在国家的政治局势是否稳定；研究其与邻近国家的，考察潜在的战争危险，研究其国内政治派别、民族、宗教纠纷的历史等，分析国内政治斗争的发生及后果。

（2）经济。考察工程项目所在国家的经济形势，国家预算，建设规模以及能力，研究其财政政策和货币政策，考察其外汇管理体制以及对外资的与管理办法等。

（3）市场。考察工程项目所在国家主要生产和生活物资近几年的价格浮动趋势，研究其通货膨胀情况，研究其建筑市场发展状况，国际承包公司和本国工程公司已承包工程的价格水平和支付条件等。

（4）业主。调查拟投标项目业主的情况（政府或私人），了解其资金来源及可靠程度，了解统一业主的其他项目的管理与支付的情况，研究业主的监理工程能力以及其对质量、进度、标准的要求。

（5）合同。研究招标文件的一般合同条件和特殊条件，并将这些条件同国际通用的合同条件进行对比研究，分析其差异，重点研究合同条件中的支付条款、税收、外汇、价格调整等条款，分析其各种限制性说明等。

（6）自然条件。调查拟投标项目的向现场条件，包括外部条件（如道路、供水、供电、通信及交通运输等），地形、地质、水文、地震、气象以及周围的环境条件，特别要考察建设地区的自然灾害历史，如洪水、沙暴、干旱等。

通过以上各个方面调查研究，分析发生各种风险的可能性及危害程度，对风险做出客观的综合评价，为制订和采取减轻和转移风险的措施提供依据。在EPC工程总承包项目风险分析方法方面，各企业主要采用经验估计法、概率分析法、敏感分析法等方法来衡量不同的风险及对风险采取不同的对策。

3）风险控制和处理。

风险控制和处理的基本方法主要有风险预防、风险转移、风险分散和风险自担。

（1）风险预防是指事先采取相应措施，防止风险的发生，它是处理风险的一种主要方法。

（2）风险转移是指企业以某种方式将风险转嫁给他人承担。一般来说主要有3种途径：①将风险转移给客户，如承包商利用分包合同或采购合同转移自身承担的风险。②将风险转移给担保人，如卖方信贷项目要求业主提供银行保函。③将风险转移给保险公司，一旦发生损失则保险公司承担一部分风险。

（3）风险分散分为外部分散和内部分散两种。风险外部分散是指企业通过同外部企业合作，将风险分散到外部去，从而减少其风险损失额。如联合体投标，就是将项目的整体风险，分散给多个主体承担，而降低单个主体承担的风险。风险内部分散是指企业通过调整内部资金结构，将有些项目风险损失分摊到另外一些项目上去，从整体上调整一定时期内的风险损失率。

（4）风险自担是指企业以自身的财力来负担未来可能产生的风险损失。

风险自担包括两方面的内容：①承担风险，②自保风险。承担风险和自保风险都是由承包商自身的财力来补偿风险损失，其区别主要在于自保风险需要建立一套正式的实施计划和一笔特定的基金。当损失发生时，直接将损失摊入经营成本。

复习思考题

1. 分析 EPC 工程总承包模式为这个项目带来了哪些便利。

2. 简述 EPC 工程总承包模式在项目中表现出的缺陷。

第十二章　EPC 工程总承包各阶段工作内容及文件要求

1. 工程设计阶段要求

（1）设计必须满足施工实际的需要，尽量详尽、准确；设计交底要听取发包人、监理及施工分包商的意见，完善设计，使项目尽善尽美。

（2）设计应对全部设计基础数据和资料进行检查和验证，并经发包人确认后使用。

（3）设计应建立设计协调程序，并按本承包人有关专业之间互提条件的规定，协调和控制各专业之间的接口关系。

（4）编制的设计文件应当满足招标文件的要求，满足材料设备采购、施工的需要。

（5）设计优化，使本设计既满足发包人的功能要求，又符合设计的合理性、经济性和可靠性要求。

（6）设计应负责提供请购文件；在采购过程中进行技术评审和质量检验；进行可施工性分析并满足其要求。

（7）设计工作应按设计计划与采购、施工等进行有序的衔接并处理好接口关系。

（8）设计应与发包人沟通建立设计变更程序，并在实施中认真履行，有效控制由于设计变更引起的费用增加。

（9）设计计划应满足合同约定的质量目标与要求、相关的质量规定和标准，同时满足本承包人的质量方针与质量管理体系以及相关管理体系的要求；应明确项目费用控制指标、限额设计指标；设计进度应符合项目总进度计划的要求，充分考虑设计工作的内部逻辑关系及资源分配、外部约束等条件，并应与工程勘察、采购、施工、验收等的进度协调；制订目标的依据确切，保证措施落实、可靠。

（10）编制施工图设计文件应当满足设备材料采购、非标准设备制作和施工以及试运行的需要；设计选用的设备材料，应在设计文件中注明其型号、规格、性能、数量等，其质量要求必须符合现行标准的有关规定；施工图设计的深度应满足施工要求，并可据此进行验收和移交发包人。

（11）确保合同约定的设计出图时间表和各阶段审批环节。

（12）拟定本工程项目设计阶段的投资、质量和进度目标；控制项目总投资，确保质量和进度。

（13）及时与图审单位沟通，完善和修改施工图，尽早通过图审，获得施工图审批机构意见并取得合格证书或审图报告。

（14）组织施工图设计的会审，纠正图纸中的错、漏、碰、缺。

（15）在施工前，应进行设计交底，说明设计意图，解释设计文件，明确设计要求。

（16）施工阶段设计人员要到现场指导、服务，发现问题及时解决，保证工程顺利进行。

2. 施工阶段工作要求

（1）采购工作要求。

①设备及材料的采购计划的编制数量要准确、执行标准要明确、供货日期要符合进度的要求。

②对材料、设备的供应商必须进行现场考察，供应商必须满足设备、材料质量、工期的要求。

③签署的材料、设备采购合同要符合采购技术文件的规定，还要明确供货商的现场安装、调试、运行的指导及质量不符合应承担的责任。

④设备及材料的开箱验收及进场验收要严格、细致，要得到监理工程师的批准方可使用；验收记录或验收报告要及时、齐全并请监理及时签字确认。

⑤发包人（甲方）指定的材料品牌范围，由总承包方（乙方）采购、检验、实施的材料设备严格在范围内采购。

（2）施工过程阶段要求。

①施工阶段主要工作为完成土石方工程、地基基础工程、主体结构工程、装修工程、水电安装工程、室外道路管网等市政工程、景观绿化工程等工程项目的施工，进行施工过程质量控制、进度控制、变更控制、施工费用控制、施工安全、标化工地管理、分项、阶段验收管理，按要求的工期全面完成施工任务。

②施工文件要与工程施工进度同步形成，经批复的分项工程的开工报告、隐蔽工程的签证验收，按合同和监理要求完成验工计价资料。

③按设计要求和合同约定完成所需验收的分部分项工程，具备中间验收条件时应提出中间验收申请，由建设单位及时组织总承包单位、设计单位、监理单位进行中间验收，并应按照政府有关规定通知质量监督机构对验收进行监督。中间验收通过后，验收参加人员应对其分部工程的质量作出最终评定，并对中间验收资料进行签认。

④施工阶段要对工程进度、工程成本进行严格的控制，加强过程和环节的控制，确保节点工期和总工期，确保工程投资控制在预算范围内。

⑤设计人员作为项目管理人员要到现场指导、服务，发现问题及时解决，保证工程顺利进行。

3. 验收交付阶段要求

竣工验收是工程建设过程的最后环节，是投资成果转入使用的标志，也是全面考核建设成果、检验设计和工程质量的重要步骤。项目竣工验收、交付使用，应满足如下要求。

1）满足竣工验收条件。

（1）完成建设工程全部设计和合同约定的各项内容，实现项目的决策目标、计划目标、控制目标、完工目标，达到合同规定的竣工要求。

（2）有完整的技术档案和施工管理资料。

（3）有工程使用的主要建筑材料、建筑构配件和设备的进场试验报告。

（4）有勘察、总承包、工程监理单位分别签署的质量合格文件。

（5）有相关责任方签署的工程保修书。

2）竣工验收的准备工作的要求。

（1）整理技术资料：工程竣工资料的来源、类别、保存要按照《建设工程文件归档规范》（GBT 50328—2014）、《建筑工程资料管理规程》（JGJ/T 185—2009）的要求编制。

（2）编制竣工报告：我方按国家有关技术标准自评质量等级、编制竣工报告

（3）编制竣工验收报告：编制竣工验收报告，总承包单位（包括各专业分包单位）、监理单位协助配合编写。

3）竣工验收的程序和组织工作要求。

（1）工程项目按合同范围全部建设完成，经过各单位工程的验收，符合设计要求、并准备竣工图、竣工结算、工程总结等必要文件资料，由发包人向负责验收的单位提出竣工验收申请报告。

（2）自验收工作：总承包单位完成设计图纸和合同约定的全部内容后，自行组织验收好工程竣工自验收记录报告，并编制竣工报告。

（3）申请验收：监理单位核查竣工报告，对工程质量等级作出评价。由总承包项目部书面报告建设单位申请验收，填写单位（子单位）工程竣工预验收报验表。

（4）专项工程验收：建设单位提请规划、消防、环保、水保、质量技术监督、城建档案、电力、自来水、市政、交通、通信、燃气、园林等有关部门进行专项验收，并按专项验收部门提出的意见整改完毕，取得合格证明文件或准许使用文件。

（5）项目初验收：建设单位审查竣工报告，并组织勘察、设计、总承包和监理等单位制订验收方案；听取各单位的工作报告和质量监督部门对工程质量的评价意见；检查工作是否按批准的规模进行建设，以及工程建设各个环节执行法律、法规和工程建设强制性标准的情况；检查工程外观质量和有关资料，鉴定工程质量是否符合设计要求的质量标准；检查历次验收中的遗留问题和已投入使用的单位工程在运行中所发现问题的处理情况；确定尾工清单及其完工期限和责任单位等；对重大技术问题作出评价；检查和审阅工程档案资料；提出竣工验收的建议日期并对验收检查记录签字。

（6）验收监督：建设单位组织工程竣工验收前，应提前通知工程质量监督机构，并提交有关质量文件和质保资料，工程质量监督机构应派员对验收工作进行监督；工程质量监督机构对验收工作中的组织形式、程序、验评标准的执行情况及评定结果等进行监督。验收不通过，工程不得投入使用。

（7）竣工验收：由建设单位主持，包括政府工程质量监督部门参与，对工程勘察、设计、施工、设备安装质量和各管理环节等方面作出全面评价，形成经验收组人员签署的工程竣工验收意见。

（8）工程竣工合格后，建设单位确定竣工日，并提出工程竣工验收证明文件。

4）工程交付阶段要求。

（1）竣工验收合格后，由发包人向我方签发单位（子单位）工程验收证书。已签发单位工程（子单位）接收证书的由发包人负责照管。已完工程的验收成果和结论作为全部工程竣工验收申请报告的附件。

（2）移交档案资料：工程竣工验收合格后，必须在规定时间内向主管城建档案管理部门移交一套完整的建设工程档案。同时，根据合同约定向本项目所在区域主管单位、发包人提交相应的工程档案资料。

（3）发包人经过验收后同意接收工程的，应在收到竣工验收申请报告后的约定期限

内，由发包人向我方签发工程接收证书。发包人验收后同意接收工程但提出整修和完善要求的，限期修好，并缓发工程接收证书。整修和完善工作完成后，经监理人复查达到要求的，经发包人同意后，再向我方出具工程接收证明。

（4）发包人验收后不同意接收工程的，监理人应按发包人的验收意见发出指示，我方组织对不合格工程认真返工或进行补救处理，并承担由此产生的费用。我方在完成不合格工程的返工或补救工作后，应重新提交竣工验收申请报告，重新进行竣工验收程序。

（5）经验收合格工程的实际竣工日期，以竣工验收合格的日期为准，并在工程接收证书中写明。

5）质量保修阶段要求。

（1）发包人接收证书写明的接受日期是承包人报修责任开始的日期，也是缺陷责任期的开始日期。

（2）保修内容和期限根据总承包合同的约定和《工程质量保修书》中的承诺。保修期间，我方单位应履行合同约定承诺。

（3）制订项目回访和保修制度并纳入质量管理体系。

（4）保修期满验收由发包人（或发包人单位）组织，总承包单位、施工分包商、监理单位、发包人（物业）参加。发包人（或发包人单位）签发工程项目质量保修期满验收证明文件。

项目各阶段 EPC 总承包工作的内容见表 12-1。

表 12-1 项目各阶段 EPC 总承包工作的内容

项目实施阶段	工作分项	工作内容	责任岗位
项目启动	组建项目部	任命项目管理人员，签订项目责任书、制订项目部管理制度	项目经理
		落实现场办公、生活场所	综合管理部经理
	项目策划	项目管理计划	项目经理、项目副经理
		项目实施规划	项目经理、项目副经理
设计阶段	方案设计	组织方案设计	设计经理
		获得方案设计批复	设计经理
	初步设计	初步设计	设计经理
	施工图设计	组织进行施工图设计	设计经理
		组织人员进行校审	设计经理
		专家跟踪指导、论证	设计经理
	施工图审查	送第三方设计审查，包括施工图审查、消防审查、节能审查等	设计经理
		根据审查意见反馈进行设计修改	设计经理
		获得审查报告	设计经理
	设计图纸交底	组织交底会议、形成会议纪要、多方签字盖章形成正式文件	设计经理、施工经理
		联系、组织相关人员解决设计上的问题，确定变更内容，形成变更文件，多方签字盖章确认生效，交付实施	设计经理、施工经理
	设计变更	根据施工图编制设备清单	设计经理、采购经理
	编制设备清单	提供材料设备采购技术参数	设计经理、采购经理

续表

项目实施阶段	工作分项	工作内容	责任岗位
项目审批	报建审批	协助建设单位进行项目报建、审批	项目经理、设计经理
采购管理	采购计划	编制施工招标、材料设备采购计划	设计、采购主管
	土建施工招标	施工区块划分	项目经理、采购经理
		协调集中采购中心编制招标限价并审计、编制资格预审文件、资格预审、编制招标文件、评标、定标	项目经理、项目副经理、采购经理
		签订施工合同	项目经理、合同经理
	设备采购	提供材料设备采购清单和技术参数	采购经理
		院内部招标询价、编制招标限价并审计、供货商资格预审、编制招标文件、确定供货商	项目副经理、采购经理
		签定采购合同	项目经理、合同经理
		货款支付、设备催交	采购经理
		出厂验货	采购经理
		现场验货、交付保管	采购经理
施工管理	施工准备	总承包合同备案	综合管理部经理
		协助建设单位解决高压线迁移问题	项目副经理、综合管理部经理
		施工用电、用水开户	项目副经理、综合管理部经理
		办理施工许可证	综合管理部经理
		签订材料试验检测合同	项目副经理
		签订桩基础检测合同、边坡处理和基坑围护监测合同	项目副经理
		管理分包单位进行场地平整	项目副经理
		编制总体施工进度计划、总体施工方案、应急预案等	项目副经理
		协调施工总平布置、施工道路、施工围墙、文明施工措施等	项目副经理
		审核施工组织设计	项目副经理
		组织专项施工方案的专家评审（高大支模架等）	项目副经理
		了解地下管线、市政管网的情况并向施工单位交底、制定保护措施	项目副经理
		进行质量、技术、安全交底	项目副经理、安全总监
		检查施工准备、安全文明施工措施落实情况	项目副经理、安全总监
		组织规划部门定位放线并复核	项目副经理
		协调各施工区间的施工界面、配合作业	项目副经理
		协调设计、监理、施工、监测等单位的相互合作、监督管理	项目副经理

项目实施阶段	工作分项		工作内容	责任岗位
施工管理	施工过程	进度管理	编制总体进度计划	项目副总经理
			审查分包单位的施工进度计划	
			检查分包单位周计划、月计划的执行情况	
			对比总体进度计划，监督分包单位采取纠偏措施，并做好协调工作	
			必要时修正进度计划	
		质量管理	督促和检查分包单位建立质量管理体系	项目经理
			督促监理单位加强对分包单位施工过程中的质量管理	
			定期或不定期进行质量检查	
			协调设计、采购、施工接口关系，避免设计、采购对施工质量的影响	
			质量事故的处理、检查和验收	
			定期向质安部和建设单位汇报质量控制情况	
		费用管理	制订项目费用计划	安全总监、项目副经理
			每月统计汇总分包单位完成的工程量，编制工程进度款申请支付报表，报送建设单位并督促支付工程进度款	
			按照分包合同给各分包单位支付工程进度款	
			采用赢得值的方法进行费用分析，若出现偏差，采用纠偏措施并向公司总部汇报	
			项目费用变更	
		HSE管理	制订项目 HSE 管理目标，建立 HSE 管理体系	安全总监、项目副经理
			监督、检查分包单位的 HSE 管理体系	
			督促监理单位对分包单位进行 HSE 监督管理	
			定期或不定期进行 HSE 专项检查	
			督促分包单位进行不合格项整改	
			HSE 事故处理	
		施工过程验收	协调组织施工变更	项目副总经理
			施工资料管理	项目经理
			定期与建设单位沟通，汇报施工安全、进度、质量、费用等问题	安全总监、项目副经理
			协调解决施工过程中出现的不可预见的其他问题	安全总监、项目副经理
			组织分部分项验收：基础工程验收、主体结构验收	项目副经理

续表

项目实施阶段	工作分项	工作内容	责任岗位
项目验收移交	项目验收、试运行	制订验收计划	项目副经理
		组织专项检测（节能保温、消防、防水、防雷、环保、电力、电梯、自来水、煤气、建筑面积等）	项目副经理
		组织专项验收（消防、环保、水保、交通、市政、园林等）	项目副经理
		进行验收前的自检	项目副经理
		进行缺陷修补	项目副经理
		项目试运行	项目经理、项目副经理
		协助建设单位组织工程综合验收	项目副经理
	项目收尾、移交	工程收尾	项目副经理
		收集竣工资料，向建设单位提交完整的竣工验收资料及竣工验收报告	综合管理部经理
		工程费用结算	合同管理
		建筑物实体移交	项目经理、项目副经理
		竣工资料移交	项目副经理、综合管理部经理
	保修及服务	协调施工单位做好质保期内的保修与服务	项目副经理

EPC 项目主要文件见表 12-2。

表 12-2　EPC 项目主要文件

文件类型	文件内容	文件主要作用
项目建设单位往来文函	施工项目管理（质量、安全、进度、协调）相关往来文件	记录 EPC 项目施工过程中进行项目管理、安全管理、合同费用往来的过程以及项目前期的各项审批工作
	合同费用相关往来文件	
	安全管理相关（防洪度汛、防台风、防寒流、森林防火）往来文件	
	与项目实施相关各类专题报告	
	项目前期报建文件	
施工监理往来文函	施工组织设计、施工方案、施工计划、技术措施审核文件	记录 EPC 项目施工过程中技术、进度、质量、费用等相关内容
	施工生产过程中形成的质量、技术、进度、费控、安全生产等文件	
	监理通知、协调会议纪要、监理工程师指令、指示、来往文函	
	施工质量检查分析评估、工程质量事故、施工安全事故报告	
	工程费用往来文件	

文件类型	文件内容	文件主要作用
设计文件	设计施工图供图计划	1. 用来组织和指导项目的建设和安装。施工人员利用设计文件给出的项目信息，编制指导相应的工艺文件，如工艺流程、材料定额、工时定额、编制岗位作业指导书等文件，连同必要的设计文件一起指导工程项目的建设。 2. 政府主管部门和监督部门，根据设计文件提供的项目信息，对项目进行监督，确定其是否符合有关标准，是否对社会、环境和人类健康造成危害，同时也可对项目的性质、质量等作出公正评价。 3. 施工人员和管理人员根据设计文件提供的信息，对项目进行建设、安装和检查。 4. 技术人员和单位利用设计文件提供的项目信息进行技术交流，相互学习，不断提高项目质量水平
	设计图纸	
	施工图审查、消防审查、避雷审查等审查报告、报建文件	
	设计通知、设计变更通知、设计简报、技术要求、设计函件、专题研究报告	
项目进度管控文件	项目总体进度计划、年度进度计划、月进度计划、施工进度分析报告、施工进度纠偏报告	1. 为工程项目的进度管理提供依据。 2. 项目管理人员根据项目进度管控文件提供的信息对项目的进度工期等进行管理和控制。 3. 政府主管部门和监督部门，根据进度管控文件提供的项目信息，对项目工期进度进行监督。 4. 工期发生变动时，可根据进度管控文件对项目进度进行分析和变动
项目质量管控文件	施工产品、设备、物资材料抽样抽检试验文件	1. 控制工序施工条件的质量，即每道工序投入品的质量（人、材料、机械、方法和环境的质量）是否符合要求。 2. 控制工序操作过程的质量，即检查工序施工中操作程序、操作质量是否符合要求。 3. 加强工序质量的检验评定
	施工过程测量复核、抽检文件	
	隐蔽工程施工记录及验收声像文件、重要部位施工工序记录及验收声像文件	
	重要节点工程质量检查、汇报材料及工程质量监督检查报告	
	施工管理日志	
HSE 管控文件	HSE 管理计划	1. 满足政府对健康、安全和环境的法律、法规要求； 2. 为企业提出的总方针、总目标以及各方面具体目标的实现提供保证； 3. 减少事故发生，保证员工的健康与安全，保护企业的财产不受损失
	重大危险源、重要危险因素、重大环境因素的识别、评价及预控措施	
	过程管理文件	
	重要节点工程质量检查、汇报材料及工程质量监督检查报告	
	应急预案体系文件	
	合同变更、索赔等相关文件	
	项目完工结算、竣工决算文件	

续表

文件类型	文件内容	文件主要作用
项目成本、费控管理文件	有关付款申请文件、成本分析报告	在项目成本的形成过程中，对生产经营所消耗的人力资源、物质资源和费用开支进行指导、监督、调节和限制，及时纠正将要发生的和已经发生的偏差，把各项生产费用控制在计划成本的范围之内，保证成本目标的实现。施工项目成本控制的目的，在于降低项目成本，提高经济效益
	合同变更、索赔等相关文件	
	项目完工结算、竣工决算文件	
项目采购（承包人采购设备、材料及专业分包）管控文件	采购招标文件、合同文件	1. 影响项目利润。在项目的报价阶段，商务人员往往需要根据项目的成本为客户进行报价，其中包括项目实施所需的各种原材料成本，一个客观真实的原材料价格能够为报价部门提供较为可靠而合理的报价参考。 2. 影响项目进度。在项目实施过程中，采购部门应该按照项目实施的节奏有计划地进行原材料的采购，确保原材料按时到货。 3. 影响项目质量。对于整个项目来说，原材料的质量的优劣还能够从根本上影响到项目的质量，通过采购管理，让采购人员通过优质的供应商采购到质量优的原材料，能够很好地提高项目的质量，从而赢得客户的青睐，提升企业的品牌形象
	与设备供应商相关会议纪要	
	设备、材料出厂质量合格证明，设备、材料装箱单、开箱记录、工具单、备品备件清单	
	设备制造图、产品说明书、零部件目录、出厂试验报告、专用工器具交接清单	
	设备检定、验收记录	
工程验收及阶段验收自查报告	分部工程、单位工程验收文件	主要作用为保障施工的质量，不仅要在施工过程中做好技术和质量的管理，更要在工程竣工验收工作中评定最终的工程建设质量和成果
	阶段验收自查报告	
项目管理作业程序文件	施工质量、安全、进度管理相关制度、措施文件	提升项目本身的经济效益。主要通过控制项目成本、质量、安全、有效调配项目资源、提升项目团队的生产效率等一系列专业的项目管理活动达到此目的
	项目"三合一体系"运行管理文件	
试运文件	试运行相关会议文件、单位验收相关报告	1. 通过实施试运行，进一步提高环境、职业健康安全绩效和管理水平，确保安全。 2. 通过实施试运行进一步检验和完善环境职业健康安全管理体系，并能修改完善管理体系文件，指导并实现体系和体系文件的持续改进
	设备静态、动态调试方案	
	设备调试记录，设备验收报告	
	试运行报告	
	安全操作规程、事故分析处理报告	
	运行、维护、消缺、验评记录	
	技术培训记录	

文件类型	文件内容	文件主要作用
竣工专项 验收报告	消防专项验收报告	1. 调试准备, 经营管理部组织机构及生产人员配备。培训和建立操作规章制度。 2. 对收尾工程处理的意见。 3. 项目投产的初步意见。 4. 对今后工程建设工作的经验教训和建议
	环保专项验收报告	
	建筑节能专项验收报告	
	规划验收报告	
	建筑面积测绘报告	
	空气质量检测报告	
	自来水质量检测报告	
	供电验收、燃气施工验收、防雷验收、雨污分离验收、白蚁防治验收、通信验收、车位及出入口验收、园林绿化验收、档案验收	
	工程质量监督报告	

第十三章 EPC 工程总承包数字简语

在 EPC 总承包施工管理、工程资料和讲话中，一些施工工艺、工序、方法和管控的内容常用"数字开头的简语"来高度概括，言简意赅。但这些"数字简语"常常使人忘记其所指内容。现收集汇编如下，以备现场施工人员查用。

1. 一字简语

（1）一机一箱一闸一漏：

指现场机器、设备用电安全方面的要求：一台用电设备应有一个专用开关箱，开关箱内有一个隔离开关（一闸）和一个漏电保护器。

（2）一证二单：

指用于工程的材料必须具备正式的出厂合格证、材质证明单和现场抽检合格的化验单。

（3）一岗双责：

在建设工程上指某一具体工作岗位兼有双重责任，强调了每个工作岗位的安全责任，即该岗位的本职工作职责和安全职责。

2. 二字简语

（1）两证：

指现场主要管理和技术人员必须具备的《资格证书》和《岗位证书》。

（2）两不一建：

在建设施工中，强调必须牢固树立"不留遗憾、不当罪人、建不朽工程"。

3. 三字简语

（1）三废：

指环保中需要妥善处理的废水、废气、废渣。

（2）三控：

指施工过程中的控制：事前控制，事中控制，事后控制。质量控制的关注点应在事前预控。也指"质量、进度、投资"三大控制。

（3）三保：

指对施工的一般要求：保质量，保安全，保进度。

（4）"三宝"：

指安全帽、安全带、安全网的佩戴和安设。

（5）三公：

指考核和评比工作中的三项原则：公开、公平、公正。

（6）三令：

指需报经业主同意后，由总监签发的开工令、停工令和复工令。

（7）三方：

指工程建设管理体制中的"三方"：项目业主、承建商和监理单位。

（8）三全：

指质量保证体系中的全员工、全方位、全过程的质量管理。

（9）三检：

指施工中的自检、互检、交接检或专检。

（10）三工：

指每项施工过程中，技术和质检人员应该做到：工前技术交底，工中检查指导，工后总结评比。

（11）三讲：

指施工过程中的三次讲安全：上工前，讲安全注意事项；施工中，讲安全操作重点；收工后，讲评今天安全情况和经验教训。

（12）三违：

是指"违章指挥，违章操作，违反劳动纪律"的简称。

（13）三网：

即电信网、宽带网、电视网。

（14）三电：

即电力、电信、广播电视设施。

（15）三同时：

指工程建设中的环境和水土保持要做到与工程主体施工同步，即同时设计、同时施工、同时验交。必须同时一步到位，不留后患。

（16）三工序：

指在每道工序施工中，要求施工人员应该做到：检查上工序，保证本工序，服务下工序。

（17）三复核：

指在测量工作中，要求测量人员间的换手复核、技术负责人复核和总工复核。也指在现场技术和质量控制工作中，要求技术负责人复核、质检工程师复核和监理工程师复核。

（18）三不伤害：

指不伤害自己，不伤害他人，不被他人伤害。见后面"四不伤害"。

（19）三定制度：

指机械设备管理中的"定人、定机和定岗位责任"的制度。

（20）三不交接：

指施工工序间的交接：无自检记录不交接，未经质检工程师验收合格不交接，重要部位未经监理工程师签认不交接。

（21）三个凡是：

凡是工序都有标准，凡是标准都有检查，凡是检查都有结论。

（22）三级配电：

即供电系统的总配、分配、开关箱三级。安全用电要求三级配电，逐级保护。

（23）三通一平：

开工前施工现场需要具备的条件：路通、水通、电通以及场地平整。若说"五通一平"，应加上通信（含网络）和通气；若说"七通"，应再加上通邮和通热力。

（24）三全一综合：

指全面质量管理的要求和方法。即全过程的、全部质量的、全员参加的管理以及综合运用经营管理、专业技术和数理统计的方法。

（25）三管四线：

指隧道施工保障工作中的"三管"：通风管、高压风管、高压水管；"四线"：动力线、照明线、运输线和通信线。

（26）三宝四口五临边：

指现场安全检查中的部分项目。

①"三宝"：指安全帽、安全带、安全网的佩戴和安设。

②"四口"：指楼梯电梯口防护、洞口坑井防护、通道口防护、阳台楼板屋面等的临边防护。

③"五临边"：即在建工程的楼面临边、屋面临边、阳台临边、升降口临边、基坑临边的安全防护设施。

（27）三标或三证体系：

指企业的质量管理标准体系、环境标准体系、健康安全标准体系，在企业简称"三标"，拿到证书了又叫三证体系或三证合一。

（28）三标一体化：

是指方针目标统一化；管理职能一体化；体系文件一体化；过程控制协调化；绩效监控同步化；持续改进综合化，简称"三标一体化"。

（29）三标一体化认证：

简单地说就是将质量（QMS）、环境（EMS）、职业健康安全（OHSAS）三个管理体系一体整合认证。

（30）三级安全教育：

公司、项目经理部、施工班组三个层次的安全教育。

①第一级：公司级，内容是国家的大政方针，以及公司在安全方面的政策；

②第二级：项目部级，内容是项目部关于安全的管理制度；

③第三级：班组级，内容是具体的安全操作规程和作业注意事项。一般来说，班组一级的内容最为实在，因为它切实关系到个人的安全。

（31）三相五线制：

指具有专用保护零线的中性点直接接地的系统（叫 TN-S 接零保护系统）。三相电；加五根线：三相电的三个相线（A、B、C 线）、中性线（N 线）；以及地线（PE 线）。

（32）三台阶七步法：

指土层或不稳定岩体隧道或大断面隧道三台阶七步开挖法，是以弧形导坑开挖留核心土为基本模式，分上、中、下三个台阶七个开挖面，各部位的开挖与支护沿隧道纵向错开、平行推进的隧道施工方法。

（33）三阶段四区段八流程：

指路基填筑中的阶段和区段划分，以及具体施工流程。

①"三阶段"：准备阶段、施工阶段和竣工验收阶段；"四区段"：填筑区、平整区、碾压区、检验区。

②"八流程"：施工准备→基底处理→分层填筑→摊铺整平→洒水或凉晒→碾压夯实→检测验收→整修成型。

（34）三个增值：

①项目策划旨在为项目的建设和实施增值。

②建设工程项目总承包的主要意义并不在于总价包干和交钥匙，其核心是通过设计和施工的组织集成，促进设计和施工的紧密结合，以达到为项目建设增值的目的，多数采用变动总价合同。

③信息管理的目的旨在通过有效的项目信息传输的组织和控制为项目建设的增值服务。

（35）三超前四到位一强化：

指隧道施工必须强调的关键环节。

"三超前"：指超前预报、加固、支护；"四到位"；工法选择、支护措施、快速封闭、衬砌跟进到位；"一强化"：强化量测。

（36）三个纲领：

①建设工程监理大纲是指导工程监理工作的纲领性文件。

②质量手册作为企业质量管理系统的纲领性文件。

③建设监理规划是直接指导现场施工作业技术活动和管理工作的纲领性文件。

4. 四字简语

（1）四方：

指工程建设中的四个单位：建设单位、设计单位、承建单位和监理单位。

（2）四电：

指铁路施工中的通信、信号、电力和电气化工程。

（3）四新：

指工程施工中，大力推广应用的新技术、新工艺、新设备和新材料。

（4）四控：

指施工质量、安全、进度和投资控制。若说"五控"，应加上环保控制。

（5）四个一：

施工和监理单位为了企业信誉和长远利益而提出的口号：建一项工程，立一座丰碑，树一方形象，交一方朋友（或播一路新风）。

（6）四个同一：

指每批钢材验收要求，应有同一牌号、同一炉号、同一规格和同一交货状态的钢材组成。

（7）四不伤害：

指不伤害自己，不伤害他人，不被他人伤害，保护他人不被伤害。

（8）四不放过：

指出现安全或质量问题或事故后的处理原则：

①没有找出真正的事故原因，即诱发此"事"的起源点，不放过；

②有关出错的责任人没有处理，没有深刻反省，没有接受教训，不放过；

③相关者乃至全体员工没有从中接受教育和吸取经验，不放过；

④没有制定出杜绝此类事故再发生的切实可行的措施，不放过。

（9）四沟相通：

指隧道的天沟、排水沟、侧沟及盲沟相通。

（10）四个标准化：

指现在铁路工程施工要求的四个标准化：管理制度标准化，人员配备标准化，现场管理标准化，过程控制标准化。

（11）四阶段八步骤：

指全员质量管理程序（PDCA循环工作法）。如此划分可使我们的思想方法和工作内容更加条理化、系统化、形象化和科学化。

①"四阶段"（PDCA）：计划（Plan），实施（Do），检查（Check），处理（Action）。

②"八步骤"是四阶段的具体化：找出质量问题→分析影响因素→找出主要原因→制定改善措施→按照措施执行→调查执行效果→总结经验教训→提出尚未解决的问题，进入下一个PDCA循环。

5. 八种方法：

（1）施工成本控制中：偏差分析的表达方法（横道图法、表格法、曲线法）。

（2）施工成本分析的基本方法：比较法、比率法、因素分析法，差额计算法。

（3）比率法分相关比率法（产值工资率）、动态比率法（基期指数和环比指数）、构成比率法。

（4）工程质量统计方法：分层法、因素分析法、排列图法、直方图法。

（5）危险源辨识方法：专家调查法（头脑风暴法、德尔菲法），安全检查表法。

（6）废水处理分为物理法、化学法、物理化学法、生物法。

（7）固体废物的处理方法为回收利用、减量化处理、焚烧、稳定和固化、填埋。

（8）索赔费用的计算方法：实际费用法、总费用法、修整的总费用法。

6. 十五核心：

（1）工程监理的核心任务是项目的目标控制。

（2）业主是建设工程项目生产过程的总集成者和总组织者，因此业主方的工程监理是工程监理点的核心。

（3）建设工程总承包的主要意义并不在于总价包干和交钥匙，其核心是通过设计和施工的组织集成，促进设计和施工的紧密结合，以达到为项目建设增值的目的，多数采用变动总价合同。

（4）项目目标动态控制的核心在项目实施过程中定期进行项目目标计划值和实际值

比较，当发现项目目标偏离时采取纠偏措施。

（5）施工成分分析中，成本偏差的控制，分析是关键，纠偏是核心。

（6）施工成本控制中，分析是核心，纠偏是最实质性的一步。

（7）大型建设工程项目总进度目标论证核心工作是通过编制总进度纲要论证总进度目标实现的可能性。

（8）建设工程项目质量控制系统运行的核心机制即动力机制。

（9）施工组织设计文件以施工技术方案为核心。

（10）事前预控以施工准备工作为核心。

（11）承发包人之间所进行的建设工程项目竣工验收，通常分为验收准备、初步验收和正式验收三个环节。整个验收过程以监理工程师为核心进行竣工验收的组织协调。

（12）安全生产责任制是最基本的安全管理制度，是所有安全生产管理制度的核心。纵向是各级人员的安全生产责任制，横向是各个部门的安全生产责任制。

（13）一级要素，二级要素，核心要素，辅助性要素。

（14）详细评审是评标的核心，是对标书进行实质性审查，包括技术评审和商务评审。

（15）利用信息技术进行信息管理的核心手段是基于互联网的信息处理平台。

参考文献

［1］李永福，史伟利. 建设法规［M］. 北京：中国电力出版社，2016.

［2］李永福. 建筑项目策划［M］. 北京：中国电力出版社，2012.

［3］李永福. EPC建设工程总承包管理［M］. 北京：中国电力出版社，2019.

［4］何岳凌. EPC工程总承包模式下的设计管理研究［J］. 建材与装饰，2020（16）：106＋108.

［5］唐奕奕. 工业EPC总承包项目的采购管理［J］. 价值工程，2020，39（17）：73-74.

［6］赛云秀. 工程项目控制与协调机理研究［D］. 西安：西安建筑科技大学，2005.

［7］孟庆峰，李真. 工程项目中成员关系的协调机制研究［J］. 建筑经济，2014，35（09）：43-46.

［8］周秀丽. EPC承包方式中财务风险管理探讨［J］. 产业创新研究，2020（09）：58-59.

［9］丁浩. EPC工程总承包项目风险分析［J］. 水利水电工程造价，2020（02）：21-25.

［10］郭亮亮. EPC总承包模式下的项目风险管理研究［D］. 沈阳：沈阳建筑大学，2011.

［11］于佳. KB公司总承包项目成本管理研究［D］. 上海：华东理工大学，2014.

［12］马兰，郑宇浩，房健. EPC总承包模式下的成本优化研究［J］. 项目管理技术，2020，18（06）：92-96.

［13］陈远志. S公司EPC总包工程采购管理改善研究［D］. 上海：华东理工大学，2016.

［14］李云飞. 国际EPC总承包项目投标阶段风险管理研究［D］. 北京：对外经济贸易大学，2016.